科学出版社“十三五”普通高等教育本科规划教材

化学与社会

主　编　皇甫倩

副主编　彭　慧

科学出版社

北　京

内 容 简 介

本书结合国内外最新研究成果和社会发展动态，论述了化学与环境、能源、生命、食品、药物、新型材料及中国传统文化等方面的联系，体现了文理融合的特点。全书共9章，包括无处不在的化学、绿色化学与环境治理、能源化学、人体化学的奥秘、食品中的化学反应、中西医药物的发展历程、新型材料的应用、传统文化中的化学、汽车中的化学等内容。

本书可作为高等学校非化学化工专业本科生的通识课教材，也可作为研究生相关课程的教学参考书、中学化学教师继续教育或进修的教材和教学参考书。

图书在版编目（CIP）数据

化学与社会／皇甫倩主编. —北京：科学出版社，2020.12

科学出版社“十三五”普通高等教育本科规划教材

ISBN 978-7-03-066616-1

Ⅰ. ①化…　Ⅱ. ①皇…　Ⅲ. ①化学-关系-社会生活-高等学校-教材　Ⅳ. ①O6-05

中国版本图书馆CIP数据核字（2020）第210852号

责任编辑：丁　里／责任校对：何艳萍

责任印制：赵　博／封面设计：陈　敬

科学出版社 出版

北京东黄城根北街16号

邮政编码：100717

http://www.sciencep.com

保定市中画美凯印刷有限公司印刷

科学出版社发行　各地新华书店经销

*

2020年12月第　一　版　开本：787×1092　1/16

2024年12月第六次印刷　印张：13 3/4

字数：318 000

定价：49.00元

《化学与社会》编写委员会

主　编　皇甫倩

副主编　彭　慧

编　委（按姓名汉语拼音排序）

陈国君　杜　杨　何　鹏　皇甫倩

黄郁郁　李　佳　刘玉荣　马善恒

彭　慧　沈　芹　孙建明　万延岚

王　强　王春阳　魏　钊　周　竹

前　言

党的二十大报告指出，要“实施科教兴国战略，强化现代化建设人才支撑”，“坚持教育优先发展、科技自立自强、人才引领驱动，加快建设教育强国、科技强国、人才强国，坚持为党育人、为国育才，全面提高人才自主培养质量，着力造就拔尖创新人才”。教材不仅是高等学校教学内容的重要载体，还是培养创新型人才的基础和关键。

我们在对已出版的“化学与社会”类教材进行分析的基础上，汲取精华，取长补短，编写了本书。本书主要体现以下两个目标要求：

(1)推进教育教学改革，体现以学生的学习和发展为中心。

我们将化学与社会发展密切相关的理念渗透到教材内容体系中，使学生在学习中感受到化学知识与社会发展的紧密联系，体会到化学是中心科学，并与环境科学、能源科学、生命科学、材料科学、药物学等学科相互联系和渗透。更重要的是，让学生认识到化学科学在经济发展、国防、科技、环保、能源、人们的衣食住行等领域的重要应用，激发学生强烈的社会责任感和使命感，调动学生的学习积极性、自信心和自主学习的热情。在地方高校转型发展的背景下，这有利于应用型人才的培养。

(2)加强教材体系建设，体现化学学科核心素养。

习近平总书记在哲学社会科学工作座谈会上明确提出，“要抓好教材体系建设，形成适应中国特色社会主义发展要求、立足国际学术前沿、门类齐全的哲学社会科学教材体系”。本书在编写上立足于创新，明确“化学与社会”课程的教学内容及目标，丰富教学资源，注重科学与生活的结合、知识点与化学史的融合，以培养学生的化学学科核心素养为主。

本书着重关注化学与社会发展的联系，内容丰富多彩，旨在充分调动学生的自主性、积极性、创造性，开发学生潜能，以核心价值观引领知识教育，服务于学生的能力提高和全面发展；在组织和编排上秉承由浅入深、循序渐进的原则，将抽象的科学知识以形象生动的方式呈现，增强学生的学习体验，以提升其人文素养和科学素养。

本书具体特色如下：

(1)选题新颖，内容立足于学科前沿，科学性与生活性相结合。

本书选题新颖，紧跟新时代发展，内容来源广泛，不仅涉及化学与生活的基本内容，还包含一些学科前沿发展及应用。我们在把握化学学科发展基本脉络的基础上，将学科知识用生动活泼、通俗易懂的语言呈现在学生面前。选用轻松、亲切的语言，减轻学生在平时课程学习中的压力。避免过多使用专业术语，即使部分较难的专业知识，也以“化”说新语等栏目形式简明扼要地解释清楚。提升学生的阅读体验，使非化学专业的学生爱上化学，使化学专业的学生更爱化学。

本书内容针对性强，在内容的选择上综合考虑大学生的学习兴趣、心理发展状况，选择适合大学生的题材，将抽象的科学知识以形象生动的方式展现，在满足学生需求的同时，又能吸引学生的注意力，激发学习的兴趣，为其带来丰富多彩的学习体验与高品质的审美享受。

本书内容与时俱进，具有前沿性。例如，第 7 章“新型材料的世界”向读者展示了近年来国内外新型材料的研究和发展，让读者在学习化学知识的同时也走在科学的前沿，跟上科学研究的步伐。

本书内容具有多样性，知识点讲解手段灵活多样。每一节不仅有化学知识的阐述、多样化栏目及辅助理解的图片，还设计了相关的开放性思考题或实践性习题。学生通过对相关章节知识的学习，结合已学知识和生活经验，培养发现问题、提出假设、解决问题的科学思维，树立正确的科学观、价值观。例如，学生通过对第 2 章“绿水青山为什么是金山银山”的学习理解，增强环境保护意识，学会运用相关的化学知识解决身边的环境污染问题，在学习与亲身体验的过程中提升人文素养和科学素养。

(2) 整体结构完整、层次分明，着眼于学生的全面发展。

本书分为 9 章，知识框架的构建完整、全面，每一节知识的讲解包含引入、过渡、总结升华三部分，章与章之间、节与节之间彼此联系，逻辑性强。语言活泼，清晰明了，立足创新。不仅能吸引学生视线，为阅读减轻负担，而且能很好地体现知识重点。本书内容完整地展示了化学学科的框架，涵盖了化学与社会发展密切相关的理念，更着眼于学生的全面发展。

(3) 排版设计独特，多样化的栏目和精美图片相结合。

全书采用多样化排版方式，设计以每章内容为关键的原创图书背景，图片大多以实物拍摄的照片为主，网络图片为辅，给学生以视觉上的美感，并在降低学生认知负荷的基础上加深对知识的理解。同时，精心设计多个栏目，如“化”说新语、学海拈“化”、“化”说中外、“化”谈古今、百“练”成钢，栏目内容立足学科前沿，不仅丰富了教材结构与内容，更增强了教材的可读性，激发学生的求知欲。

(4) 充分利用信息技术及网络平台，选修教材进入微时代。

本书将利用数字技术向读者展示具有直观性、趣味性、真实性的视频、音频，从而解决传统教材只能向读者展示静态的内容，大量视频、音频无法在书中体现的不足。“兴趣是最好的老师”，信息技术的应用有利于科学知识的传播，这将让更多的读者不仅能通过纸质书籍学习，还能通过网络平台认知化学与社会的密切联系。读者可登录中国大学 MOOC 网站，参与并学习在线课程“神奇的化学”。

本书的主编单位是西南大学，参编单位及作者有华中师范大学李佳、东北师范大学何鹏、河南师范大学刘玉荣、青岛大学万延岚、湖北第二师范学院孙建明、武汉市常青第一中学魏钊、信阳市第一高级中学周竹、武汉市二桥中学黄郁郁、合肥市第六中学马善恒、重庆市第一中学陈国君、河南省郏县第一高级中学王春阳、华中师范大学附属小学沈芹。参加本书编写的还有西南大学王强和杜杨。全书由皇甫倩、彭慧负责体例设计并进行统稿和定稿工作。

本书的出版得到科学出版社和西南大学的大力支持，科学出版社丁里编辑为本书出版付出了辛勤的劳动，西南大学教师教育学院部分研究生为书稿的校对做了大量的工作，在此一并表示感谢。在编写本书时参考了国内外同行的研究成果和实践案例，在此谨致以诚挚的谢意！

由于我们水平有限，加之时间仓促，书中不足之处在所难免，欢迎同行专家和广大读者批评指正。

皇甫倩

2023 年 7 月

目　录

第 1 章　化学，无处不在的神奇

1.1　化学的前世今生

化学伴随着人类的生产与生活而产生，并随着人类社会的进步而发展，经历了古代实用化学时期(3 世纪～18 世纪)、近代化学时期(18 世纪～19 世纪末)和现代化学时期(20 世纪以来)三个发展阶段。化学作为一门重要且富有创造性的基础学科，在推动人类科学技术的进步和社会的发展等方面都发挥着重要的作用。

化学是在原子和分子层次上研究物质的组成、结构、性质及其变化规律的一门学科。很多现象都伴随着化学变化，那么什么是化学变化？从宏观层面来说，化学变化最主要的特征是有新物质生成，同时伴随着能量的变化。从微观层面来说，化学变化的本质是旧化学键的断裂和新化学键的形成。

1.1.1　古代化学

几百万年前，人类过着极其简单的原始生活，没有大规模农业生产，靠狩猎为生，吃的是生肉、野果和野菜，人类的健康水平非常低下，寿命很短。考古研究显示，在北京周口店“北京人”遗址发现了用火烧过的动物骨骼化石。这证明在距今大约 50 万年前，人类就已经学会了取火和用火。

人类利用火，逐渐掌握了制陶、金属冶炼、制造瓷器(图 1-1)与玻璃、染色、酿造等化学工艺。大约在公元前 3600 年的青铜时代，人类就已经能够利用铜与锡为原料制造青铜合金(图 1-2)，这种合金比铜和锡的硬度都要高，因此成为制造工具和金属武器的主要材料。此后，埃及人学会了利用天然矿物制造玻璃。公元 8 世纪末，我国的炼丹术传到波斯，进而传遍整个欧洲。可以说，古代化学为化学的发展指明了方向。

图 1-1　明代瓷器

图 1-2　商代铜器

图片选自故宫博物院网站

1.1.2 近代化学

1661 年，玻意耳(Boyle，图 1-3)在其著作《怀疑派化学家》中首次提出元素的概念。从此，化学成为一门明确的学科，这也标志着近代化学的诞生。此后，欧洲在文艺复兴时期迎来了自然科学的解放和繁荣，炼金术也开始向实用的医药化学和工业化学方向发展。

图 1-3　玻意耳

17 世纪中叶，中欧、西欧国家的金属冶炼、陶瓷制造，以及玻璃、染料、药物和酸碱盐等化学物质的生产已初具规模，化学在工业方面取得了很大进步。后来在对化学现象的理论阐述方面，出现了各种关于燃烧的学说，其中最有名的就是斯塔尔(Stahl)的“燃素说”。该学说认为火是由无数细小而活泼的微粒构成的物质实体(燃素)，一切可燃物质中都含有燃素，任何与燃烧有关的化学变化都是物质吸收或释放燃素的过程。

1777 年，法国化学家拉瓦锡(Lavoisier，图 1-4)在对大量燃烧实验进行定量分析的基础上提出了“燃烧学说”。其主要论点包括：物质燃烧时都放出光和热；物质只有在氧存在时才能燃烧；空气由两种成分组成，物质在空气中燃烧时吸收了其中的氧，其增加的质量正好等于吸收氧的质量；非金属燃烧后通常变为酸，金属煅烧后生成的煅灰是金属氧化物。拉瓦锡以大量无可争辩的实验事实，推翻了长期统治化学界的“燃素说”，开创了近代化学新体系，这是化学史上的一场革命。此后，化学开始由以收集材料为特征的定性描述阶段逐渐过渡到以整理材料、寻找化学变化规律为特征的理论概括阶段。定量分析方法的广泛使用，使化学家厘清了许多物质的组成、结构与反应中各物质间量的关系，归纳出了许多化学规律。

图 1-4　拉瓦锡

物质是由元素构成的，那么元素又是由什么构成的呢？1803 年，道尔顿(Dalton，图 1-5)提出了近代原子论，其要点有三：①一切元素都是由不能再分割和不能“毁灭”的微粒组成，这种微粒称为原子；②同种元素的原子的性质和质量相同，不同元素的原子的性质和质量不同；③一定数目的两种不同元素化合可形成化合物。原子论成功地解释了不少化学现象，揭开了许多化学现象的神秘面纱。恩格斯曾给原子论以高度评价，“化学的新时代是随着原子论开始的”。

原子论提出后不久，意大利化学家阿伏伽德罗(Avogadro，图 1-6)于 1811 年提出了分子论，进一步补充和发展了道尔顿的原子论。他认为，许多物质往往不是以原子的形式存在，而是以分子的形式存在，如氧气是由两个氧原子组成的氧分子，而化合物实际上都是分子。至此，化学研究由宏观层次进入微观层次，开始了在原子和分子水平基础上的探索。

图 1-5　道尔顿

图 1-6　阿伏伽德罗

道尔顿近代原子论的确立，使化学家对元素的概念有了更科学的认识，通过化学分析、电化学和光谱分析等实验手段，清楚了许多化合物的组成，发现了一大批新的元素，积累了大量关于元素及其化合物的感性材料。但这些材料庞杂零乱，亟待归纳整理。同时，化学家也在思考，地球上到底有多少种元素？如何寻找新元素？如何把众多的元素按照化学性质进行分类整理？到 19 世纪 60 年代，化学家已经发现了 60 多种元素，并积累了这些元素的原子量数据，这为化学家寻找元素间的内在联系创造了必要条件。1868 年，俄国化学家门捷列夫(Mendeleev)根据原子量的大小，将元素进行分类排序，发现元素性质随原子量的递增呈明显的周期性变化，这是自然界中一个极其重要的规律，称为元素周期律。元素周期律的发现是继“原子-分子论”之后近代化学史上又一个重要的里程碑。

现代元素周期表(图 1-7)是概括元素化学知识的宝库，其内容随着化学知识的增加而不断丰富。通过元素周期表，既可以直接获知元素的名称、符号、原子序数、原子量、电子结构、族数和周期数等信息，也可以根据该元素在元素周期表中的位置判断其属于金属还是非金属，还可以推断其电离能、密度、原子半径、原子体积和化合价等基本信息。元素周期律是自然科学的基本定律，它的出现不仅有助于人们对化学元素的认识形成完整的科学体系，更重要的是，它标志着化学已成为一门系统的学科。

元素周期表

Periodic Table of the Elements

原子序数 → 1；H → 元素符号；氢 → 元素中文名称；hydrogen → 元素英文名称；1.008 → 惯用原子量；[1.0078, 1.0082] → 标准原子量

1	2	3	4	5	6	7	8	9	10	11	12	13	14	15	16	17	18
1 H 氢 hydrogen 1.008 [1.0078, 1.0082]																	2 He 氦 helium 4.0026
3 Li 锂 lithium 6.94 [6.938, 6.997]	4 Be 铍 beryllium 9.0122											5 B 硼 boron 10.81 [10.806, 10.821]	6 C 碳 carbon 12.011 [12.009, 12.012]	7 N 氮 nitrogen 14.007 [14.006, 14.008]	8 O 氧 oxygen 15.999 [15.999, 16.000]	9 F 氟 fluorine 18.998	10 Ne 氖 neon 20.180
11 Na 钠 sodium 22.990	12 Mg 镁 magnesium 24.305 [24.304, 24.307]											13 Al 铝 aluminium 26.982	14 Si 硅 silicon 28.085 [28.084, 28.086]	15 P 磷 phosphorus 30.974	16 S 硫 sulfur 32.06 [32.059, 32.076]	17 Cl 氯 chlorine 35.45 [35.446, 35.457]	18 Ar 氩 argon 39.95 [39.792, 39.963]
19 K 钾 potassium 39.098	20 Ca 钙 calcium 40.078(4)	21 Sc 钪 scandium 44.956	22 Ti 钛 titanium 47.867	23 V 钒 vanadium 50.942	24 Cr 铬 chromium 51.996	25 Mn 锰 manganese 54.938	26 Fe 铁 iron 55.845(2)	27 Co 钴 cobalt 58.933	28 Ni 镍 nickel 58.693	29 Cu 铜 copper 63.546(3)	30 Zn 锌 zinc 65.38(2)	31 Ga 镓 gallium 69.723	32 Ge 锗 germanium 72.630(8)	33 As 砷 arsenic 74.922	34 Se 硒 selenium 78.971(8)	35 Br 溴 bromine 79.904 [79.901, 79.907]	36 Kr 氪 krypton 83.798(2)
37 Rb 铷 rubidium 85.468	38 Sr 锶 strontium 87.62	39 Y 钇 yttrium 88.906	40 Zr 锆 zirconium 91.224(2)	41 Nb 铌 niobium 92.906	42 Mo 钼 molybdenum 95.95	43 Tc 锝 technetium	44 Ru 钌 ruthenium 101.07(2)	45 Rh 铑 rhodium 102.91	46 Pd 钯 palladium 106.42	47 Ag 银 silver 107.87	48 Cd 镉 cadmium 112.41	49 In 铟 indium 114.82	50 Sn 锡 tin 118.71	51 Sb 锑 antimony 121.76	52 Te 碲 tellurium 127.60(3)	53 I 碘 iodine 126.90	54 Xe 氙 xenon 131.29
55 Cs 铯 caesium 132.91	56 Ba 钡 barium 137.33	57-71 镧系 lanthanoids	72 Hf 铪 hafnium 178.49(2)	73 Ta 钽 tantalum 180.95	74 W 钨 tungsten 183.84	75 Re 铼 rhenium 186.21	76 Os 锇 osmium 190.23(3)	77 Ir 铱 iridium 192.22	78 Pt 铂 platinum 195.08	79 Au 金 gold 196.97	80 Hg 汞 mercury 200.59	81 Tl 铊 thallium 204.38 [204.38, 204.39]	82 Pb 铅 lead 207.2	83 Bi 铋 bismuth 208.98	84 Po 钋 polonium	85 At 砹 astatine	86 Rn 氡 radon
87 Fr 钫 francium	88 Ra 镭 radium	89-103 锕系 actinoids	104 Rf 𬬻 rutherfordium	105 Db 𬭊 dubnium	106 Sg 𬭳 seaborgium	107 Bh 𬭛 bohrium	108 Hs 𬭶 hassium	109 Mt 鿏 meitnerium	110 Ds 𫟼 darmstadtium	111 Rg 𬬭 roentgenium	112 Cn 鿔 copernicium	113 Nh 鿭 nihonium	114 Fl 𫓧 flerovium	115 Mc 镆 moscovium	116 Lv 𫟷 livermorium	117 Ts 鿬 tennessine	118 Og 鿫 oganesson

镧系/锕系														
57 La 镧 lanthanum 138.91	58 Ce 铈 cerium 140.12	59 Pr 镨 praseodymium 140.91	60 Nd 钕 neodymium 144.24	61 Pm 钷 promethium	62 Sm 钐 samarium 150.36(2)	63 Eu 铕 europium 151.96	64 Gd 钆 gadolinium 157.25(3)	65 Tb 铽 terbium 158.93	66 Dy 镝 dysprosium 162.50	67 Ho 钬 holmium 164.93	68 Er 铒 erbium 167.26	69 Tm 铥 thulium 168.93	70 Yb 镱 ytterbium 173.05	71 Lu 镥 lutetium 174.97
89 Ac 锕 actinium	90 Th 钍 thorium	91 Pa 镤 protactinium	92 U 铀 uranium	93 Np 镎 neptunium	94 Pu 钚 plutonium	95 Am 镅 americium	96 Cm 锔 curium	97 Bk 锫 berkelium	98 Cf 锎 californium	99 Es 锿 einsteinium	100 Fm 镄 fermium	101 Md 钔 mendelevium	102 No 锘 nobelium	103 Lr 铹 lawrencium

图1-7 元素周期表

引自中国化学会2018年9月版

1.1.3 现代化学

19 世纪的一系列重大发现，使物理学得到了前所未有的发展，这为化学学科的快速发展创造了条件。例如，X 射线、放射性和电子的发现为化学提供了分析电子结构的理论方法，人们逐步认识到，虽然物质是由原子组成的，但通常情况下原子本身并不稳定，不能以孤立的原子存在，而必须通过某种结合力形成稳定的分子。原子之间的这种结合力称为化学键。化学变化的实质是原子的重新排列组合，化学变化过程的本质是旧化学键的断裂和新化学键的形成。自从 1927 年量子力学应用于化学以来，化学键理论得到了快速发展。例如，著名化学家鲍林(Pauling，图 1-8)提出的价键理论和杂化轨道理论为揭示化学键的本质和用化学键理论阐明物质结构做出了重大贡献。化学键和量子化学理论让化学家逐渐认识到分子的本质及其相互作用的基本原理，这是 20 世纪化学基础研究的一个重大突破。正如鲍林所说："化学键理论是化学家手中的金钥匙。"

图 1-8　鲍林

在现代化进程中，化学所形成的完整的理论体系促使化学科学进入一个全新的发展阶段。今天，化学已经发展为以无机化学、有机化学、分析化学、物理化学和高分子化学为主要分支的、庞大且系统的自然科学。随着化学学科的不断发展，化学家将持续运用"善变"之手，为全人类创造今日之绚丽大厦，编织明日之辉煌寰宇。

1.2 化学的神通广大

有人把化学称为现代社会的一根"魔杖"，它能从矿石中炼出钢铁，能将树皮、木屑化为纤维，能使乌黑的石油变成绚丽的衣料，能使煤炭"长出羊毛"，能变废为宝，能为人类提供各种食物、化妆品和药品……人们的生活中"处处有化学"。人类的衣、食、住、行、用、学、玩等各种日常生活都离不开化学(图 1-9)。高度发展的化学科技使现代人的生活更加丰富多彩。

图 1-9　化学实验

1.2.1 “化”说衣食住行

1. 化学与“衣”

衣服是人们日常生活中的必需物品，其面料从传统的棉、麻、毛、丝到现在的各种合成纤维。传统棉纤维的主要化学成分是纤维素，由于纤维素分子中的亲水基团——羟基的存在，棉质衣物大多吸汗，穿着舒适感强，但易起皱、脱色和缩水，因此熨烫是棉质衣物穿着过程的必要手段。而免烫处理解决了起皱问题，其原理是在棉纤维染整过程中加入交联剂，使棉纤维形成交联网络结构，从而减少纤维间的活动能力。毛和丝是蛋白质纤维，夏季穿起来非常凉爽，但蛋白质纤维因其上色难且不牢固，容易发生褪色现象。毛和丝的专用洗涤剂能让衣物保持原有的色泽。事实上，若没有专用洗涤剂，洗发水也同样具有保持衣物颜色的作用。

合成纤维从舒适度和功能性等方面都有着传统面料所不具备的优势。例如，聚乳酸纤维是一种天然可再生化合物，不仅能够制成内衣、运动服等对舒适性要求较高的衣服，还是环保购物袋的主要原料(无纺布)；聚氨酯纤维的用途也很广，通常作为冲锋衣的原材料。合成纤维的出现让人们对衣物面料的选择更加多样。

2. 化学与“食”

民以食为天。在现代生活中，人们在“食”上总免不了接触化学技术及其制品。例如，自从 1909 年合成氨技术出现后，世界粮食产量翻倍，极大地解决了人们的温饱问题。除了粮食之外，食品调味剂也离不开化学技术。例如，俗称“百味之王”的食盐，不仅是适用范围最广、使用数量最多的调味品，还能够用来补充人体对无机盐（如钠离子）的需求。特别是绿色化学出现之后，人们能够利用更先进的制盐技术将原材料中的有害物质(如亚硝酸钠 $NaNO_2$)分离出来，为人类提供更加健康、安全的食盐。此外，防腐剂、味精、可食色素等食品添加剂都是通过化学技术制得的。

问题一：米饭和面条是生活中的两大主食，哪个更有营养？

南方的学生认为是米饭，北方的学生认为是面条(图 1-10)。

从化学成分的角度来讲，大米的主要成分是淀粉——葡萄糖的多聚物，而面粉的主要成分是淀粉、蛋白质和脂肪。面粉中的蛋白质也称谷朊粉(又称活性面筋粉)，即烤面筋或凉皮的配料。面粉能够提供的营养成分更加丰富，而大米能够提供的能量更多。两种主食都提供了足够人们生存的营养物质，不分伯仲。

图 1-10　米饭(a)和面条(b)

问题二：小葱拌豆腐为什么容易产生结石？

从化学的角度看，小葱中含有大量的草酸，而豆腐成型的过程中会加入卤水，即一种钙盐(图 1-11)。草酸与钙结合会形成一种难以溶解的产品——草酸钙(CaC_2O_4)，草酸钙富集就可能产生结石。为什么人们根据自己的习惯吃了半生或全生的豆腐都没事呢？因为草酸钙并不是稳定存在的物质，它能够自行分解。因此，少量地食用对人体不会造成大的伤害。

图 1-11　小葱拌豆腐

3. 化学与“住”

遮风避雨的房子，其建筑材料从最初的木质、土质、石质等演变为现代的钢筋水泥，见证了化学的不断发展。例如，水泥的化学成分为硅酸盐，这种无机盐能够与水作用形成塑性浆体，并与砂、石等材料胶结硬化成固体材料。

房屋需要各种各样的装饰，如漆和壁纸。漆的主要成分是丙烯酸酯共聚乳液，具有快速干燥、耐酸碱性好、色彩柔和、无毒、调制方便、耐热性良好等优点，是重要的防水、防霉材料。壁纸是现代装修的重要材料，想要壁纸粘得牢则离不开胶黏剂，而环保无甲醛胶水往往是人们的最佳选择。

我国古建筑历经数千年的发展，形式风格多样，具有极高的历史和艺术价值，不仅是中华民族的宝贵遗产，也是世界建筑艺术的瑰宝(图 1-12)。但随着人类工业活动的飞速发展，由大气中二氧化碳、二氧化硫、氮氧化物等酸性物质所形成的酸雨却腐蚀了许多宝贵的古建筑。其原理是古建筑的主要成分是大理石或金属，它们能与酸雨中的酸性物质反应，从而腐蚀建筑物。

图 1-12　古建筑

如今古建筑面临着相当艰巨的维修和保护任务。研究发现，植物油脂涂料可以作为修复古建筑的材料。它的成品是一种透明液体，涂抹到建筑物外墙上能快速固化，并形成厚度只有几十纳米的超薄保护层，且这个保护层完全透明，人类肉眼是看不见的，手摸起来也没有感觉，真正能起到对古建筑的保护作用。

4. 化学与“行”

千里之行，始于足下。古人有草鞋、布鞋、皮靴等，现代人则有更多选择。例如，采用 PU(聚氨酯)材料制作的皮鞋，其鞋面兼具耐磨、舒适与价廉的特点，而橡胶鞋底又有防滑功能，兼顾了舒适性与实用性(图 1-13)。

图 1-13　PU 包、鞋、橡胶轮胎

人们出行，除了靠双脚，还经常要借助各种交通工具，汽车是其中之一。由于天然橡胶的产量少，汽车轮胎大多采用合成橡胶。合成橡胶制品是由人工合成的高弹性聚合物制作而成，它解决了天然橡胶的耐热性、耐寒性、防腐蚀性较差且易受环境影响等诸多问题。车胎用的橡胶主要是顺丁橡胶，即顺丁二烯的聚合物。之所以选择烯烃的聚合物，是因为其具有较强的耐磨性。

可见，衣食住行中无不隐藏着化学的身影。化学是一把双刃剑，用好了化学，人们的生活将会更加美好丰富，若用得不得法，人们的生活将会陷入巨大的困扰之中。但是，生活中对化学的偏见依旧无处不在，如有的人认为，只要打上“人工添加剂”这五个字，所有的食品都是不安全的；某些化妆品广告中反复强调的“本品不含任何化学物质”；甚至提起化学化工行业，人们总会把它与污染、癌症联系在一起，将化学视为“罪恶之源”等。这些“耸人听闻”的信息亟须通过加大化学科普传播力度予以纠正。因此，需要全社会一起学习化学知识，懂得化学的一些基本原理，才能在今后的生活工作中趋利避害，让化学更好地服务于我们的生活。

1.2.2　与时俱进的化学

1. 化学在能源和环境领域的应用

能源是社会发展的动力源泉，随着人类社会的发展，人类对能源的需求不断增加，尤其是在作为主要能源供给的化石能源日趋枯竭的今天，开发更多的绿色新能源是大势所趋。而化学作为“掌控”物质变化的学科，既是创造物质的“能手”，也是开发新能源的“专家”。例如，太阳能、氢能、风能、地热能及潮汐能等新能源的开发，核能、电能的深度应用等，都在一定程度上减缓了人类对传统能源的依赖。

传统化学工业在给人类社会带来诸多便利的同时，也给人类生存环境(包括大气、水资源及土壤等)带来了污染。20 世纪后期，人们开始认识到美化环境、善待自然的重要性。化学是人类社会与环境的纽带，也是解决其矛盾的利器，加强环境化学和绿色化学的研究有利于社会的可持续发展。

2. 化学在军事领域的应用

化学在军事上的应用有着久远的历史。在我国古代军事文献中，就有关于在战争中使用毒物、刺激性烟雾和燃烧剂的记载。例如，在墨家早期著作中，记录了古代士兵利用风箱将炉内燃烧芥末所产生的气体灌入围城敌军的隧道从而退敌的事件，这比第一次世界大战中德国利用芥子气要早 2300 多年。早在唐代，中国的炼丹术士就已经根据硝石、硫黄和木炭混合物的可燃性和爆炸性制取火药，并用于军事。

黑火药

图 1-14 黑火药

在唐朝时期，我国已发明黑火药(图 1-14)，这是世界上最早的炸药。黑火药是由硝酸钾、硫黄和木炭等组成的混合物。它的成分配比从古到今变化不大，一般配比为：硝酸钾 75%，木炭 15%，硫黄 10%。在这三种组分中，硝酸钾作为氧化剂，在燃烧时分解放出氧，用于氧化硫黄和木炭，放出热量和气体产物。硝酸钾的含量要足够，才能使燃烧反应完全而释放出高热量。黑火药三种组分引燃发生爆炸时的反应如下：

$$2KNO_3 + S + 3C \longrightarrow K_2S + 3CO_2\uparrow + N_2\uparrow$$

现代化学的进步与发展为新型材料和燃料的研制创造了条件。19 世纪末，无烟火药的成功研制，标志着炸药正式进入无烟阶段；20 世纪初，TNT(三硝基甲苯)开始用作炮弹装药，使炮弹等爆炸性武器的杀伤破坏威力成倍提高。

3. 化学在信息领域的应用

科学技术的进步推动了信息技术的发展，而计算机和先进通信技术的发展又都离不开相关材料和成型工艺的支持。因此，化学的进步对科技的进步起着关键的作用。例如，现代计算机等信息技术芯片的制造都离不开化学制作工艺，在制造的过程中可采用化学气相沉积法、等离子体刻蚀等工艺，将简单的分子物质转化成具有特定电子功能的复杂三维复合材料。在未来，材料化学将会激活一个个新领域的发展，如光子电路和光计算。

4. 化学在医学领域的应用

化学是一门在医学中应用广泛的学科，疾病的检测、治疗需要运用与化学原理有关的知识。例如，医生常使用 75%的酒精进行消毒，主要原因是酒精能够吸收细菌内蛋白质的水分，使其脱水变性凝固，从而达到杀菌消毒的目的。又如，糖尿病是老年人常患的一种疾病，医生常用新制的氢氧化铜悬浊液进行检验。这是由于糖尿病患者尿液中含有葡萄糖，葡萄糖中含有醛基，煮沸的氢氧化铜悬浊液与醛基反应产生砖红色沉淀，因此可以根据砖红色沉淀量的多少判断患者是否患有糖尿病。再如，胃痛大多是由胃酸过多导致的。医生在治疗中经常会给患者推荐胃舒平(该药品主要成分为氢氧化铝)。主要原理为：胃酸过多，胃液的酸性会超出正常范围，需要使用微碱性的药品进行中和治疗，含有氢氧化铝的胃舒平是很好的选择。对于胃病严重的患者来说，在进行治疗之前医生需要通过“钡餐透视”进行检查。钡餐透视的主要原理是：让患者服用主要成分为硫酸钡的钡餐，硫酸钡不溶于水、酸，食用之后可以像摄入的食物一样粘在胃壁上，并且硫酸钡不能透过 X 射线。因此，医生用 X 射线透视胃肠进行观察，粘有硫酸钡的地方会留下阴影；而病变的地方不会粘有硫酸钡，也就无阴影，由此可以确定病变的位置。总之，医学的发展离不开化学，化学技术的研究推动着医学的进步与发展，引导着医学技术的不断更新，为人类的身体健康贡献力量。

化学具有庞大的知识体系，被用来解决诸多日常问题，它影响着人类及社会的发展。生命的起源离不开化学变化，生命的延续同样离不开化学。我们要掌握好化学知识，使化学成为引领人类进步的“启明星”。

1. 简述化学在现代社会中的作用和地位。
2. 非化学专业的大学生为什么也要掌握一些化学知识？
3. 为什么说化学是一门科学？能否举例说明？

第 2 章　绿水青山为什么是金山银山

2.1　呵护生命之源——水污染防治

水对于我们每一个人而言是最熟悉不过的物质了。在日常生活中，煮饭烧菜需要水，洗衣沐浴需要水，生病发烧也需要向体内输液，即补充生理盐水。在古代战争中，断绝敌方水源，也常常是克敌制胜的战术之一。《三国演义》中有一段“诸葛亮挥泪斩马谡”的故事：蜀军在街亭御敌，屯军于孤山之上，魏军围住山峰，断绝蜀军水源，使其不战自乱而取胜。这直接导致蜀军将领马谡负罪被杀。由此可见水在我们生活中的重要性，水是生命之源，人类应该保护水资源（图 2-1）。

图 2-1　保护水资源

2.1.1　地球上究竟有多少水

水是地球表面最重要的物质之一，对任何生命体而言，水都是必要的生存条件。地球上各种形式的水体通过水循环彼此相互联系，相互影响，构成一个完整的水圈。

在地球拥有的约 14 亿 km^3 的总水量中，海水约为 1.4×10^{18}t。然而，由于海水中含有盐分，一般不能被陆地上的生命直接使用，因此水资源通常指的是淡水资源，即含盐量小于 0.5g/L 的水。地球上的淡水总量约为 0.35 亿 km^3，仅占全球总水量的 2.53%，且分布很不均匀。全世界约有 1/3 的人生活在中度和高度缺水地区。在过去的一个世纪里，由于人口增长、工业发展和农业灌溉，人类对淡水的需求大幅增长。而人类无节制地抽取地下水，造成含水层水位下降了几十米，一些地区的人只能饮用苦涩的井水。

当今淡水资源短缺和水污染问题已不仅仅限于某个国家，而是全球人类需要共同面对并解决的重大议题。因此，开展国际合作，通过共同努力减轻水资源危机、解决子孙后代的水资源问题迫在眉睫。

2.1.2　水污染的来源

水污染的来源包括工业污染源、农业污染源和生活污染源三大部分。工业污水是水体的主要污染源，具有量大、面积广、成分复杂、毒性大、不易净化、难处理等特点（图 2-2）。根据资料显示，1998 年全国废水排放总量约为 539 亿 t，其中工业废水排放量约为 409 亿 t，占比 75.88%。近年来，随着政府对环境治理力度的加大，国家也增强了基础设施和环保投资力度，我国工业废水排放量总体呈下降趋势。2017 年，全国废水排放量约 771 亿 t，其中工业废水排放量约为 181.6 亿 t，占比降到了 23.55%。

图 2-2　工业水污染

农业污染源包括牲畜粪便、农药、化肥等。农业污水中，一是有机质、植物营养物及病原微生物含量高，二是农药、化肥含量高。我国是世界上水土流失最严重的国家之一，每年表土流失量约 50 亿吨，致使大量农药、化肥随表土流入江、河、湖、库等中(图 2-3)，而随之流失的氮、磷、钾营养元素又会使 2/3 的湖泊受到不同程度富营养化污染的危害，造成藻类及其他生物异常繁殖，引起水体透明度和溶解氧的变化，从而导致水质恶化。

生活污染源主要是城市生活中使用的各种洗涤剂、厨余垃圾和粪便等，多为无毒的无机盐类，生活污水中含氮、磷、硫及致病细菌较多。2015 年我国城镇生活污水排放量为 545 亿 t，占全年污水排放总量的 71.4%，并以每年 6%的速度持续增长。随着我国经济的不断发展，城镇化进程的不断推进，城镇生活污水将成为我国废水的主要来源。然而，我国每年约有 1/3 的工业污水和 90%以上的生活污水未经处理就排入水域，全国有监测的 1200 多条河流中，符合国家一级和二级水质标准的河流仅占 32.2%，90%以上的城市水域遭到污染，致使许多河段鱼虾绝迹；并且，污染正由浅层向深层发展，如地下水和近海域海水也正在受到污染，人们能够饮用和使用的安全淡水资源正在不知不觉地减少。

图 2-3　化学污染

2.1.3　水污染的危害

世界卫生组织(WHO)的调查表明，人类 80%的疾病和 50%的儿童死亡都与饮水水质不良有关，由于水质不洁引起的疾病有伤寒、霍乱、胃肠炎、痢疾、传染性肝炎等。据统计，中国每年肿瘤的发病人数高达 160 万，死于肿瘤的约 120 万人，出生婴儿中出现畸形和各种先天性缺陷的也有 100 多万人，这些除了与遗传基因有关外，许多都可能与水污染有关。水中的主要污染物有以下几类。

1. 有机物

人为排放源有生活污水、食品厂及造纸厂污水、生活垃圾等。这些污水中含有大量的碳氢化合物、蛋白质、脂肪等，它们在水中好氧微生物(指生存时需要氧气的微生物)的帮助下，不断消耗水中溶解的氧，常称为耗氧有机物。其主要反应过程如下：

$$\text{碳氢化合物} + O_2 \longrightarrow CO_2 + H_2O$$

$$\text{含硫有机化合物} + O_2 \longrightarrow CO_2 + H_2O + SO_4^{2-}$$

$$\text{含氮有机化合物} + O_2 \longrightarrow CO_2 + H_2O + N_3^-$$

天然水体中溶氧量一般为 5～10mg/L。当水中含有大量耗氧有机物时，水中溶氧量会急剧下降，以致大多数水生生物无法生存。此外，当水中溶氧量降到一定程度时，这些有机物又会在厌氧微生物的参与下，与水作用生成甲烷、硫化氢、氨等物质，使水变质发臭。相关反应如下：

$$\text{含氮和硫有机化合物} + H_2O \longrightarrow CO_2 + H_2S + CH_4 + NH_3$$

2. 重金属

1) 汞(Hg)

1953 年，在日本南部沿海地区熊本县水俣湾附近的小渔村发生了一件奇闻。某村民突然口齿不清、表情痴呆，接着耳聋眼瞎，全身麻木，最后精神失常，高声嚎叫而死。而在同一时期，当地的牲畜也出现相似病态。由于该病出现于日本熊本县水俣湾，故称为水俣病。后来研究表明，水俣病是由于人和牲畜摄入了富集甲基汞(CH_3Hg)的水产品，导致甲基汞中毒而引起的一种中枢神经系统疾病。

甲基汞被公认为是强大的神经毒素之一，主要影响中枢神经系统，可造成语言和记忆功能障碍等。其损害的主要部位是大脑的枕叶和小脑，其神经毒性可能扰乱谷氨酸的重摄取并导致神经细胞基因表达异常。另外，甲基汞能够通过胎盘屏障，进入胎儿脑中。因此，怀孕的妇女摄入甲基汞，可导致婴儿的智力迟钝，甚至脑瘫。

水俣湾的甲基汞从何而来呢？水俣湾地区有多个生产乙酸和氯乙烯的化工厂，这些工厂均以汞作为催化剂，并且将未经处理的工业废水直接排入河流中，导致无机汞在水中微生物的作用下转化为毒性更强的甲基汞，并在水生食物链中大量积累。人和牲畜一旦吃了含有甲基汞的鱼和贝类，便增加了甲基汞中毒的风险。

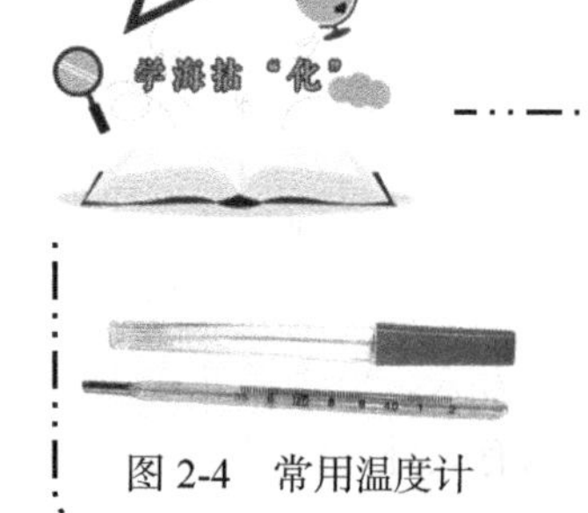

图 2-4　常用温度计

水银体温计打破了怎么办

常温下，当一支水银体温计被打破，洒落的汞全部蒸发后可使一间 15m^2 大、3m 高的房间内空气汞浓度超出最大允许浓度的 2000 多倍(图 2-4)。生活中往往存在一些处理洒落汞的错误方法，如用扫帚扫除或用吸尘器吸除地面的汞滴，用水洗涤被汞污染的器具等。正确的处理方法是立即离开现场，打开窗户至少两天；关掉所有加热装置，以减少汞的蒸发；清除者应戴上手套，尽量找到并收集洒落的汞，若收集不起来的可以在汞洒落的地方撒上硫粉，使其与硫反应生成无毒的硫化汞(HgS)，反应方程式为：$Hg+S = HgS$。

2) 镉(Cd)

镉也是一种毒性较大的金属元素。镉在环境中慢慢积聚，通过污染的水、食物、空气等进入人体的消化道与呼吸道，镉在人体内大量积蓄，就会造成镉中毒。镉在体内积聚可产生不同程度的中毒症状：第一，可取代储藏在肝、肾内的重要的矿物质锌，因此镉含量增高将导致人体内锌的不足；第二，Cd^{2+}对磷有亲和力，会使钙析出，导致骨头变形、骨质疏松、腰背酸痛、关节痛及全身刺痛。

日本四大公害病之一 ——“痛痛病”

1931 年起在神通川两岸相继发生许多原因不明的地方病例。患者最初感到关节疼痛，数年后出现全身骨痛和神经痛，病症持续几年后，患者连呼吸都有困难，有的患者甚至一咳嗽就会震裂胸骨，最后骨骼软化萎缩，即使轻微碰撞和敲打也会发生骨折。由于严重的骨萎缩，患者死亡时身高仅有正常人的1/3，其中孕妇、哺乳妇女和老人等钙缺乏者最易患此病。由于该病患者终日喊痛，曾被非正式地定名为“痛痛病”或“骨痛病”(图 2-5)。调查发现，神通川上游主要生产铅和锌的神通矿场排出含有高浓度镉的污水污染了河水，下游农田用河水灌溉，污染了土壤，作物吸收镉，产生了“镉米”。人们长期食用含镉稻米，在一定条件下就引起了慢性镉中毒。

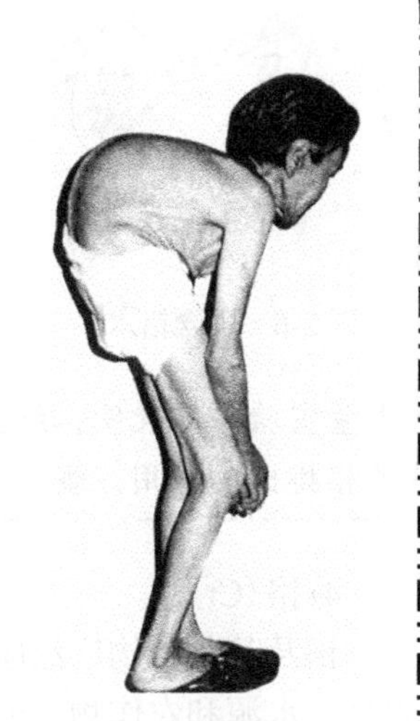

图 2-5 “痛痛病”患者

镉污染主要是由工业污染造成的，如采矿、冶炼、合金制造、电镀、油漆和颜料制造等工业部门向环境排放的镉污染了大气、水和土壤。想要除去人体内积聚的镉，可以选择从饮食入手，多吃一些富含纤维素、维生素、锌的食物，如苹果、黄瓜、海带、绿豆等。

3) 铅(Pb)

铅是当今危害人体健康和儿童智力的“罪魁祸首”之一。水体中的铅污染主要来自人为排放，如采矿、冶炼、电镀、油漆、涂料、废旧电池等。据调查，现代人体内的平均含铅量已超过 1000 年前古人的 500 倍。

铅及其化合物侵入人体主要通过呼吸道，其次是消化道，皮肤是不能吸收的。铅进入人体后，除部分通过粪便、汗液排出外，其余则在数小时后溶入血液，铅会破坏红细胞，导致贫血，并出现头痛、眩晕、乏力、困倦、便秘和肢体酸痛等症状。此外，动脉硬化、消化道溃疡和眼底出血等症状也与铅污染有关。铅进入人体后通过血液侵入大脑神经组织，使营养物质和氧气供应不足，造成脑组织损伤，严重者可致终身残疾。特别是处于生长发育阶段的儿童，对铅比成年人更敏感，进入体内的铅对神经系统又有很强的亲和力，对铅的吸收量比成年人要高，受害尤为严重。铅进入孕妇体内则会通过胎盘屏障，影响胎儿发育，造成胎儿畸形等。

喝了“含铅水”怎么办

图 2-6　“含铅水”

不用过于担心，日常多喝牛奶、多吃水果蔬菜，对预防铅中毒能起到一定作用。另外，每天早上使用水龙头时，可以先放掉隔夜水再继续使用(图 2-6)。除此以外，饮食“排铅”对预防铅中毒也能起到很大作用。保证每日摄入充足的钙、铁、锌、维生素 C 和蛋白质就是很好的办法，因为这些都具有排铅抗铅作用。由于人体对各种元素的吸收都需要依靠蛋白质转运，在蛋白质数量不变的情况下，不同元素的吸收会出现竞争。铅和钙、铁、锌同属二价阳离子，当钙、铁、锌摄入量偏少时，自然会导致铅的吸收量增加。大量实验研究表明，维生素 C 可以明显减轻铅中毒的各项指标，并在一定程度上有加速铅排出的作用，蛋白质则可与铅结合成可溶性的物质，促进铅从尿中排出。

4) 铬(Cr)

铬及其化合物广泛应用于化工、电镀、印染等工业，并常以粉尘或污水等形式污染空气、水源和农作物，因此过量铬对人体的危害也不可忽视。

铬对人体的危害主要是由六价铬化合物所致。六价铬化合物常用于印染、皮革加工、木材防腐保存、有机合成及某些催化剂的制造等。其毒性大，人体口服六价铬化合物的致死剂量为 1.5～1.6g，能影响体内的氧化还原及代谢，并可与核酸结合刺激呼吸道和消化道，易致癌。可溶性六价铬氧化物的水溶液铬酸和铬酸盐的毒性较大，并具有刺激性和腐蚀性。1990 年，国际癌症研究机构(IARC)明确指出六价铬化合物为人类致癌物。

预防铬中毒要加强饮食营养，增加富含维生素 C 的新鲜蔬菜和水果的摄入。慢性铬中毒多因饮用含铬过高的啤酒导致，临床表现为酸中毒、心力衰竭、休克等。对于铬中毒目前尚无特效疗法，常按金属中毒对症处置，如及时洗胃，口服豆浆、牛奶或蛋清等，或服用含巯基的半胱氨酸，调节水、电解质平衡以纠正酸中毒。

3. 其他无机污染物

1)砷(As)

提到砷，也许很少有人知道。但一说砒霜，便无人不知，无人不晓。砒霜(三氧化二砷，As_2O_3)和其他的砷化合物一样，都是剧毒物质。三价砷化合物比五价砷化合物的毒性更高，而单质砷的毒性却很低。砷有三种同素异形体，均质脆而硬，具有金属性；砷中毒是由于砷与细胞中含巯基的酶结合成稳定的络合物，使酶失去活性，阻碍细胞呼吸作用，引起细胞死亡。砷中毒通常在摄入半小时到一小时后发作，常表现为腹痛、腹泻、恶心、呕吐，继而出现尿量减少、尿闭、循环衰竭等症状，严重者会出现神经系统麻痹、昏迷甚至死亡。

水体污染引起的砷中毒多是蓄积性慢性中毒，易导致神经衰竭、多发性神经炎、肝痛、肝大、皮肤色素沉着和皮肤的角质化以及周围血管疾病。现代流行病学研究证实，砷中毒与皮肤病、肝癌、肺癌、肾癌等有密切关系。此外，砷化合物对胚胎发育也有一定的影响，可导致畸胎。

预防砷中毒可以改善工业生产条件，对含有砷的废气、污水与废渣进行回收和净化处理，严防污染环境；从事砷作业的工人应每年定期检查身体，监测身体状况；在饮食方面，应避免食用损害肝脏的食物。

2)氮(N)、磷(P)

氮在水中的存在形式主要有：①无机氮——氨氮(NH_3-N)、硝酸盐氮(NO_3-N)、亚硝酸盐氮(NO_2-N)等三种，在一定条件下，NH_3-N、NO_3-N、NO_2-N 三者之间可以相互转化；②有机氮——蛋白质、尿素、氨基酸、胺类、氰化物、硝基化合物等。饮用水源中，硝酸盐氮是其主要存在形式。然而，由于环境污染等原因，水体中的氨氮、硝酸盐氮、有机氮的含量常常过高。

水体中氨氮主要来源于生活污水、农田灌溉的排水、工业污水(如合成氨污水及焦化污水)等。清洁的地下水中硝酸盐氮含量不高，但是深层地下水、受污染的水体中含氮量较高。亚硝酸盐氮属于氮循环的中间产物，可与仲胺类物质反应生成致癌的亚硝胺类物质。亚硝酸盐不稳定，一般在天然水体中的含量低于 0.1mg/L。

水体中磷的主要来源有化肥、人畜粪便、水土流失和含磷洗涤剂等。在城市生活污水中，含磷洗涤剂中的磷是水体中磷污染的主要来源。有研究表明，湖泊、水库中的磷大部分来自污水排放。因此，部分国家和地区已经开始了“禁磷、限磷”的活动。

天然水体由于过量营养物质(主要是指氮、磷等)的排入，所引起各种水生生物异常繁殖和生长的现象称为水体富营养化。一般来说，当水中的无机氮和总磷(TP)含量分别超过 300μg/L 和 20μg/L 时，就认为该水体处于富营养化状态。

2.1.4 中国水污染现状

我国是一个水资源匮乏的国家，从相关数据可以看出，中国人均水资源量不足世界人均水平的四分之一，且水质与世界规定的平均水质相比也有较大差距。

1. 河流水污染

我国的河流水污染多聚集在城市段，然后从下游地区逐渐转向上游。其中，珠江和长江的水质较好，而淮河和黄河的污染比较严重。例如，淮河有 78.7%的河段都不符合饮用水标准。

2. 湖泊水污染

在我国，湖泊水的污染比较严重，尤其是富营养化的问题相当严重，总磷和总氮（TN）的污染指数较高。相关调查表明，75%以上的湖泊水都呈现出不同程度的富营养化。

3. 地下水污染

随着人口的增加和社会的快速发展，我国对水资源的需求量也在不断增加，尤其是近三十年来，地下水的开采量不断增长，而在农村，地下水更是主要的饮用水来源。值得关注的是，地下水的污染是会相互影响的，浅水层会向着深水层的方向发展，进而导致地下水污染更为严重。此外，人们对地下水资源的过度利用，也会导致地下水水位下降，资源枯竭。

近几年来中国发生的重大水污染事件

1. 江西铜业排污祸及下游

2011 年 12 月，江西德兴市的多家矿山公司被曝常年向乐安河排污，祸及下游乐平市 9 个乡镇 40 多万群众。乐平市政府的调查报告显示，自 20 世纪 70 年代开始，上游有色金属矿山企业每年向乐安河流域排放 6000 多万吨污水，其中重金属污染物和有毒非金属污染物达 20 余种。由此造成 9269 亩（1 亩=666.67 平方米）耕地荒芜绝收，1 万余亩耕地严重减产，沿河 9 个渔村因河鱼锐减失去经济来源。近 20 年来，江西省乐平市名口镇某村已故村民中有八成是因癌症去世，是外界谈之色变的“癌症村”。而相关企业根据协议做出的赔偿金额，平均每年每人不足一元。

2. 广西贺州市发生水体镉（Cd）、铊（Tl）等重金属污染事件

2013 年 7 月，从贺江马尾河段河口到广东省封开县，不同断面污染物浓度从 1 倍到 5.6 倍不等，并出现大量死鱼。污染源为贺江上游的马尾河附近 79 家非法金属采矿点，大雨导致大量金属污染物流入贺江，造成贺江马尾河段河口到广东省封开县 110km 河段污染。事后，非法采矿点被勒令关闭停产。

3. 甘肃锑(Sb)泄漏事件

2015 年 11 月 24 日，甘肃陇星锑业有限责任公司尾矿库发生尾砂泄漏，造成嘉陵江及其一级支流西汉水数百千米河段锑浓度超标。此次发生污染事件的西汉水是长江流域含沙量最大的河流，在流经甘肃西和、康县、成县后，经陕西略阳向南注入嘉陵江四川广元段。受甘肃陇南锑泄漏影响，嘉陵江上游锑浓度超标水过境广元市流域时致该市生产、生活用水吃紧。

2.1.5　污水处理方法

污水处理方法按其原理可分为物理处理法、化学处理法、物理化学法和生物处理法等(图 2-7)。

(1)物理处理法：利用物理作用分离、回收废水中不溶解的、呈悬浮状态的污染物质(包括油膜和油珠)。常用的物理处理法有重力分离法、离心分离法、过滤法等。

(2)化学处理法：向污水中投入某种化学物质，利用化学反应分离、回收污水中的污染物质。常用的化学处理法有化学沉淀法、混凝法、中和法、氧化还原(包括电解)法等。

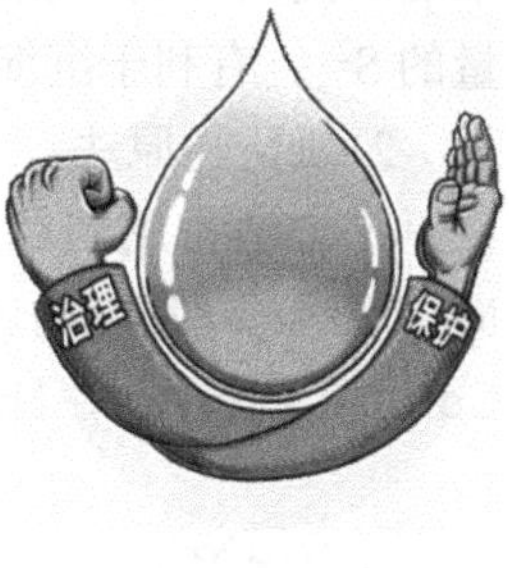

图 2-7　治理保护水资源

(3)物理化学法：利用物理化学作用去除废水中的污染物质，主要有吸附法、离子交换法、膜分离法、萃取法等。

(4)生物处理法：利用微生物的代谢作用，使废水中呈溶液、胶体或微细悬浮状态的有机污染物质转化为稳定、无害的物质。生物处理法又可分为好氧生物处理法和厌氧生物处理法。

下面主要介绍化学处理法。

1. 酸、碱性污水的中和处理

1)酸性污水中和处理

可采取投药中和法，药品有石灰乳[俗称熟石灰或消石灰，$Ca(OH)_2$]、苛性钠($NaOH$)、石灰石(主要成分为 $CaCO_3$)、白云石(主要成分为 $CaCO_3$、$MgCO_3$)等。优点是可处理任何浓度和性质的酸性污水，污水中允许有较多悬浮物存在，且对水质、水量的波动适用性强，中和剂利用率高，过程容易调节。缺点是处理要求高、投资大、泥渣多且脱水难。

2)碱性污水中和处理

既可以采取投酸中和法，试剂有硫酸、盐酸及压缩二氧化碳(用 CO_2 作中和剂，由于 $pH<6$，因此不需要 pH 控制装置)；又可采用废气中和法，如烟道气中有高达 24%的 CO_2，可用来中和碱性污水。其优点是可把污水处理与烟道气除尘结合起来，缺点是处理后的污水中硫化物、色度和耗氧量均有显著增加。清洗由污泥消化获得的沼气(含 25%～35%的 CO_2 气体)的水也可用于中和碱性污水。

2. 含重金属污水(主要来源为工业污水和酸性矿水)的化学处理

1) 化学沉淀法

其工艺过程包括：①投加化学沉淀剂与污水中的重金属离子反应，生成难溶性沉淀物析出；②通过凝聚、沉降、上浮、过滤、离心等操作进行固液分离；③泥渣的处理和回收利用。

化学沉淀法按所用试剂又可分为以下两类：

(1) 氢氧化物沉淀法。常用的沉淀剂是石灰(主要成分为氧化钙)。石灰沉淀法的优点是去除污染物范围广，药剂便宜易得，操作简便，处理可靠且不产生二次污染；缺点是劳动卫生条件差，管道易堵塞，泥渣体积大，脱水困难。

(2) 硫化物沉淀法。沉淀剂有 H_2S、Na_2S、$(NH_4)_2S$ 等。无机汞的去除可用此法，S^{2-} 浓度的提高有利于硫化汞(HgS)的析出。此外，在反应过程中补投 $FeSO_4$ 溶液以除去过量的 S^{2-}，有利于沉淀分离。

2) 氧化还原法

该方法常用的氧化剂有空气、臭氧、氯气、次氯酸钠及漂白粉，可用于去除 Fe^{2+}、Mn^{2+}等离子。常用的还原剂有硫酸亚铁、亚硫酸钠、硼氢化钠、铁屑等，可用于去除 Hg^{2+}、Cd^{2+}、Cu^{2+}、Ag^{+}、Ni^{2+}、Cr^{6+}等。

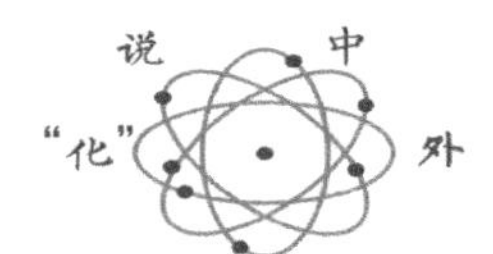

"水知道答案"是伪科学

日本人江本胜曾出版了一系列《水知道答案》的相关作品，表达了"水能听，水能看，水知道生命的答案"的观点。但对于其中所展示的实验结果，近年来国际上已有许多研究人员揭穿了他的实验漏洞。

漏洞一：水结晶的形成仅与温度、湿度有关

这本书中的核心理论是：水能够根据外界的信息，辨别美丑善恶。美国加州理工学院物理系主任肯尼思·勒布雷希特对于此现象解释说，水分子可以形成六角形的晶格结构(图 2-8)，如果晶体向两个六角形的面的方向生长，就会变成柱状晶体；而如果向六个正方形面的方向生长，则会形成片状的六边形晶体。在此基础上，片状或柱状晶体还能长成更加复杂的结构，也就是说当温度低到一定程度，水晶体最终形成各式各样的冰或雪花。因此，可以在实验室中通过人为设定的条件设计不同形状的雪花。这些情况与水结晶是否听到了优美的音乐、看到了温暖的单词没有任何关系。

图 2-8　水结晶

漏洞二：江本胜的实验是根据结果选择照片

有研究者指出该实验设计存在人为操作错误，江本胜并没有展示全部样本，仅选择了有利的照片刊登，而删除了对实验不利的部分。研究人员认为，在播完了贝多芬的交响乐以后，江本胜从数百个晶体中只选出了一些漂亮的晶体放在书里；在让水"听"

究难听的摇滚乐之后，江本胜则选择了一些难看的晶体。按此方法，任何人都可以得到自己想要的任何结论。

漏洞三：没有遵循“双盲”的科学原则

在科学实验中，需要遵循“双盲”原则，即为了防止研究结果受观察者主观偏爱影响，不告知参与对象详细信息。研究者发现江本胜的实验明显违背了这个原则。曾有媒体采访时，江本胜特别强调“我不需要对任何样本进行双盲测试”，他坚信实验者的美学素养和个性是拍摄水结晶时最重要的元素。

学科学，要懂得运用科学的观点、方法，抵制、揭露、批判伪科学。

2.2　保护生存之基——大气污染防治

唐代诗人李白笔下的“孤帆远影碧空尽，唯见长江天际流”（图 2-9），描绘了一幅天空与江水连成一片，孤帆远去的画面。这样清澈湛蓝的天空，给无数诗人以无穷无尽的想象和灵感。然而近年来，随着工业的飞速发展，各种废气肆意排放，导致大气污染问题越来越严重，清澈湛蓝的天空越来越少，清新怡人的空气越来越难得。大气污染已然成为科学家急需解决的又一重大社会议题。

图 2-9　孤帆远影碧空尽

2.2.1　什么是大气

有科学家认为，地球最初是由星际间的物质凝聚而成，在地心引力的作用下，空气围绕在地球四周，形成了大气层。这层包围在地球表面的空气就是大气，也称大气圈(图 2-10)。

大气是一种混合气体。在接近地面的干燥清洁空气中，按体积计，氮气占 78.09%，氧气占 20.94%，氩气等稀有气体占 0.93%，这三者共计约占空气总量的 99.96%。大气中的水汽含量随着空间位置和季节的变化而改变，一般为 1%～3%，热带地区可达 4%，南北两极则不到 0.1%。而大气中的二氧化碳正常含量应为 0.033%左右。

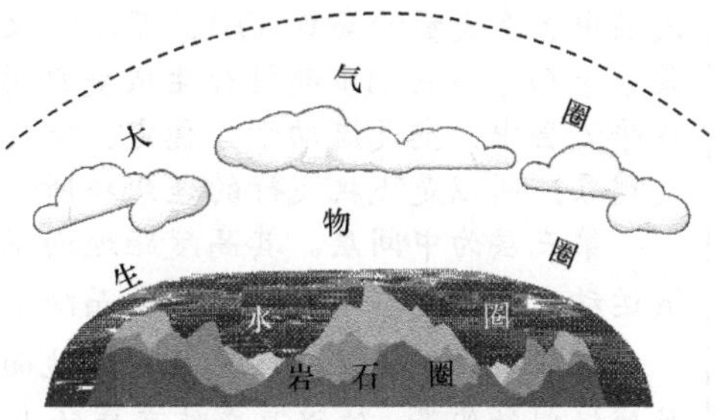

图 2-10　大气圈的位置

1. 大气的作用

说起大气的作用，最先想到的是氧气。在正常情况下，一个成年人 24h 要吸入约 10000L 空气。有实验证明，人如果不进食，最多能维持 5 个星期；但如果不呼吸，却维持不到 5min。由此可见，大气对人类生存具有重要意义。

大气不仅能为人类呼吸提供氧气，还能为生命体提供所需的营养，如植物进行光合作用所需的二氧化碳等。此外，大气还是地球表面温度的“调节器”。它不仅能阻挡太阳发出的红外辐射，还能吸收地球表层发射的红外线，使地球表面的温度维持在一个适宜人类生存的范围内。相比之下，月球或其他星球由于没有大气的热稳定作用，温度变化差异大，生命体难以存活。

大气也是地球水体的“传送带”。太阳每时每刻都在蒸发着大量的海水和地表水，使其变为水蒸气，而大气可以将水蒸气输送到各地上空，待冷凝后变成雨雪降落下来。正是这支庞大的“运输部队”终年不息的忙碌，形成了宝贵的水循环，才维持了生态平衡，并在漫长的地质年代不断地塑造着地球表面的形态。

大气还是地球的“保护罩”。从太空中飞来的小天体和陨石被大气所阻隔，从而避免给地球上的人类造成巨大的灾害；来自外层空间的宇宙射线和大部分高能电磁辐射在穿过大气层时，大部分被大气所吸收，显著降低了紫外线和辐射对生命的破坏。

天有几重

古代诗人屈原在其诗篇《天问》中，面对苍穹写下了“圜则九重，孰营度之？”他认为天空是由九层巨大的圆环组成。而现代科学家认为，由于受地心引力的作用，大气在垂直方向的物理性质有显著的差异，大气共分为 5 层(图 2-11)。

第一层为**对流层**。距地面最近，可以直接从地面获取能量。因此，在这一层中的气体越接近地面越热，也就是说大气的温度随着高度的增加而降低。由于对流层中的水汽和尘埃较多，云、雾、雨、雷电等天气都主要发生在这一层，因此对流层是对人类生产生活影响最大的一层，其中大气污染现象也主要发生在这一层。

第二层为**平流层**。距离地面约 55km，这层大气的温度会随高度的增加而升高。平流层中含有大量的臭氧(O_3)，可以吸收来自太阳辐射的紫外线，被分解为氧原子 O 和氧分子 O_2，当它们重新结合生成臭氧时，会释放出大量的热，使得平流层的温度升高。在平流层中，空气流动十分稳定，空气干燥，少有水汽和尘埃，没有风、雨、雪等天气现象，所以是飞机飞行的理想场所。

第三层为**中间层**。其高度距地面 85km 左右，在这层的气体又出现较强的垂直对流运动，且大气温度随高度升高而降低，最低降至−100℃左右。

第四层为**热成层**，即热层。距地面最高处达 800km，这层中的氧原子吸收太阳紫外线辐射的能量，使得温度随高度的上升而迅速升高。由于该层大气受到强太阳辐射，空气分子或原子发生电离，具有大量带电离子，因此也称为电离层。它能反射无线电

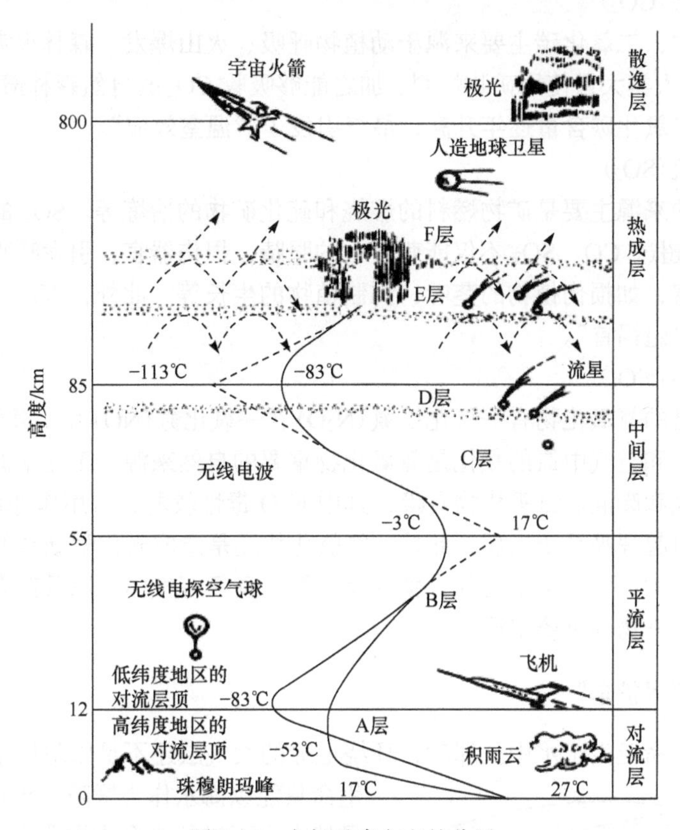

图 2-11　大气垂直方向的分层

波，美丽的极光也是出现在电离层。

最高的一层为**散逸层**。高度在 800km 以上，实际上是大气层向太空的过渡。这一层空气非常稀薄，其温度也随高度的上升而升高。

2. 大气中的污染物

大气中的污染物种类繁多，其中已造成危害或被监测到的污染物有 100 多种。下面介绍几种常见且危害较大的大气污染物(图 2-12)。

1)一氧化碳(CO)

全世界每年排入大气的一氧化碳总量为 3.0×10^8～4.0×10^8t，是全球人为排放量最大的气体污染物，CO 主要来源于煤和汽油的不完全燃烧。CO 对人体有较大的危害，当人体吸入的 CO 扩散到血液中后，会取代血红蛋白与氧气结合，使血液中含氧浓度大大降低，导致机体缺氧。若连续吸入大剂量 CO，会造成中枢神经系统功能损伤、心肺功能衰竭、昏迷、呼吸困难甚至死亡。

图 2-12　被“污染”的地球

2) 二氧化碳(CO_2)

在自然界中，二氧化碳主要来源于动植物呼吸、火山爆发、森林火灾和有机体的腐烂等。近年来，人类大量使用矿物燃料，加之能够吸收 CO_2 的自然森林遭到大规模破坏，导致大气中的二氧化碳含量逐年升高，最终引发了“温室效应”。

3) 二氧化硫(SO_2)

二氧化硫的来源主要是矿物燃料的燃烧和硫化矿物的冶炼等。SO_2 的排放量仅次于 CO，但危害性超过 CO。SO_2 不仅能刺激人的眼睛，损伤器官，引发呼吸道疾病，还会对植物造成伤害，如损伤植物的茎叶，抑制植物的生长等。此外，SO_2 与氮氧化物还是形成酸雨的“罪魁祸首”。

4) 氮氧化物(NO_x)

大气中常见的氮氧化物有一氧化二氮(N_2O)、一氧化氮(NO)和二氧化氮(NO_2)等。闪电、森林火灾和空气中氮的氧化是氮氧化物重要的自然来源；工业来源主要是各类化工厂排放的废气和废液。氮氧化物有毒，其中 N_2O 毒性较弱，可用作外科麻醉剂；NO_2 毒性较大，可引起呼吸系统疾病。此外，氮氧化物还是造成光化学烟雾的“元凶”。

除了上述四种大气污染物之外，氟利昂、氨、臭氧等气体，以及散布在大气中的尘埃等都是大气污染物的重要来源。

2.2.2 地球的“保护伞”

地球上的生命诞生于水中。那时，环绕地球的大气层还不足以阻挡紫外线的辐射，生命只能以海水作为屏障，维持生息与繁衍。虽然在水下进行光合作用非常缓慢，生命显得羸弱而原始，但那毕竟是保全生命的唯一办法。随着大气中的含氧量逐渐升高，由氧气转化成的臭氧层屏蔽了大量的紫外线辐射，使一些生物得以离开海洋来到陆地上生活。可以说，臭氧层是地球生命的“保护伞”(图 2-13)。

图 2-13　地球的“保护伞”——臭氧层

1. 破坏臭氧层的“魔爪”

臭氧层对地球生命极为重要，然而科学家发现，大气平流层中宝贵的臭氧正在快速减少。这是什么原因呢？是谁的“魔爪”能将高达数十千米的臭氧层撕开一个巨大的“窟窿”呢？答案就是氯氟烃。

氯氟烃又称氟利昂，是甲烷和乙烷的氟的衍生物的总称，用 CFCs 表示。CFCs 性质很稳定，无毒，不易燃烧，易于液化和储藏，价格又比较便宜，应用十分广泛，主要用作制冷剂、喷雾剂、发泡剂及清洁剂等。20 世纪八九十年代的空调和冰箱的制冷剂便是氟利昂。

氟利昂化学性质稳定，在低层大气中基本不会发生反应。然而一旦进入平流层受到紫外线照射，便会分解释放自由氯原子，活泼的自由氯原子可与臭氧分子O_3发生反应，夺走臭氧中的一个氧原子，其余两个氧原子则结合成一个氧分子，继续留在大气层中。以氟利昂中应用最普遍的二氟二氯甲烷(CCl_2F_2，即氟利昂-12)为例，其反应方程式为

$$CCl_2F_2 \xrightarrow{h\nu} Cl + CClF_2$$

$$Cl + O_3 \longrightarrow ClO + O_2$$

一氧化氯(ClO)本身很不稳定，极易与原子态的氧反应，生成氧气和氯原子。在平流层中，臭氧O_3在紫外线作用下发生光解反应，生成氧气O_2和氧原子O，这就给了ClO以可乘之机(活泼的自由基ClO等可看作促使O_3分解的催化剂)。上述两个反应的方程式为

$$O_3 \xrightarrow{h\nu} O_2 + O$$

$$ClO + O \longrightarrow Cl + O_2$$

从上述反应可看出，一个氯原子大约可以分解10万个臭氧分子，并能引发连锁反应，对臭氧层造成长久的破坏。除了氟利昂之外，对臭氧层有严重破坏作用的物质还有用作灭火剂的哈龙(哈龙是含溴的卤代甲烷和卤代乙烷的商品名，如CF_2BrCl、CF_3Br、CF_2Br_2)及氮氧化物，它们也能在紫外线的照射下光解出活泼的溴原子或一氧化氮，引发臭氧的催化分解。

2. 紫外线的入侵

臭氧层的损耗减弱了它对太阳紫外线的阻拦作用。在形成臭氧空洞的地方，紫外线更是长驱直入，毫无顾忌地照射到地球上。对人体危害最大的是紫外线B。这两年备受追捧的日光浴便是利用紫外线B能促进人体合成维生素D，而维生素D又有利于人体对钙、磷的吸收这一原理而出现的。然而，凡事都是过犹不及。过于强烈的太阳光不仅容易导致晒伤，而且长期接受过多的紫外线B，更会大大增加罹患皮肤癌的风险。此外，部分紫外线甚至会影响人体的免疫系统。

除了对人体健康的影响之外，臭氧层变薄所引起的紫外线过量还会影响植物的正常生长，破坏叶绿素的光合作用，造成农作物减产。科学家做过模拟实验，当臭氧减少20%时，由于紫外线的损伤，大豆产量将减少25%。紫外线还会引起海洋浮游生物的大量死亡，导致海产品减少和某些生物的灭绝，破坏海洋生态系统，并能杀灭水中微生物，导致淡水生态系统的恶化。另外，过多的紫外线还会威胁鱼类的生长繁殖。这是因为，一方面，浮游生物的减少使鱼类难以找到足够的食物，最终使鱼类数量大幅度减少；另一方面，鱼类、贝类的幼体生长在沿岸浅水中，对紫外线的辐射特别敏感，在强烈的紫外线下很难存活。科学家发现，紫外线的增加会导致全球气候变暖，使南极冰雪融化，海平面上升，导致部分低洼陆地和海岛被淹没。

3. 臭氧保护，一直在路上

大气中臭氧层遭受破坏的严峻形势，以及由此造成的对环境的影响和对人类健康的危害，都已经引起了人们的高度关注。地球上各处的气温并不相同，赤道处较高，而两极较

低。由于温度的差异，赤道附近气体密度较小，热气体会从对流层上升至平流层；而在两极，密度较大的冷气体则从平流层降入对流层。臭氧主要形成于平流层中，并逐渐形成“平流层—地球两极—对流层—赤道—平流层”的流动循环。对臭氧层的保护绝不是单个国家或地区的事情，它需要全人类协同作战，共同行动(图 2-14)。

图 2-14　臭氧保护

人类保护臭氧层的行动始于20世纪70年代。1977年3月，联合国环境规划署通过了第一个有关臭氧层保护的文件《关于臭氧层行动的世界计划》，内容包括监测臭氧和太阳辐射，评价臭氧损耗对人类、生态系统和气候的影响等。1985年3月，在维也纳召开的“保护臭氧层外交大会”上通过了《保护臭氧层维也纳公约》，这是第一个把大气作为资源加以保护的国际公约。其主要内容包括提出保护臭氧层的具体措施，收集整理对臭氧层研究的科学认识，促进各国的合作研究和情报交流。1992年11月，在哥本哈根召开的《蒙特利尔议定书》缔约方第四次会议上公布了一份报告，报告首次明确了“破坏臭氧层的国家”及其应当承担的责任。

当前，保护臭氧层的行动已经得到世界各国的广泛支持和参与，世界各国正加紧研究 CFCs 的替代产品。例如，在冰箱制造业中，已经开发出新的制冷系统；在绝缘体工业中，已开始采用无害发泡剂技术，或者用玻璃纤维类材料取代氟氯烃物质；在电子工业中，水技术取代了有害的清洁剂；在消防行业中，正在用更为环保的产品替代灭火用的哈龙。我国也已成功研制出 CFCs 的代用品，生产出不含 CFCs 的“绿色冰箱”。

2.2.3　“火炉”中的地球

进入20世纪80年代以来，全球气温连年升高(图 2-15)，人们惊呼：地球热疯了！

全球气温升高引发人类的共同关注。1989年6月5日，联合国环境规划署将“世界环境日”的主题定为“警惕全球变暖”；1991年，“世界环境日”的主题确定为“气候变化——需要全球合作”。这足以说明气候变暖，全球升温确已成为当今人类面临的最严峻的环境挑战之一。那么，造成地球加速变暖的原因是什么？这会给人类带来什么影响？人类又该何去何从呢？

图 2-15　“燃烧”的地球

1. 纵火的元凶

1) 温室效应源头——CO_2

科学家经过长期研究，发现大气中的二氧化碳会对地球的气候变暖产生直接的影响。1827年，科学家弗雷尔首次提出“温室效应”这一概念。

所谓“温室效应”，可以用菜农的“蔬菜大棚”予以形象表述。温室的玻璃或塑料薄膜是保持温度的关键。同理，地球上的能量主要来自太阳，要保持地球温度的不变，则必须把所吸收的太阳能再辐射到太空中(图 2-16)。太阳的温度高达 6000K(开尔文)以上，它所辐射的是连续光谱，其辐射最强的波段是 400～750nm 的可见光部分，所以太阳辐射又称为短波辐射。地球的平均温度只有 15℃，它所辐射的最强波段为红外部分，波长为 10000～20000nm，所以地表辐射又称为红外辐射或长波辐射。像二氧化碳这样的气体，短波长的太阳光很容易通过，但却能够吸收地球表面发出的红外辐射，并且把其中一部分重新送回地球表面。这种现象在气象学上称为大气的“逆辐射”，逆辐射的结果是使地球损失的热量减少，气温升高。在这里，大气中的二氧化碳等温室气体就相当于温室中的玻璃或塑料薄膜。

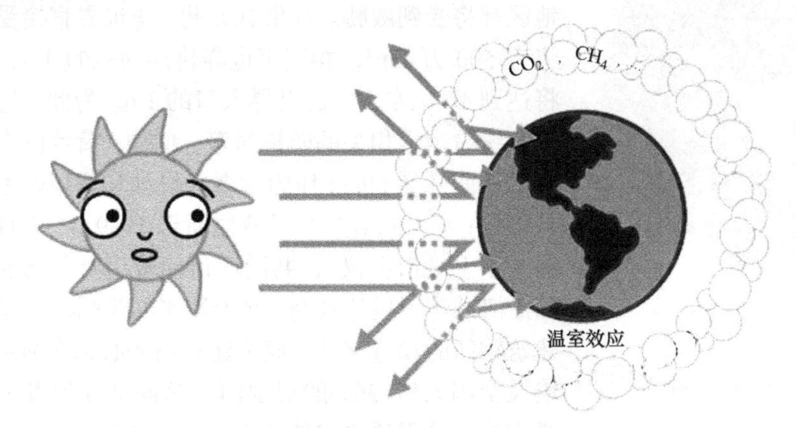

图 2-16　温室气体的主要来源

由于现代工业的污染，尤其是向大气中排放的二氧化碳、甲烷等温室气体逐年增多，温室效应加剧，地球表面的热量越来越难以向外太空辐射，因此地球也就不断变暖。

2)温室气体之甲烷

迄今为止，科学家已经发现了 30 多种温室气体，其中二氧化碳对温室效应的“贡献”最大，其次是甲烷。目前，全世界各种来源产生的甲烷总量每年大约有 5 亿 t。因此，研究如何控制空气中甲烷的含量，已经成为环境科学中的又一个重要话题。有趣的是，大气中的甲烷有相当一部分来自牛。这是因为，牛的胃中有不少细菌，它们能分解牛吃下去的植物纤维，从而产生甲烷。据估计，一头牛每天要排放 200～400L 甲烷，全世界的牛每年排放的甲烷量会高达 5000 万～1 亿 t，这是一个相当巨大的数字。基于此，科学家正在研究，是否可以在牛饲料中掺入抗生素，以遏制牛胃中细菌的活动，从而降低其甲烷排放量。

当然，牛胃并不是甲烷的最主要来源，甲烷的第一大来源是沼泽地。全世界共有 500 万 km^2 的沼泽地，其中最大的两片在俄罗斯的西伯利亚和加拿大的哈德逊附近。这两片沼泽处于冻土带，随着天气变暖和雨水增加，冻土融化，之前封闭在其中的大量沼气释放出来。此外，稻田也是甲烷的重要来源。水稻可以从根部附近的泥土中吸收甲烷，经过体内传输，最后释放到大气中。据统计，全世界共有 150 万 km^2 稻田，每年大约释放 1.5 亿 t 甲烷。此外，细菌分解腐烂的有机垃圾、阳光照射滚烫的柏油路面等都能产生一定量的甲烷。

2. “融化”的地球

全球气候变暖对海平面升高的影响究竟会给人类带来什么样的后果？风暴延续时间通常只有几小时到几天，水灾、旱灾最多只有几个月，而海平面升高造成的危害可长达几十年甚至数百年。加之海水上涨会逐年累加，沿海地区又是世界上人口密度最大、经济最发达的地区之一，世界一半以上的大城市都位于海岸或河口。因此，海平面升高受灾范围相当广(图 2-17)。

图 2-17 “融化”的地球

有不少学者曾预测到 21 世纪末，海平面的升高幅度可达 1m(图 2-18)，这就意味着凡是位于海拔 5m 以下的地区都将受到威胁。若果真如此，全世界直接受灾的土地将有 500 万 km^2，相当于世界耕地面积的 1/3；受灾人口将达到 10 亿左右，占世界人口的 1/6。为此，世界上许多国家纷纷制定相关的防护对策。例如，荷兰以今后 100 年内海平面升高 60cm 作为参考，设计和规划国家的海岸防护工程；意大利著名水城威尼斯于 1989 年 12 月召开了首届“水上城市会议”，共同商讨挽救历史名城的对策；美国沿海的佛罗里达及南、北卡罗来纳等州已经制定了沿海建筑物新的建造标准，规定建筑物务必远离海岸；聚集了埃及全国人口 30%的尼罗河三角洲被列为海平面上升后最容易遭受灭顶之灾的地区之一，埃及政府已着手制定长期的防御规划，并且将原来计划中的重大建筑工程改建在远离河岸的区域。

我国经济开发区多聚集于沿海低洼地带。对此，有关专家指出，沿海经济开发应当在加快发展的同时，加高加固沿海及江河下游堤防，并合理地调整人口和工业布局，避免在低洼地带新建更多的大型企业。有学者曾明确提出，在海拔 4m 以下的地区，不宜作大规模投资；海拔 1～2m 的地区，则必须制定人口迁移的长期计划。

图 2-18 冰川融化

2.2.4 从“甘霖”到“酸雨”

在古代，人们把雨水称为“甘霖”，看成是上天赐予的“琼浆玉液”，二十四节气中还设有“雨水”节气(图 2-19)。然而，人类文明发展到今天，被称为“甘霖”的雨水却会转变为“酸雨”，给人们带来灾难。“甘霖”是如何变成“酸雨”的？酸雨对人类的生存环境究竟有何危害？

1. 酸雨的形成

天然雨水并不是纯水，当雨水穿过干燥的大气层时，吸收大气中的二氧化碳等酸性气体，生成弱酸。因此，没有受到污染的雨水通常呈弱酸性(pH 一般小于或等于 5.6)。

酸雨的形成是一个十分复杂的过程，其中的机理至今仍不十分清楚。从化学角度看，大气中增加酸性物质，或者减少碱性物质，都会导致雨水的酸化。从目前世界各国对酸雨的监测和分析来看，造成酸雨的污染物主要有二氧化硫（SO_2）和氮氧化物（NO_x）。此外，大气雾滴中的铁、锰、铜、钒等元素能催化 SO_2 氧化为三氧化硫（SO_3），NO_x 氧化为二氧化氮（NO_2）。SO_3 和 NO_2 再与水（汽）反应生成硫酸和硝酸，相关反应方程式为

图 2-19 二十四节气——雨水

$$SO_3 + H_2O = H_2SO_4$$

$$2NO_2 + H_2O = HNO_3 + HNO_2$$

$$2HNO_2 + O_2 = 2HNO_3$$

不管形成酸雨的机理如何，可以肯定地说，大气中的 SO_2 和 NO_x 是产生酸雨的“头号元凶”。大气中的 SO_2 和 NO_x 又是如何形成的？SO_2 的形成原因很多，如煤和石油燃烧时排放出的废气；而 NO_x 的形成一部分来源于大气中的氮在高温环境下与氧发生的反应，另一部分来源于汽车尾气。

2. 酸雨的“世界之旅”

20 世纪 70 年代中期以后，大气污染问题受到世界各国的普遍重视，人们要求净化空气的呼声越来越高。欧、美、日等发达国家及地区在建造大型燃煤电厂时纷纷建起了超高烟囱，试图采用超高烟囱将污染烟气向高空排放，以利用风力等自然条件将其扩散和稀释，从而使周围空气中污染物的浓度降低，减轻局部地区的环境污染。这种做法显然不能从根本上解决大气污染的问题。相反，通过高空排放让污染物在空中“长途旅行”的做法又引发了“跨区域”污染问题，使酸雨成为一个世界性的难题。

3. 酸雨带来的危害

酸雨对人类环境的危害有很多（图 2-20）。

酸雨使大量湖泊成为“死湖”。包括江河湖泊及地下水在内的环境水体，其正常 pH 为 7～8。受到酸雨污染的湖水，其 pH 可下降至 5.0，这时水生生物将受到巨大的威胁。欧洲已经有数万个大小湖泊遭到酸雨的严重破坏；加拿大 4500 多个湖泊中的水生生物因酸雨而濒临灭绝。

酸雨使森林大片死亡。酸雨对森林的影响十分复杂，如酸雨对树木的伤害有直接和间接两个方面。直接伤害表现在酸雨会侵入树叶的气孔，妨碍植物的呼吸。间接伤害则是指酸性雨水溶解了土壤中的矿物质，使得钙、镁、钾等元素流失，从而造成土地贫瘠、树木营养不足、长势变慢甚至停止生长等危害。

此外，酸雨还能溶解土壤中的有毒金属，如铝、铜、镉等，形成的水溶液被植物吸收，一方面影响植物生长，另一方面造成有毒金属的迁移，间接影响人类及动物的健康

图 2-20　酸雨的危害

与生存。酸雨还腐蚀建筑、桥梁、堤坝、工业设施、供水和储水系统、通信电缆等设施和材料，毁坏文物古迹、历史建筑、雕塑、装饰品等重要设施，造成严重的经济损失。

消失的“女神鼻尖”

希腊首都雅典的古城堡已有2000多年的历史，这里保存着许多与古希腊神话相关的古代建筑和雕塑。与中国的万里长城、埃及的金字塔一样，它们是古希腊文明的象征，也是希腊民族的骄傲。帕提农神庙就是其中一座建筑古迹。雅典工业大学的一位教授曾经给帕提农神庙的女神像拍过两张照片，前后相距10年(图 2-21)。他将两张照片作了对比，发现后拍的那张照片上女神像的鼻尖不见了。不仅如此，原来照片中女神衣服上清晰的皱褶，现在也变得模糊不清，难以辨认。女神的鼻尖为什么会不翼而飞呢？原来，这是酸雨在作祟。

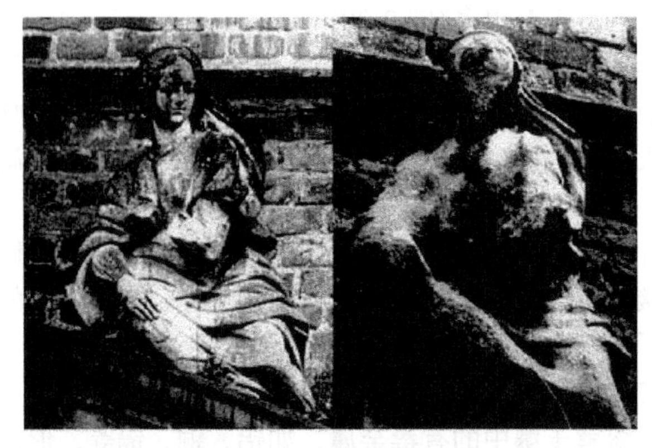

图 2-21　雕像前后对比

古希腊的建筑和雕刻大多以大理石为材料，其主要成分是碳酸钙。当它与酸雨中的硫酸或硝酸接触，会发生如下化学反应：

$$CaCO_3 + H_2SO_4 == CaSO_4 + H_2O + CO_2\uparrow$$

$$CaCO_3 + 2HNO_3 == Ca(NO_3)_2 + H_2O + CO_2\uparrow$$

生成疏松的硫酸钙和硝酸钙，非常容易剥落，从而使得艺术珍品面目全非。

2.3　关注生息之本——土壤污染防治

在古希腊神话中，地神盖娅生育了诸神。盖娅和海神波塞冬的儿子名叫安泰俄斯，他是一个勇猛无比的巨人(图 2-22)。但是，安泰俄斯所有的力量都来自他的母亲——大地。当安泰俄斯和敌人格斗时，只要身体不离开大地，就能从大地母亲那里获得源源不断的力量，那样，什么神都无法战胜他。后来，安泰俄斯的对手赫拉克勒斯发现了这个秘密，在搏斗中设法把安泰俄斯举到空中，使他无法接触大地，才最终战胜了安泰俄斯。随着人口的不断增加，我们所面临的困难也越来越严重，保护中华民族世世代代赖以生存的土地是我们每个人责无旁贷的义务。

图 2-22　希腊神话——安泰俄斯

2.3.1　人类生存的基础：土壤

土壤在自然界的形成和发展经历了漫长而缓慢的过程。地球表面巨大坚硬的岩石在自然条件下经过长期的风化，逐渐破碎变成细小的颗粒，形成了土壤。虽然地球上所有的土壤都是由岩石风化而成的，但岩石圈与土壤却完全不同。土壤只是覆盖在岩石圈表面薄薄的一层特殊物质。岩石的风化作用有三种：物理风化、化学风化和生物风化。

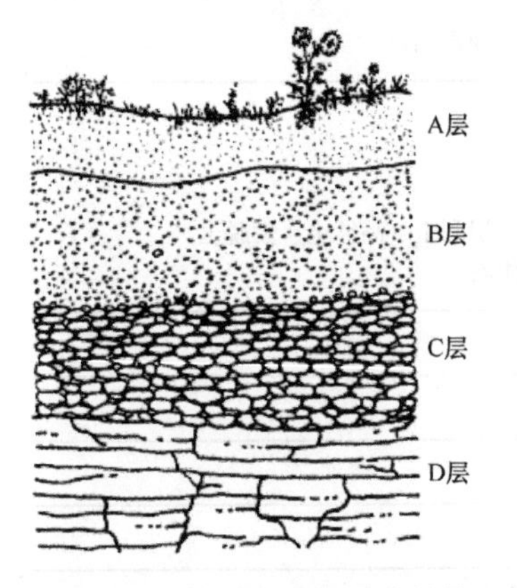

图 2-23　土壤的剖面层次结构

1. 土壤的形成和功能

土壤在形成过程中，经历无数次风化、合成、积聚和迁移，形成明显的层次(图 2-23)。

最上层为 A 层，厚度为 10cm 左右。A 层土中含有丰富的有机物和腐殖质。腐殖质是由新鲜的有机物质经微生物分解转化后重新组合而成的复杂的有机胶体，一般呈黑色或褐色，既含有多种营养成分，又有较强的吸收性，不仅能提高土壤的保肥、保水能力，还能缓冲土壤酸碱度的变化，有利于微生物活动和作物生长。因此，腐殖质是生物体最活跃的一层土壤。第二层为 B 层，又称淀积层。由 A 层土浸滤出来的有机物、盐类及黏土颗粒在这一层容留。第三层为C层，又称母质层，由风化的成土母岩组成。最后一层为D层，又称基岩层，为未风化的基岩。A层和B层合称土壤层(圈)。

土壤的组成十分复杂。按照相态的不同，可以分为固相、液相和气相(图2-24)；按照所含的物质，包含有机物、无机物和微生物。其基本组成包括矿物质、有机物、微生物、水分和空气，其中矿物质含量最高，约占45%，有机物及微生物约占5%，空气占20%～30%，水占20%～30%。对于不同的土壤，各种组分的含量不尽相同。大多数土壤结构较为疏松，固体部分呈颗粒状，由矿物质、有机物和微生物组成。液体和气体则存在于颗粒之间的孔隙中。土壤中常见的矿物质如表2-1所示，主要有机物类型如表2-2所示。

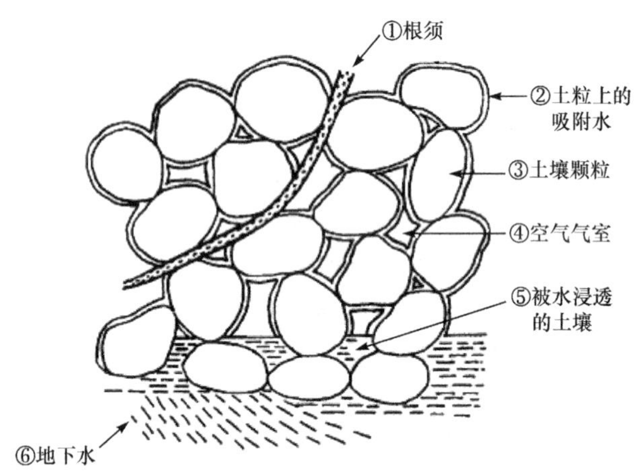

图2-24 土壤三相组成的精细结构

表2-1 土壤中常见的矿物质

化学成分	矿物质
氧化物与氢氧化物：	
硅的氧化物	石英
铁的氧化物和氢氧化物	黄铁矿、褐铁矿
铝的氧化物和氢氧化物	水铝石、薄水铝石、硬水铝石
硅酸盐：	
单体硅酸盐	橄榄石、石榴石、锆石
单链硅酸盐	辉石、闪石
多链硅酸盐	滑石、云母、黏土、伊利土、高岭土、蒙脱土
网状硅酸盐	钠长石、钙长石、沸石
碳酸盐	方解石、白云石
硫酸盐	石膏
磷酸盐	磷灰石、蓝铁矿
硝酸盐	$NaNO_3$、KNO_3
卤化物	Na、K和Ca的卤化物
硫化物	硫化铁矿

表 2-2　土壤中的主要有机物类型

有机物类型	成分	作用
腐殖质	植物残骸的难降解成分，主要由碳、氢、氧组成	最丰富的有机组分，具有改善土壤物质、交换营养物质和储存固氮功能
脂肪、树脂和蜡质类	可被有机溶剂萃取的复杂化合物	在土壤有机物中通常占百分之几，由于疏水作用，对土壤的物理性质有不利作用，对某些植物可能有毒性
含氮有机物	与氨基酸、氨基糖和非特征化合物相结合的氮	提高土壤的肥力
糖类	纤维素、半纤维素、淀粉、树胶	土壤微生物的食物来源，有助于土壤团粒结构的稳定
含磷化合物	磷酸酯、肌醇六磷酸、磷脂	植物磷酸盐的来源

植物在土壤中生长，需要吸收足够的营养物质，这些营养物质分为常量营养物质和微量营养物质。常量营养物质是指存在于植物体或植物体液中的含量相对恒定的元素，包括碳、氢、氧、氮、磷、钾、钙、镁、硫等。微量营养物质是指植物生长过程中所必需的但含量极小的元素，主要有硼、氯、铜、铁、锰、钼、钠、钒、锌等。在植物必需的常量元素中，碳、氢、氧可以通过光合作用等途径直接从大气中获得，某些植物也能通过自身的固氮作用获得氮。除此之外，植物所需的常量营养物质只能从土壤中吸收。大多数土壤中的氮、磷、钾含量均不能满足植物生长的需要，必须依靠施肥予以补充。

植物对微量元素的需求量极小，但又不可缺少，微量元素大多数是植物体内酶的组成部分。其中，锰、铁、氯、锌、钒很可能是植物光合作用的参与者。土壤中微量元素过多，会对植物造成一定的危害。

土壤是自然环境的重要组成之一，具有支持植物和微生物生长繁殖的重要作用，是农业生产的基础，是人类生活极其宝贵的自然资源。此外，土壤还具有同化和代谢外界物质使其进入土壤的功能，所以它又是保护环境的重要净化剂。

2. 土壤的酸碱性

酸碱性是评价土壤质地的主要指标，一般用 pH 表示。自然界中的各种水体，无论地理位置如何，发源于何处，其 pH 均相对比较稳定，差距不大。但土壤的 pH 变动范围却相当大，一般为 4.0～8.5。根据酸碱度的不同，通常将土壤分成如图 2-25 所示的几个等级。

土壤的酸碱度首先取决于土壤的组成。我国长江以南的土壤中，硅、铝、铁的含量较高，土壤多为酸性和强酸性，pH 可低至 3.6；长江以北的土壤，由于 $CaCO_3$、K_2CO_3 等含量较高，多呈中性或碱性，pH 可高达 10.5。

土壤酸化的原因很多，主要包含两个方面。一是化学原因，如矿物风化过程中产生的无机酸或大量二氧化碳，土壤中弱酸盐的水解，无机肥料残留的酸根离子，重金属和有机物对土壤的污染，酸雨的影响，以及土壤胶体吸附的 H^+、Al^{3+}等离子被其他阳离子交换等。另一个原因是微生物对有机物的分解，不同类型的细菌在利用土壤中的有机物

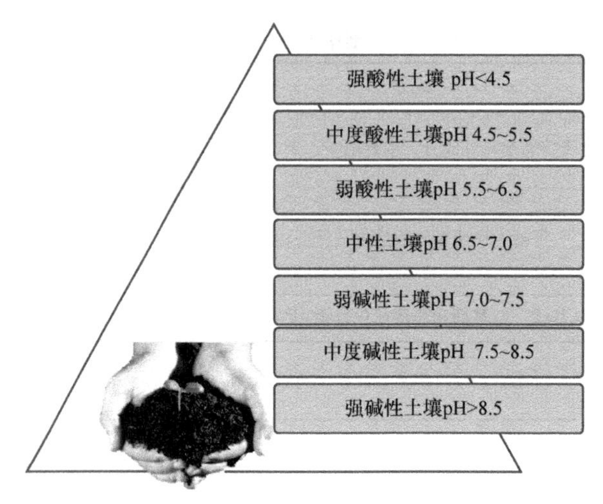

图 2-25　土壤分级

作为自身能源时，会产生 CO_2 和有机酸，或者将土壤中的 NH_3 转化为亚硝酸和硝酸，将硫化物转化为硫酸。

土壤的碱化原因与酸化过程大致相反。例如，土壤中强碱盐的水解、尿素肥料的使用，以及土壤所吸附的 OH^-、Na^+等被交换或水解，都会使土壤的 pH 升高。此外，土壤有机物中的氮被微生物分解生成氨的氨化过程也会使土壤的 pH 升高。

尽管不同地区土壤的 pH 变动范围很大，但是在部分地区，土壤对酸碱度具有很强的缓冲能力。土壤溶液中含有的碳酸、硅酸、磷酸、腐殖酸和其他多种有机弱酸及其盐类，构成了一个良好的缓冲体系。由于土壤本身带有负电荷，能吸附各种阳离子，也能够对酸碱变化起到缓冲作用。土壤的缓冲作用为植物的生长提供了一个比较稳定的环境。此外，不同质地的土壤对酸碱变化的缓冲能力不一样，一般来说缓冲能力大小的顺序为：腐殖土＞黏土＞砂土。这也是腐殖土特别适合植物生长的原因之一。

土壤酸度过强，pH 过低，可以用石灰中和法加以控制，以提高土壤的生长率。常用的做法是在土壤中掺入适量的碳酸钙($CaCO_3$)，反应方程式为

$$CaCO_3 + 2H^+ == Ca^{2+} + CO_2 + H_2O$$

土壤碱性过强，pH 过高，通常用硫酸铝[$Al_2(SO_4)_3$]或硫酸铁[$Fe_2(SO_4)_3$]进行处理，硫酸盐水解后释放出氢离子，以硫酸铁为例的水解反应方程式为

$$2Fe^{3+} + 3SO_4^{2-} + 6H_2O == 2Fe(OH)_3(s) + 6H^+ + 3SO_4^{2-}$$

也可以在土壤中加入硫黄，经过细菌的作用，将其氧化为硫酸，但成本比用铁或铝的强酸盐处理高得多，其反应方程式为

$$S + \frac{3}{2}O_2 + H_2O \xrightarrow{\text{细菌}} 2H^+ + SO_4^{2-}$$

3. 污染与防治

土壤是环境的四大要素之一，土壤污染对人类与自然的生存和发展所带来的危害是

不容忽视的。土壤是一台巨大的“净化器”，其中的微生物将难以计数的物质不断地转化、降解，保证了自然界的物质循环。但是，人类仍然制造了许多有毒或者难以分解的物质。当这些物质被大量抛洒到土壤中，并超过土壤本身的净化能力时，便会造成土壤污染（图2-26）。

土壤中的污染物来源较多。例如，空气与土壤气体进行交换，可将许多有毒有害的气体输送到土壤中；大气颗粒物的沉降，会将污染物直接带进土壤。在城市与厂矿密集的地区，土壤受大气污染物的影响尤为严重。此外，水污染也会造成土壤污染，尤其是引用污水灌溉农田，污染往往更为严重。有些土地甚至因为含毒过高，最终成为不能耕种的废地。由于我国水肥资源的匮乏，人畜粪尿通常会作为肥料被施入农田。这些水肥资源中确实含有大量氮、磷、钾等植物生长所必需的营养成分，但由于引灌的肥料中可能含有大量细菌、病毒、寄生虫和虫卵等，一旦这些有害物质进入农田，沉积于土壤中，便会造成土壤污染。

图2-26　重金属污染

现代农业大量使用化肥，致使硝酸盐、硫酸盐、氯化物等无机物大量残留在土壤中，它们破坏了土壤原有的性质，使土壤板结和盐渍化，造成农作物减产；农药的使用则使多环芳烃、多氯联苯等有机物在土壤中沉降，最终毒害动植物和人类。

在土壤污染物中，重金属对人类健康造成的危害最大（图2-27）。土壤中富集的汞、镉、铅、铬、砷等通过各种途径进入人体，会引发多种疾病，甚至是癌症。此外，各种微量元素，如铁、铜、锰、锌、钴、碘等，虽然是动植物生长发育所必需的营养物质，但如果含量过高，也会使植物受到伤害。例如，当土壤中铜的含量超过20mg/kg时，小麦就会枯死；当达到250mg/kg时，水稻也会枯死。

图2-27　不堪“重”负

遗憾的是，人类迄今还没有找到治理污染土壤的有效方法。土壤一旦被污染，其影响很难消除。重金属根本不能分解，有机农药的分解则极其缓慢，这些有毒物质富集以后，即使不再继续积聚，三五年内仍会保持较高的含量，并且从受过污染的土地上生长出来的作物不但不能食用，甚至不能作为肥料。对于目前耕地严重缺乏而人口却日益膨胀的地球来说，土壤污染所带来的后果是十分严峻的，必须引起足够的重视，而积极的预防尤为重要。

2.3.2　化学农药的“功”与“过”

在农业生产中，农药在防治农田病虫草害，保证农作物的增产、保收和保存，以及实现农业现代化等方面起着举足轻重的作用(图 2-28)。可以说现代农业生产已经离不开农药了。不仅如此，农药还是预防和控制疟疾、黄热病、脑炎、丝虫病、登革热等传染病的重要物质。

图 2-28　化学农药喷洒蔬菜

人类将化学药品用于农业生产的历史非常悠久。早在公元前 2 世纪的《淮南万毕术》中就曾记载，农人“夜烧雄黄，水虫成列。水虫闻烧雄黄臭气，皆趣(趋)火”。这是我国民间使用杀虫剂灭虫的最早记载，其中所提到的“雄黄”即硫化砷(As_2S_3)，而无机砷制剂直到今天仍是一种有效的杀虫剂。

然而，由于长期滥用农药，土壤、水体及大气中的有害物质急剧增加，危害生态平衡和人类健康，造成了严重的环境污染。全世界每年约有 200 万人因农药引发中毒，数以十万计中毒者因此丧生。农药污染所带来的危害已引起人类的高度重视，除了积极的防治之外，各国专家学者也对农药的“功”与“过”展开了激烈的讨论。

1. 农药的种类

农药的种类很多，根据用途可以分为除草剂、杀虫剂、杀菌剂、杀鼠剂、杀线虫剂、土壤熏蒸剂、落叶剂、植物生长调节剂、引诱剂、外激素、反激素等。了解各种农药的特点，尤其是它们的毒性和在环境中残留时间的长短，对于安全使用农药、防止农药中毒和污染具有重要意义。

1)有机氯类农药

有机氯类农药是含氯的有机化合物，最主要的品种有 DDT(结构式如图 2-29 所示)和六六六。有机氯类农药的特点是化学性质稳定，不容易分解，造成的污染很难消除，并且其易溶于脂肪，长期接触会在脂肪中积累，引发中毒，危害健康。目前许多国家已经停止生产和使用有机氯类农药。

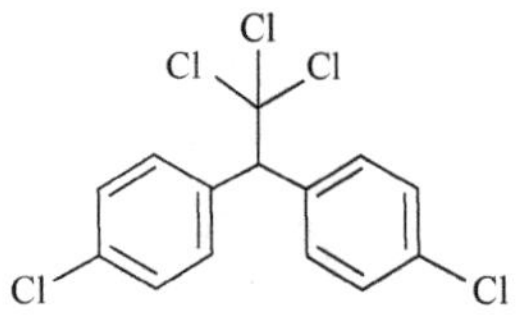

图 2-29　DDT 结构式

2)有机磷类农药

有机磷类农药是含磷的有机化合物，不少也含有硫和氮。有机磷类农药一般都有剧毒，但是较易分解，在环境中残留的时间较短，其中主要成分磷酸酯(结构式如图 2-30 所示)进入动植物体后，在酶的作用下能够分解，不容易积蓄。因此，一般认为有机磷是安全性能较高的农药。然而，有机磷类农药的毒性对昆虫及哺乳类动物有相当大的危害，在短期内其对环境的污染仍不可

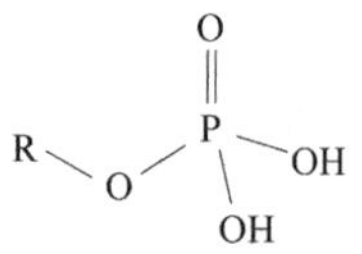

图 2-30　磷酸酯结构式

忽视。此外，有科学家经过研究指出，有机磷类农药在发生化学变化后，会使人体出现基因突变甚至致癌等情况。

3) 氨基甲酸酯类农药

氨基甲酸酯类农药(通式如图 2-31 所示)主要有西维因、速灭威、灭草灵、燕麦灵等，常用作杀虫剂和除草剂，其作用与有机磷类农药相似。氨基甲酸酯类农药也能引起人、畜中毒，其症状也与有机磷类农药相同，但中毒机理不同。这类农药在自然环境中易分解，在动物体内也能够迅速代谢，代谢产物毒性较低，因此属于低残留农药。

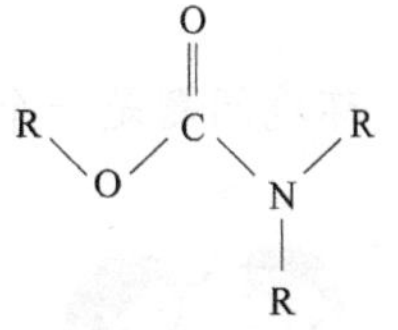

图 2-31　氨基甲酸酯类通式

4) 除草剂

除草剂又称除莠剂，是一类用来清除农田杂草的农药。大多数除草剂都比较安全，在环境中被逐渐分解，对哺乳动物的生物化学过程并无干扰，对人、畜的毒性也不大，但部分除草剂(如百草枯)有剧毒。

2. 现代农业的“功臣”还是破坏环境的“元凶”

长期以来，伴随农药的大规模生产和应用，关于农药功过利弊的争论从未间断。有调查报告指出，家蝇对 DDT 产生了抗药性，从此人们对农药的使用提出了质疑。当今世界，人们对农药持两种截然不同的观点：以农药制造商和植物学家为代表对农药大加赞赏，认为其是现代农业的“功臣”；而环保学家和生态学家则指责农药是破坏环境的“元凶”。那么，农药究竟为人类做了些什么呢?

据说每投资 1 美元用于农药，就可以获得相当于 3 美元的粮食回报。事实真的如此吗？美国环保机构在 10 多年前进行了一次全面系统的调查研究，其结果令人触目惊心。美国作为世界粮食出口大国，在 1945～1989 年的 44 年中，农药使用量增加了 20 倍，而这一时期害虫引起的农作物损失也从 7%增长到 13%。这些损失都还没有考虑农药对环境的影响和对人类、牲畜的危害。此外，农药“敌友不分”，进入农田后不仅除害虫，也杀益虫。只有当害虫突然猖獗，益虫的繁殖不足以与之匹敌时，使用农药的利才大于弊。需要指出的是，昆虫学家已经发现，在世界范围内农药对天敌的破坏已引起严重后果。例如，20 世纪 80 年代，印度尼西亚大量进口农药防治水稻害虫，结果殃及池鱼，使大量天敌遭到杀害，导致稻飞虱大暴发，水稻大面积减产，损失达 15 亿美元。这次灾难之后，印度尼西亚迅速推出一套保护天敌、减少农药用量的植保措施，将 64 种农药中的 57 种列入“黑名单”，禁止使用。一年之后，水稻产量再攀新高。

农药的大量使用让许多病虫杂草产生了抗药性。根据相关资料显示，全世界已有 500 多种害虫和螨虫、150 多种植物病菌和 270 多种杂草对农药产生了抗药性。这些病虫杂草的抗药性越强，施药的次数就越频繁，当加强农药的毒性后，又会促使病虫杂草产生更强的抗药性，形成令人担忧的恶性循环。

直到现在，学术界关于农药“功与过”的争论仍在继续。不管结论如何，在农药为人类带来一个又一个丰年的同时，其对环境的破坏是毋庸置疑的。在未来的病虫草害防治策略中，如何以最小的环境代价获得最佳的防治效果和最大的经济收益，将是人类持续探讨的重要议题。

2.4 共同守护我们的绿水青山

环境问题是一个全球性的问题。中国作为“地球村”的一员(图 2-32)，有责任和义务加入保护生存空间的全球化行动，为人类在这颗“蓝色星球”上的延续，为子孙后代留下一个清洁、美好、充满生机的地球。

图 2-32　同住地球村

2.4.1 环境保护是我国的一项基本国策

新中国成立之初，百废待兴，我国的工农业生产艰难起步，人口盲目增长。为了解决吃饭问题和维持最起码的生活水准，农业上对土地过量索取，工业上建设了一批毫无防污设施的工程，给环境恶化留下了隐患。20 世纪 60 年代中后期到 70 年代初，城市中心、居民稠密区、水源区、风景旅游区又建设了一批污染严重的工厂企业。同时，由于一直对环境污染认识不足，我国大气、水质污染严重，森林资源锐减，草原大面积退化，沙漠化急剧蔓延，水土大量流失，环境状况日益恶化。

我国的环境保护始于 20 世纪 70 年代初，当时政府提出了著名的“三同时”政策，即在工程建设中防治污染措施必须与生产主体工程“同时设计、同时施工、同时投产”。不久又提出“谁污染谁治理”的原则，并推出排放污染物收费制度和针对工程建设项目建立环境影响评价制度，大大加强了环境保护的力度。1978 年，国务院批准了“三北防护林体系建设工程规划”。上述生态工程建设的全面铺开，标志着我国的环境保护工作进入全面发展、总体推进的新阶段。

1983 年 12 月 31 日国务院召开的第二次全国环境保护会议是我国环境保护史上划时代的大事。在这次会议上，确立了“环境保护”为我国的一项基本国策(图 2-33)，并且提出了以强化环境管理为环保工作中心环节的总体思路。会后成立了“国务院环境保护委员会”，负责组织、协调和推动全国的环保工作。此次会议将环境保护提高到国家战略高度，具有十分重要的意义。

图 2-33　保护环境 人人有责

将“环境保护”列为基本国策，可以有效地保护环境资源，使我国的经济建设走上可持续发展的健康之路。当今世界已进入可持续发展时代，人类需要尽快发展经济以满足日益增长的需求。但是，这种发展不能超出环境允许的极限，否则就会遭到环境的“报复”，产生灾难性的后果。这一点人类已经有过太多的教训。经济与环境协调发展，整个人类社会才有持续发展的基础。我国的资源现状是：人均耕地面积只有世界平均水平的 1/4，人均淡水资源只有世界平均值的 1/5，能源、矿藏、森林都不充足。因此，控制环境污染，保持生态平衡，节省有限的资源，才能保证经济的持续发展。

将“环境保护”列为基本国策，也是本着一种负责任的精神，在为当代人的利益着想的同时，也为后代人的利益考虑，为子孙后代留下一个资源可以永久利用，清洁、优美的环境。

2.4.2　具有中国特色的环境保护道路

改革开放以来，我国的经济高速发展，取得了举世瞩目的成就。但是，也应当看到经济发展对我国的生态环境产生了新的冲击。煤炭作为主要能源，工业的发展使得燃煤量大大增加，空气质量恶化；工业废水的大量排放，导致河流和地下水严重污染；乡镇企业的发展突飞猛进，为我国农村经济注入新的活力，然而绝大部分企业技术水平低下，“三废”处理几乎为零，并且污染点多面广，类型复杂，治理起来非常困难。随着经济的发展，森林加速砍伐，草原过度放牧，水土大量流失，土壤沙化日益严重，生态环境不断恶化，野生动植物大量减少，生态平衡遭到破坏。

面对这一状况，我国在 1989 年召开了第三次全国环境保护会议。会议提出了“向环境污染宣战”这一响亮的口号，制定了“经济建设、城乡建设和环境建设同步规划、同步实施、同步发展，实现经济、社会和环境效益相统一”的战略方针；实行预防为主、谁污染谁治理和强化环境管理三大政策；加强环境保护法制建设，建立各级环保机构；深入开展城市环境综合治理和工业污染防治；广泛开展环境保护教育，提高全民族的环境保护意识；大力开展环境科学技术研究，努力发展环境保护产业等。因此，针对中国人口众多、工业化水平相对较低的现状，只能根据国情，寻找一个既满足经济社会发展的需要，又不超过生态环境自身的承受和恢复能力的可以接受的模式，走一条具有中国特色的环境保护之路。

具有中国特色的环境保护道路集中体现在“预防为主、防治结合”、“谁污染谁治理”和“强化环境管理”这三大政策体系。“预防为主、防治结合”在大规模经济建设全面铺开时尤为重要。对工程建设项目在开发建设时就进行环境影响评价，要求将污染防治与生产主体工程同时设计、同时施工、同时投产，对新的环境污染强化控制，起到明显效果。对于过去经济建设中已经造成的环境污染和破坏，也必须积极治理，影响严重的则采取集中力量、限期治理的强制措施。“预防为主、防治结合”实际上是以最小的经济代价，获取环境保护的最大效益。“谁污染谁治理”这一政策是针对工矿企业环境意识薄弱，把治理污染的责任推给社会而提出的。让污染者承担治理的责任和费用，不仅可以推动排污者积极治理污染，而且还能促进企业进一步加强管理和进行技术改造。“强化环境管理”就是在国家一时拿不出很多钱用于环境保护的情况下，通过这一手段，解决那些不花钱或者少花钱就能解决的环境问题。这也是根据我国的国情制定的一项行之有效的政策。

三大政策体系确立了我国环境保护的基本思路，在此基础上，国家制定了一系列有关环境保护的文件和法律。1994 年 3 月，我国政府批准并颁发了《中国 21 世纪议程——中国 21 世纪人口、环境与发展白皮书》(简称《议程》)。作为中国 21 世纪环境和发展的纲领性文件,《议程》从我国的基本国情和发展战略出发，系统提出了促进经济、社会、资源、环境以及人口、教育相互协调、可持续发展的总体战略和政策措施，明确了我国环境保护的远景目标，规定了大气、水质、土壤、垃圾处理、森林覆盖、物种保护等环境问题治理必须达到的指标，并且制定了具体措施。《议程》为中国未来的可持续发展明确了方向。我国的环境保护事业从此进入新的发展时期，沿着科学的道路稳步前进。

2.4.3 我国的环境保护法制建设

在人类文明发展的早期，尽管生产力水平低下，人类活动对环境产生的影响较小，但人类已经有了环保意识。先秦时期的《韩非子・内储说上》中记载“殷之法，弃灰于公道者，断其手”。这说明早在 3000 多年之前的殷商时代就已经有了不准在大路上丢弃垃圾的规定。到秦朝，这项规定被继续沿用，并且增加了保护森林、水道、动植物等的法令。之后的唐律、明律、清律中，也都制定了类似的法定条例。

20 世纪五六十年代，我国主要以防止自然环境被破坏、保护生物资源和土地资源为主要目标，颁布了《中华人民共和国土地改革法》《中央人民政府政务院关于发动群众开展造林、育林、护林工作的指示》等法令。改革开放以来，我国的社会主义建设进入新的历史时期，颁布了一系列环境保护法律，如《中华人民共和国环境保护法》(简称《环境保护法》)《中华人民共和国森林法》《中华人民共和国矿产资源法》《中华人民共和国野生动物保护法》等，为我国环境保护法律体系的完善和环保事业的发展奠定了基础。《环境保护法》与其他法律一样具有强制性。在《环境保护法》中，对于违反法律造成环境破坏、环境污染的行为应当承担的法律责任有明确的规定。

《环境保护法》是我国法制体系中不可缺少的一部分，保护环境，依法治理环境，关系到我们每一个人的切身利益和子孙万代的幸福。我们应当学习并遵守相关法律，致力于建设一个美好家园，实现人类在这个地球上“诗意地居住”的理想。

近 20 余年来世界环境日主题(每年 6 月 5 日)

1999 年 拯救地球就是拯救未来

2000 年 环境千年——行动起来吧!

2001 年 世间万物生命之网

2002 年 使地球充满生机

2003 年 水——二十亿人生命之所系

2004 年 海洋存亡，匹夫有责

2005年 营造绿色城市，呵护地球家园
2006年 沙漠和荒漠化
2007年 冰川消融，后果堪忧
2008年 转变传统观念，推行低碳经济
2009年 你的星球需要你，联合起来应对气候变化
2010年 多样的物种·唯一的星球·共同的未来
2011年 森林：大自然为您效劳
2012年 绿色经济，你参与了吗？
2013年 思前，食后，厉行节约
2014年 提高你的呼声，而不是海平面
2015年 可持续消费和生产
2016年 为生命呐喊
2017年 人与自然，相联相生
2018年 塑战速决
2019年 蓝天保卫战，我是行动者
2020年 关爱自然，刻不容缓

1. 如何有效地进行水污染治理？污水处理的方法有哪些？
2. 我国的大气污染主要包括哪些类型？
3. 全球气候变暖有什么影响？
4. 简述土壤污染的特点。土壤污染的主要类型有哪些？
5. 当前人类面临的环境问题主要有哪些？
6. 谈谈如何践行低碳生活。

第 3 章　能源大家族

3.1　话说能源与能量

能源作为现代社会发展的三大支柱之一，在国民经济发展中具有举足轻重的地位。从烹饪食物、汽车行驶，到工业生产、衣食住行都离不开能源。什么是能源？它又经历了怎样的发展历程呢？

3.1.1　能源的前世今生

千锤万凿出深山，烈火焚烧若等闲。
粉骨碎身全不怕，要留清白在人间。
——于谦《石灰吟》

古代人们已经会利用高温灼烧法开采石灰，即利用燃烧释放的巨大热量使石灰石分解成生石灰和二氧化碳，并将获得的生石灰应用于生活和生产。

$$CaCO_3 \xlongequal{\text{高温}} CaO + CO_2 \uparrow$$

所谓能源，是指可以产生各种能量的物质资源或可做功的物质的统称。换言之，能源是指能够直接获得或通过加工、转换后获得有用能量的各种资源。它是人类生产和发展的重要基础，是国民经济发展的不竭动力。回顾人类发展史，能源在其中一直扮演着重要的角色。根据能源的使用类型，可将能源的发展划分为薪柴、煤炭、石油及多能源结构这四个时期。

1. 薪柴时期

从人类学会使用火开始，就利用薪柴、秸秆、动物粪便等生物质燃料燃烧取暖。以木柴等生物质燃料为主要能源的时代持续了很长时间，那个时期人类生产生活水平低下，社会发展缓慢。

2. 煤炭时期

18 世纪工业革命期间，煤炭取代木柴成为主要能源，蒸汽机成为生产的主要动力来源，其结果是工业迅速发展，劳动生产率大幅度提高。特别是在 19 世纪末，电力进入社会的各个领域，成为工矿企业的主要动力和生产生活照明的主要能源。电动机代替了蒸汽机，电灯代替了油灯和蜡烛。此外，电话和电影的出现大大提高了社会生产力和人们的物质文化水平，从根本上改变了人类社会的面貌。

3. 石油时期

随着石油资源的开发，能源利用进入一个新的时期。20 世纪 50 年代，美国、中东和北非相继开发了大量的油气田，西方国家开始以石油和天然气作为主要能源。石油的出现不仅促进了交通运输业的迅速发展，更促进了世界经济的繁荣发展。

4. 多能源结构时期

由于化石能源储存量有限，且燃烧会污染空气，因此可再生能源和清洁能源成为新能源的主力军。太阳能、风能(图 3-1)、氢能、核能、生物质能、地热能、海洋能等则成为新能源家族的重要成员。

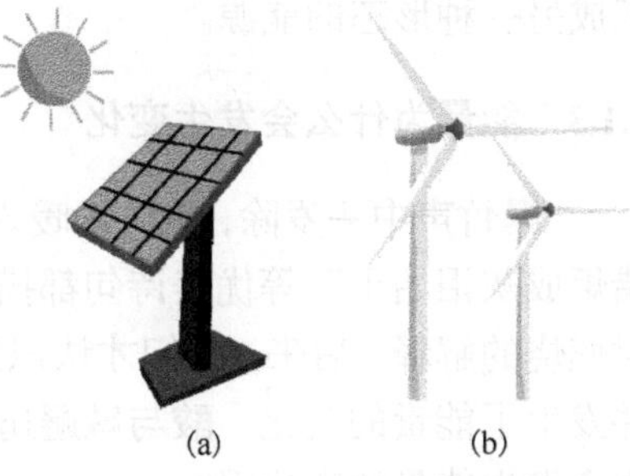

图 3-1　太阳能(a)和风能(b)

3.1.2　能源的分类

能源的分类标准多样，如表 3-1 所示。根据能源的技术成熟度可分为常规能源和新型能源。常规能源又称传统能源，已被人类利用多年，目前仍在大规模使用。新型能源又称非常规能源或替代能源，近年来开始被人类利用(如太阳能和核能)或过去已被利用现在又有新的利用方式(如风能)。

表 3-1　能源的分类

分类标准	种类	具体项目
来源	来自太阳的能源	主要指太阳能
	地球本身蕴藏的能源	地热能和原子能
	地球和其他天体相互作用形成的能源	潮汐能
形成条件	一次能源	煤炭、石油、天然气、水能等
	二次能源	煤气、石油制品、蒸汽、焦炭等
循环利用方式	可再生能源	太阳能、风能、水能、生物质能等
	不可再生能源	石油、煤炭、天然气、核燃料等
性质	燃料型能源	煤、石油、天然气、沼气、乙醇等
	非燃料型能源	太阳能、风能、水能、地热能等
技术成熟度	常规能源	煤、石油和天然气等
	新型能源	太阳能、风能、生物质能、水能等
对环境的影响	污染型能源	煤、石油、天然气等
	清洁型能源	氢能、太阳能、风能等
经济流通的地位	商品能源	在国内和国际市场上进行买卖的能源，如煤炭、石油、天然气、焦炭、电力等
	非商品能源	较少在市场上买卖、未列入正式商品的能源，如秸秆、薪柴、牲畜粪便等

根据能源的循环利用方式可分为可再生能源和不可再生能源。可再生能源是指可长期提供或可再生的能源。不可再生能源是指一旦消耗就很难再生的能源。

根据能源的形成条件可分为一次能源和二次能源。一次能源又称天然能源，是指直接取自自然界而不改变其形态的能源。二次能源又称人工能源，是一次能源经过人为加工成另一种形态的能源。

3.1.3　能量为什么会发生变化

“爆竹声中一岁除，春风送暖入屠苏”“野火烧不尽，春风吹又生”“春蚕到死丝方尽，蜡炬成灰泪始干”等优美诗句都描述了某种或某些化学反应。很久以前，燃素说是人们对燃烧的解释。后来，人们才认识到燃烧是一种化学反应，它伴随着发光和发热的现象，并发生了能量的变化。酸与碱邂逅，发生中和反应，也会释放出能量。为什么化学反应中会发生能量的变化呢？

以乙烷在氧气中燃烧为例，从微观角度探讨这个问题。

实验测得 1mol $C_2H_6(g)$ 与 3.5mol $O_2(g)$ 反应生成 2mol $CO_2(g)$ 和 3mol $H_2O(l)$，同时放出 1559.8kJ 能量，这是该反应的反应热。任何化学反应都具有反应热。这是由于在化学反应过程中，当反应物的化学键断裂时，为了克服原子间的相互作用，需要吸收能量；当原子重新结合成生成物分子时，又有新的化学键形成，会释放能量。可以形象地理解为：一个化学键相当于一根木棍，旧键断裂即木棍断裂，需要外部施加力量，即需要吸热；新键形成相当于多了一些木材，需晾晒后释放出内部的能量才会形成木棍。

燃烧热

101.325kPa 时，1mol 纯物质完全燃烧生成稳定的氧化物时所释放出的能量称为该物质的燃烧热，单位为 kJ/mol。它通常由实验测得。甲烷的燃烧热为 890.31kJ/mol，甲醇的燃烧热为 726.51kJ/mol，丙烷的燃烧热达到 2219.9kJ/mol。由于这些物质燃烧释放出热能，因而被广泛利用。如今，燃料电池的开发也如火如荼地进行着。

3.1.4　如何确定反应是放热还是吸热

如何定量判断一个反应是放热还是吸热？

首先来认识一个物理量——焓(H)，它与物质内能有关。生成物和反应物的焓值差即为焓变(ΔH)。接下来，可以通过焓变ΔH 的大小判断反应是吸热还是放热。焓变可用“+”和“−”表示。其中，“+”代表吸热，“−”代表放热。例如，1mol 碳与 1mol 水蒸气反应，生成 1mol CO 和 1mol H_2，需要吸收 131.5kJ 的热量，该反应的反应热为

$$C(s) + H_2O(g) \xlongequal{} CO(g) + H_2(g) \qquad \Delta H = +131.5\text{kJ/mol}$$

如何计算反应热？在化学反应热的计算中常用到盖斯定律。可以通过登山的例子

来理解盖斯定律。某人要从山脚到达山顶，可以选择徒步攀登，也可以坐缆车直奔山顶。但无论以何种方式登顶，当他最终到达山顶时，所处的海拔位置一定比出发前高 400m，即山的高度与山顶到山脚的距离有关，而与人们到达山顶的途径无关。在这里，山脚相当于反应的始态，山顶相当于反应的终态，山的高度相当于反应热(图 3-2)。

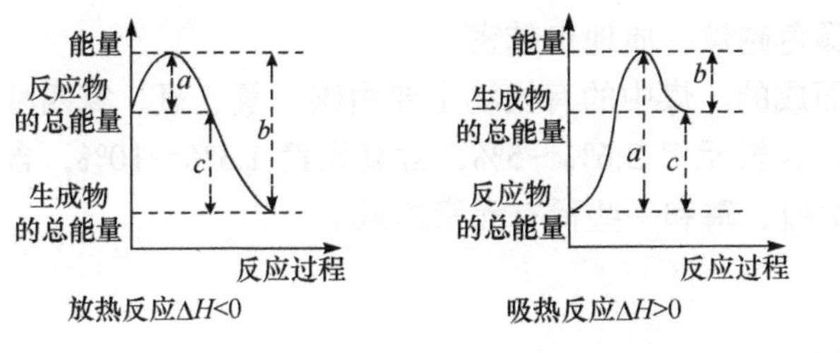

图 3-2 放热反应及吸热反应能量变化

盖斯是俄国化学家，他提出了著名的盖斯定律，即一个化学反应，无论是一步完成还是分几步完成，其总的热效应完全相同。在恒温恒压下，反应热等于焓变，通过计算化学反应过程的焓变，可以得到反应热。然而，化学反应的焓变只与反应体系的始态和终态有关，与反应的途径无关。

$$\Delta H = \Delta H_1 + \Delta H_2$$

盖斯的研究表明，当反应物和生成物的状态和量保持恒定时，即使通过不同的途径获得生成物，其所需的反应热也是相等的。

例如，$C(s)+0.5O_2(g) = CO(g)$ 的反应热很难直接计算，这是因为在 O_2 供应充分的条件下，C 燃烧生成 CO_2；O_2 供应不充分时，C 既生成 CO，也生成 CO_2。但是，该反应热可通过计算 $C(s)+O_2(g) = CO_2(g)$ 和 $CO(g)+0.5O_2(g) = CO_2(g)$ 的反应热间接得到。

加热反应需要外界提供热量，反应物通过吸收这部分热量促使反应的产生，那所有的加热反应一定是吸热反应吗？不一定。工业生产中常利用铝热反应释放出的大量热量焊接铁轨，但反应本身需要加热才能进行。反应方程式为

$$2Al + Fe_2O_3 \xlongequal{\text{高温}} Al_2O_3 + 2Fe$$

其实，加热只是为了满足反应需要的温度条件。例如，燃烧反应大多数都需要点燃，但实质是放热反应。

3.2 骨灰级元老——传统能源

化石能源是重要的传统能源，是当前的能源主体。《2050 年世界与中国能源展望（2019 版）》中提出，全球化石能源消费将在 2035 年前后出现峰值，中国化石能源消费将在 2030 年达到峰值。常见的化石能源主要有煤、石油、天然气等。

3.2.1 化石能源的巨头——煤

煤是古代植物经过煤化形成的物质。当这些古代植物长期受到高温和压力时，就会形成水、气和煤。例如，沼泽地植物在厌氧条件下被掩埋，变成泥炭。泥炭受到较高的温度和压力变成煤。根据煤化程度由低到高，可将煤依次分为泥炭、褐煤、次烟煤、烟煤和无烟煤。煤的等级越高，其颜色越黑，质地也越密。

煤是由有机物和无机物混合而成的。煤中的有机物主要由碳、氢、氧、氮四种元素组成，其中含碳元素 82%～93%，含氢元素 3.6%～5%，含氧元素 1.3%～10%，含氮元素 1%～2%。煤中的无机物主要由硫、磷和一些稀有元素组成。

1. 煤的用途

煤的用途十分广泛(图 3-3)，可根据使用目的将其划分为动力煤和炼焦煤(表 3-2)。

图 3-3 煤的用途

表 3-2 煤的分类

分类	用途	用量
动力煤	发电	我国约 1/3 以上的煤用于发电，目前平均发电耗煤为标准煤 370g/(kW · h)
	蒸汽机车	占动力煤 2%左右，蒸汽机车锅炉平均耗煤指标为 100kg/(万 t · km)左右
	建材	约占动力煤的 10%以上，以水泥用煤量最大
	生活	生活用煤的数量也较大，约占燃料用煤的 20%
	冶金	冶金动力煤主要为高温烧结和高炉喷吹用无烟煤，其用量较少
炼焦煤	炼焦炭	炼焦煤储量仅占我国煤炭储量的 27.65%

炼焦煤的主要用途为炼焦炭，焦炭由焦煤或混合煤高温冶炼而成，一般 1.3t 左右焦煤才能炼 1t 焦炭。焦炭多用于炼钢，是目前钢铁行业的主要生产原料，被喻为“钢铁行

业的基本粮食”，其原理是用还原剂将铁矿石中的铁氧化物还原成金属铁。铁氧化物有 Fe_2O_3、Fe_3O_4 和 FeO，还原剂有 C、CO、H_2 和 Fe。

$$Fe_2O_3 + 3CO = 2Fe + 3CO_2$$

$$Fe_3O_4 + 4CO \xlongequal{\text{高温}} 3Fe + 4CO_2$$

以氧化物形式存在的铁在较高温度下被一氧化碳、氢气等气体还原，生成单质铁。在此过程中，铁得电子，化合价降低，发生还原反应；一氧化碳中的碳失电子，化合价升高，发生氧化反应。

2. 煤的转化

煤的转化是指通过化学加工或热加工，将煤转化为一系列气体、液体或固体的过程。目前，常见的煤转化途径有干馏、气化及液化。

1）煤干馏

煤干馏（coal carbonization）是指煤在隔绝空气的条件下，通过热分解产生一系列气态、液态和固态产物的过程，其产物主要包括煤气、煤焦油、焦炭。煤的干馏产品丰富多样，具体见表 3-3。

表 3-3　煤的干馏产品

干馏产品		主要成分	用途
煤气	焦炉气（管道煤气）	一氧化碳、氢气、甲烷、乙烯	气体燃料、化工燃料、化工原料
	粗氨水	氨、铵盐	氮肥
	粗苯	苯、甲苯、二甲苯	化肥、炸药、染料、医药、农药、合成材料
煤焦油		苯、甲苯、二甲苯	化肥、炸药、染料、医药、农药、合成材料
		酚类、萘	染料、医药、农药、合成材料
		沥青	筑路材料、制碳电极
焦炭		碳	冶金、合成氨造气、电石

2）煤气化

煤气化（coal gasification）是指在特定的设备内，在一定温度及压力下使煤中的有机物与气化剂（如蒸汽、空气和/或氧气等）发生一系列化学反应，将固体煤转化为含有一氧化碳、氢气、甲烷等可燃气体和二氧化碳、氮气等非可燃气体的合成气的过程。煤气化时，气化炉、气化剂、供热，三者缺一不可。

煤气化包含一系列物理、化学变化。一般包括干燥、燃烧、热解和气化四个阶段。干燥属于物理变化，随着温度的升高，煤中的水分受热蒸发。气化反应主要是碳、水、氧气、氢气、一氧化碳、二氧化碳相互间的反应，其中碳与氧气的反应又称燃烧反应，为气化过程提供热量。涉及的化学反应如图 3-4 所示。

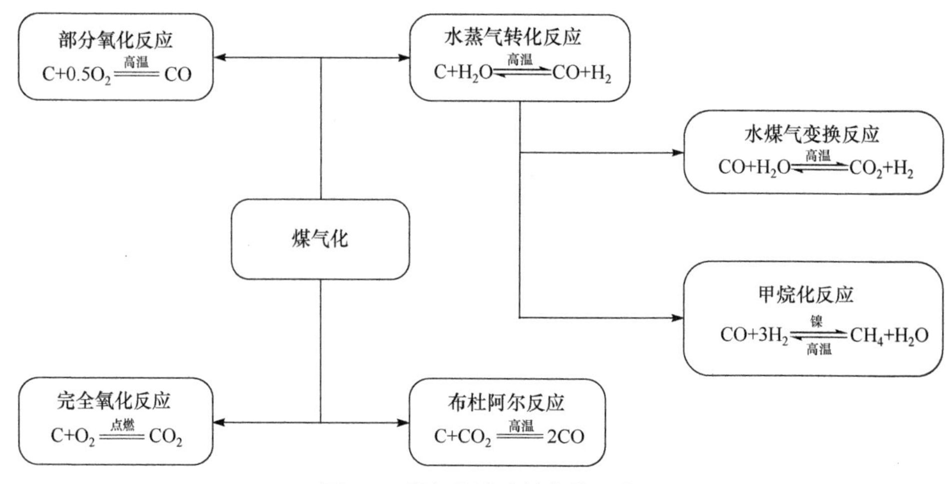

图 3-4　煤气化涉及的化学反应

3)煤液化

将固体煤通过一定的物理、化学作用转化为液态产物的过程称为煤液化。它分为直接液化和间接液化等(表 3-4)。直接液化是指采用高温、高压氢气，在催化剂和溶剂作用下进行裂解、加氢等反应，将煤直接转化为分子量较小的燃料和化工原料，并脱除煤中的 N、O、S 等杂原子的过程。

表 3-4　煤的液化方式

分类	具体方法	备注
直接液化	溶解，萃取	三个过程的行为共存
	煤的热解，生成自由基	
	加氢反应，活性氢与自由基反应	
间接液化	先将煤气化成 CO_2 和 H_2 的合成气，通过催化剂作用进一步合成汽油、柴油类	
煤的干馏	焦化过程中的液体产物占煤重的 5%～20%	
煤的抽提	在煤热分解温度之下的过程是纯物理溶解过程所生成的产物	

煤液化的目的之一是寻找石油的替代能源，煤炭储量是石油储量的 10 倍以上，并且煤液化有利于提高煤炭资源利用率，是减轻燃煤污染的有效途径。因此，液化煤是理想的石油替代能源。

3.2.2　工业的血液——石油

宋朝的沈括在《梦溪笔谈》中首次将一种天然矿物称为“石油”，并指出“石油至多，生于地中无穷”。他还试着用原油燃烧生成的煤烟制墨，“黑光如漆，松墨不及也”。沈括甚至预言：“此物后必大行于世。”

石油(petroleum)是黑色或暗深棕色的黏稠油状液体，不溶于水，有特殊气味，密度小于水，无固定的熔点和沸点。它主要由 C(83%～87%)和 H(11%～14%)元素组成，还含有少量的 O(0.08%～1.82%)、N(0.02%～1.7%)、S(0.06%～0.8%)等元素。它是由烷烃、环烷烃和芳香烃组成的混合物。

石油的炼制是把原油通过炼制过程加工为各种石油产品的工业，可用于生产合成纤维、合成橡胶、塑料以及化肥、农药等。目前的炼化方式有原油蒸馏(常压蒸馏、减压蒸馏)、热裂化、催化裂化、加氢裂化、石油焦化、催化重整及石油产品精制等。

1. 石油的蒸馏和分馏

1)石油的蒸馏

石油主要是烷烃、环烷烃和芳香烃组成的混合物。为了从石油中获得化工原料，必须将这些物质分离。根据不同物质的沸点不同，可以采用不同的蒸馏方法。

实验室蒸馏石油

仪器：蒸馏烧瓶、冷凝管、锥形瓶、尾接管(牛角管)、温度计、酒精灯。

将100mL石油注入蒸馏烧瓶中，再加入几片碎瓷片以防石油暴沸。然后加热，分别收集60～150℃和150～300℃的馏分，就可以得到汽油和煤油。

思考：冷凝水的流向是怎样的？图3-5中有一处错误，请指出来。

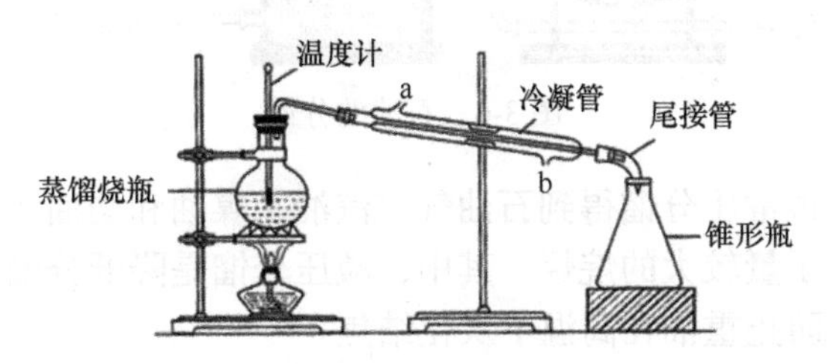

图3-5 实验装置图

图片来源：组卷网

注意事项：①蒸馏烧瓶中加入石油的体积不得超过容积的2/3；②加少量碎瓷片，防止暴沸；③因为是测定气体的温度，所以温度计水银球不能插入液体中。

答案：冷凝水从低处往高处流，不可颠倒。温度计水银球不能插入液体中。

2)石油的分馏

分馏是将几种不同沸点的混合物分离的一种方法，属于物理过程。石油是由超过8000种不同分子大小的碳氢化合物(及少量硫化合物)所组成的混合物。目前，石油的分馏有常压分馏和减压分馏两种类型。

工业上先将石油加热至400～500℃，使其变成蒸气后输入分馏塔。在分馏塔中，位置越高，温度越低。石油蒸气在上升过程中逐步液化，冷却并凝结成液态馏分。分子较小、沸点较低的气态馏分则慢慢地沿塔上升，在塔的高层凝结，如燃料气、液化石油气、轻油、煤油等。分子较大、沸点较高的液态馏分在塔底凝结，如柴油、润滑油及蜡等。在塔底留下的黏滞残余物为沥青及重油，可作为焦化和制取沥青的原料或锅炉燃料。不同馏分在各层分别收集，经过导管离开分馏塔(图 3-6)。

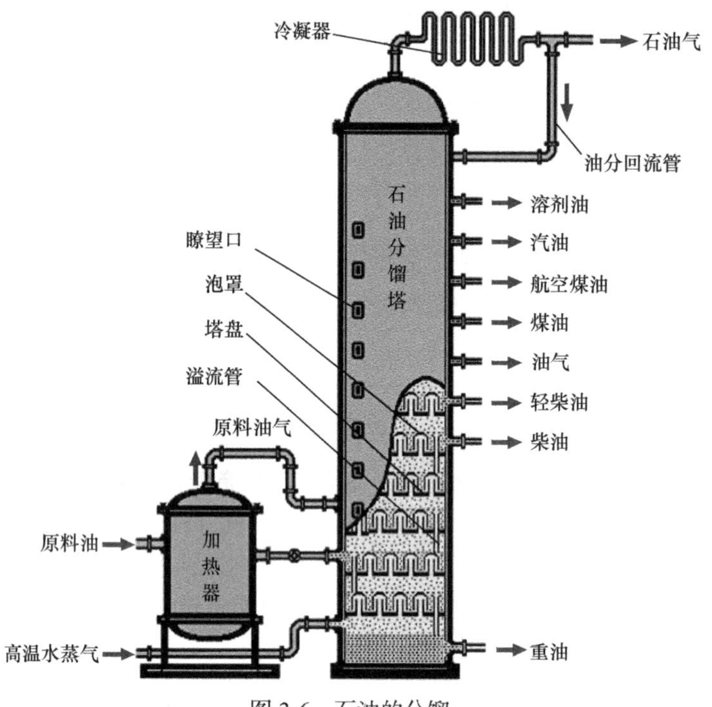

图 3-6　石油的分馏

工业中将原油通过常压分馏得到石油气、汽油、煤油和柴油。将重油通过减压分馏得到润滑油、蜡等分子量较大的烷烃。其中，减压分馏是降低分馏塔内的压力，使重油在低温下充分分馏，防止重油在高温下炭化结焦。

蒸馏与分馏的区别

蒸馏一般只进行一次气化和冷凝，分离出的物质一般纯度较高，如天然水制取蒸馏水。分馏一般要连续进行多次冷凝和气化，分离出的物质依然是混合物，只是沸点范围不同。蒸馏和分馏的原理相同，且都属于物理变化。其原理是各种纯净物都有自己固定的熔点、沸点，当加热时，沸点低的物质先挥发变成气态，沸点高的物质不易挥发，仍留在液体内，从而达到分离的目的。

$$\text{混合物}\xrightarrow[\triangle]{\text{气化}}\text{气体}\xrightarrow{\text{冷凝}}\text{液体}$$

2. 石油的裂化和裂解

1) 石油的裂化

石油裂化(cracking)是在一定的条件下，将分子量较大、沸点较高的烃断裂为分子量较小、沸点较低的烃的过程。单靠热的作用发生的裂化反应称为热裂化，在催化作用下进行的裂化称为催化裂化。

在 500℃发生热裂化和催化裂化反应如下：

$$\underset{\text{十六烷}}{C_{16}H_{34}} \xrightarrow[\text{加热、加压}]{\text{催化剂}} \underset{\text{辛烷}}{C_8H_{18}} + \underset{\text{辛烯}}{C_8H_{16}}$$

由以上反应可知，裂化汽油中含不饱和烃。

2) 石油的裂解

石油的裂解是为获得更多的短链烃，其中以乙烯(C_2H_4)为主，它是衡量石油化工水平的重要标志，还含有丙烯、异丁烯、甲烷、乙烷、异丁烷、硫化氢、碳的氧化物等。反应过程如图 3-7 所示。

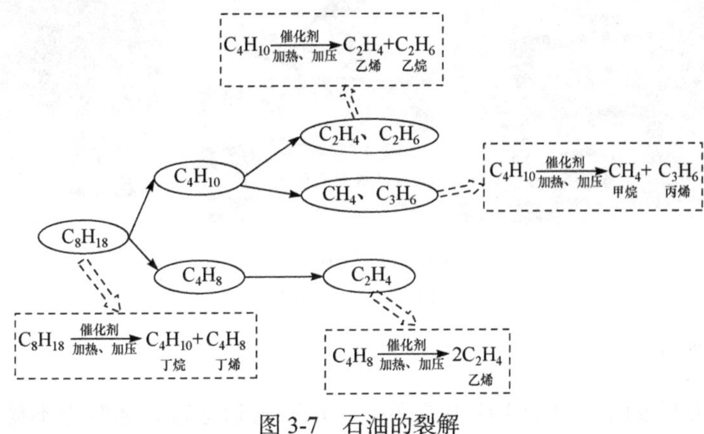

图 3-7　石油的裂解

3.2.3　清洁的气体燃料——天然气

天然气(natural gas)是古生物遗骸经变质裂解而产生的气态碳氢化合物。从广义上说，天然气是指自然界中天然存在的一切气体，包括大气圈、水圈和岩石圈中各种自然过程形成的气体(包括油田气、气田气、泥火山气、煤层气和生物生成气等)。而人们长期以来通用的“天然气”是指天然蕴藏于地层中的烃类和非烃类气体的混合物。

1. 天然气的性质

天然气的主要成分是烷烃，其中甲烷占绝大多数(70.5%～90%)，并有硫化氢、二氧化碳、氮气、水汽、少量一氧化碳和微量的稀有气体，如氦和氩等。

天然气是除煤和石油之外的另一种重要的一次能源，燃烧的热值高，对环境的污染较小，也是一种重要的化工原料。未经处理的天然气有汽油味，有时有 H_2S 的气味。经处理过的天然气是无色、无味、无毒和无腐蚀性的气体。它易挥发；密度比空气小；易压缩；能溶解于水和石油，为建设地下储气库储备了条件；燃烧时产生的热量较高，是一种理想的燃料。

天然气中的有效成分为甲烷，其燃烧的方程式为

完全燃烧：　$CH_4 + 2O_2 \xlongequal{\text{点燃}} CO_2 + 2H_2O$

不完全燃烧：　　$2CH_4 + 3O_2 \xlongequal{} 2CO + 4H_2O$

爆炸是在极短时间内释放出大量能量，产生高温并放出大量气体，在周围介质中造成高压的变化。易燃气体在空气不流通的空间聚集到一定浓度后，一旦遇到明火或电火花就会立即燃烧膨胀并发生爆炸。常温常压下，天然气的爆炸极限为 5%～15%(体积分数)。因此，要经常检查灶具胶管、接头等是否连接紧密，当发现胶管老化松动时，应立即更换。家庭使用的天然气均是处理过的天然气，具有无色无味的性质，而天然气泄漏易引起事故发生，故天然气在送到最终用户之前，还要加入硫醇、四氢噻吩等给天然气添加气味，以便于泄漏检测(图 3-8)。

图 3-8　注意使用天然气

图片源自：搜狐网

2. 液化天然气

早期在油田开发时，由于供应方式单一，没有管道运输，通常也不易储存，因此需要把伴生的天然气直接烧掉。随着时代和技术的发展，天然气的开采和供应都有了巨大的改进，它的应用也逐渐得到推广。目前，天然气主要有管道天然气、液化天然气和压缩天然气 3 种供应方式。

压缩天然气(compressed natural gas, CNG)是将天然气进行加压以气体形式储存在容器中，常用作车辆燃料。液化天然气(liquefied natural gas，LNG)是在一个大气压下，冷却至约−162℃时所形成的天然气，其体积约为同质量气态天然气体积的 1/625，其质量仅为同体积水的 45%左右。天然气从气田开采出来，经过处理、液化、航运、接受和再气化等一系列环节，最终送至终端用户。液化过程能净化天然气，除去其中的氧气、二氧化碳、硫化物和水。经此处理过程，天然气中甲烷的纯度接近 100%。

煤层气和煤气

煤层气其实是天然气的一种，俗称“瓦斯”。它是与煤层伴生的有毒混合气体，主要含甲烷和一氧化碳。当矿井下空气中瓦斯浓度达到 5%～16%时，遇明火就会发生爆炸，这是煤矿事故的重要根源。因此，煤层气被称为“煤矿第一杀手”。煤气也称人工煤气，现逐渐被天然气取代，其主要成分是一氧化碳。

液化天然气具有以下特点：第一，温度低、气液膨胀比大、能效高，易于储存和运输。液化天然气储存成本仅为气态天然气的 1/7～1/6，与输气管道相比，输送相同体积的天然气，液化天然气输送管的直径小得多。第二，清洁环保。它被认为是地球上最干净的化石能源。液化天然气作为汽车燃料，比汽油、柴油的综合排放量小 85%左右，其中 CO 排放减少 97%，CO_2 排放减少 90%，NO_x 排放减少 30%～40%，微粒排放减少 40%，噪声减少 40%，且无铅、苯等致癌物质。第三，灵活方便。可通过专门的槽车和轮船将大量天然气运输到管道输送的盲点区域(无法到达的地方)。

3.3　后起之秀——新型能源

能源是人类活动的物质基础，从某种意义上说，人类社会的发展离不开优质能源的出现和先进能源技术的使用。在当今世界，随着能源危机日益临近，新型能源已经成为今后世界上的主要能源之一。其中，太阳能已经逐渐走进人们的日常生活，氢能、核能和风能也得以开发。能源的发展及其与环境的关系不仅是我国社会经济发展的重要问题，也是全世界乃至全人类所共同关心的问题。

3.3.1　太阳能：万物生长的能量来源

1. 太阳能

自地球上有生命诞生以来，生命体就主要以太阳提供的热辐射能生存。太阳的有效温度为 5800K，按质量计算，它含有 71%的氢、26%的氦和少量较重的元素。作为一个巨大的能量来源，热核反应在太阳内部不断进行着，并不断向外释放能量。热核反应为

$$4P = {}^{4}He + 2e^{+} + 2V + 24.7MeV$$

式中，P 为质子；V 为中微子；MeV 为能量单位，包括了光子的能量。

太阳能是指太阳发射的电磁波和粒子流所产生的能量，即太阳辐射能。地球只接收到太阳射入宇宙空间总辐射能的二十亿分之一，但它是地球大气运动的主要能量来源。在太阳辐射到地球的能量中，大约 34%被大气散射，从地面反射回宇宙空间，剩下 66%的能量可使地面和大气受热，致其温度升高。太阳辐射热影响地球的大气圈、水圈、生物圈和岩石圈，为地球上的生命活动提供能量来源。

太阳与地球在其轨道上的平均距离为 149597870km，但地球表面接收的太阳辐射约为 1.7×10^{13}kW，相当于全球一年总能源消耗的 3.5 万倍。如果将到达地球 0.1%的太阳能有效转化为电能，则年发电量可达 1.12×10^{13}kW · h，相当于目前世界能源消耗的 40 倍。由此可见，太阳能具有巨大的应用前景，可以解决未来的能源危机。

2. 太阳能的应用

1) 光化学转化

能量是可以相互转化的，太阳能也可以转化成热能、化学能等。最常见的是光合作用(photosynthesis)，其实质就是太阳能转化成化学能(图 3-9)。太阳能通过绿色植物的生

命活动将太阳能转化为稳定的化学能，为自身成长提供能量。光合作用，即光能合成作用，是植物、藻类和某些细菌在可见光的照射下，经过光反应和暗反应，利用光合色素将二氧化碳和水转化为有机物，将光能转化成化学能储存在有机物中，并释放出氧气的生化过程。光合作用是一系列复杂代谢反应的总和，是生物界赖以生存的基础，也是地球碳氧循环的重要媒介。光合作用一般在绿色植物的叶绿体中进行。

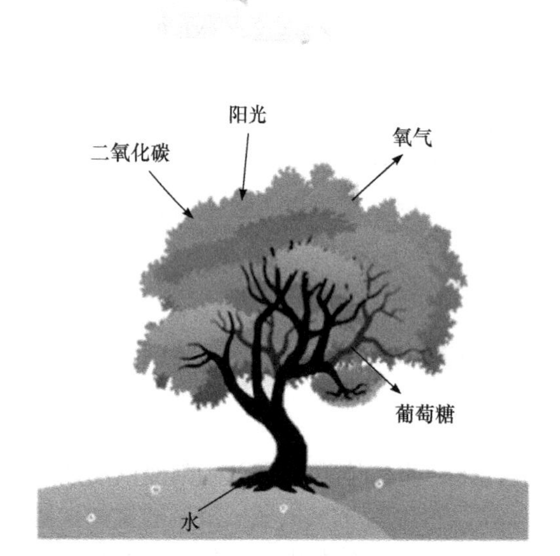

图 3-9　光合作用

绿色植物是净化二氧化碳的能手，它的光合作用减少了二氧化碳对环境的消极影响，但光合作用并不是一步反应就能实现的。它主要分为光反应和暗反应两个过程。光反应和暗反应的原理如下。

a. 光反应

光合作用第一阶段的化学反应必须有光才能进行，它在类囊体薄膜上进行，反应方程式如下：

水的光解：　$2H_2O \longrightarrow 4[H] + O_2$（为暗反应提供氢）

ATP 的形成：　$ADP + Pi +$ 光能 $\longrightarrow ATP$（为暗反应提供能量）

b. 暗反应

光合作用第二阶段的化学反应有没有光都可以进行，主要在叶绿体基质中进行，反应方程式如下：

CO_2 的固定：　$CO_2 + C_5 \longrightarrow 2C_3$

C_3 化合物的还原：　$2C_3 + [H] + ATP \longrightarrow (CH_2O) + C_5$

c. 总反应

$$6CO_2 + 6H_2O \xrightarrow{\text{光照}} C_6H_{12}O_6 + 6O_2 + \text{能量}$$

在光合作用的过程中，光反应与暗反应构成一个有机整体，两者既有区别又有联系。此外，环境因素也对光合作用的强度有一定的影响。例如，空气中二氧化碳的浓度、土壤中水分的含量、光的成分及温度的高低均对植物的光合作用有影响。在农业生产中，可通过控制光照的强弱、温度的高低及环境中二氧化碳的浓度增加农作物的产量。

2) 光热转换

利用集热器把水等物质加热，把太阳能直接转化成物质的内能，即光热转换。在人们的生产生活中，热能应用较为广泛。将太阳能直接转化为热能，既能满足人们对能源的需求，又有助于减少环境的承载压力。

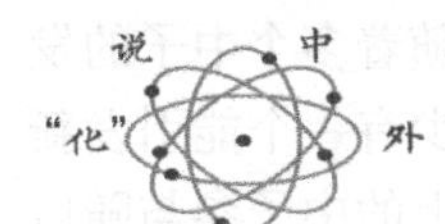

太阳能热水器

太阳能热水器是将太阳能转化为热能的加热装置。根据太阳能热水器的结构分为真空管太阳能热水器和平板太阳能热水器，真空管太阳能热水器的应用更为普遍，占国内市场份额的 95%。真空管式家用太阳能热水器是由集热管、储水箱和支架等相关配件组成，通过真空收集管将热水上浮冷水下沉，使水产生一个微循环过程，从而得到源源不断的热水。

3) 光电转换

电能涉及生活的各个方面，而太阳能又随处可得。因此，实现太阳能的光电转换是有必要的。利用太阳能电池等将太阳能转化成电能是光电转换的一种重要方式。

太阳能电池主要是基于半导体材料，利用光产生的电子空穴对，在 pn 结上产生光电流和光电压(光伏效应)，以实现光电转换。硅是制造太阳能电池的理想材料。太阳能电池发电是一种可再生、环保的发电方式，不会产生二氧化碳等温室气体，不会造成环境污染，是一种极具发展潜力的绿色能源。目前，科学家以提高太阳能转化率和降低成本为目标，已研制出薄膜太阳能电池、染料敏化太阳能电池、有机太阳能电池和串叠型太阳能电池。目前，太阳能电池已进入军事、航天、工业、农业、商业、家用电器等领域，具有广泛的应用前景。

光伏发电的主要原理是半导体的光电效应。当光子照射到金属上时，它的能量可以被金属中某个电子全部吸收，当电子吸收的能量足够大时，便能克服金属内部引力做功，离开金属表面逃逸出来，成为光电子。硅原子有 4 个外层电子，如果在纯硅中掺入磷原子，就成为 n 型半导体；如果在纯硅中掺入硼原子，则形成 p 型半导体。当 p 型和 n 型结合在一起时，接触面则形成电势差，成为太阳能电池。当太阳光照射到 pn 结后，空穴由 p 极区向 n 极区移动，电子由 n 极区向 p 极区移动，形成电流。

3.3.2　核能：原子内部的能源

核能(或称原子能)是通过核反应从原子核释放的能量。

1. 核能的释放形式

核能可通过下列三种核反应进行释放：①核裂变(nuclear fission)，较重的原子核分裂释放结合能；②核聚变(nuclear fusion)，较轻的原子核聚合在一起释放结合能；③核衰变(nuclear decay)，原子核自发衰变过程中释放能量。

1) 核裂变

核裂变是重核分裂为多个轻核，并以电磁辐射和碎片动能的形式释放大量能量的过程。某些重元素的放射性衰变是一种自发裂变，如 ^{235}U。自发裂变以指数级的速率进行衰减，半衰期是指初始原子数减少一半所需的时间。

链式裂变：1939年，费米发现 ^{235}U 慢中子轰击导致裂变的过程伴随着多个中子的发射。一个原子核一次吸收一个中子导致裂变，裂变释放的新中子中至少有一个能引发新的裂变，这个反应就可以一代又一代地继续下去。如果两个或两个以上的中子参与随后的裂变，反应速率将呈指数增长。核爆炸在短短几微秒内形成，链式裂变是原子弹的基本原理。如果反应受到控制，在随后的反应中只涉及一个中子参与后续的反应，则裂变过程将以恒定的速率继续进行，并顺利地释放能量，这就是核反应堆的工作原理。

2) 核聚变

核聚变又称核融合、聚变反应或热核反应。核聚变是指由质量小的原子(主要是指氘)在超高温和高压的条件下使核外电子摆脱原子核的束缚，两个原子核相互吸引碰撞，发生原子核的相互聚合作用，生成新的质量更大的原子核(如氦)，中子虽然质量比较大，但中子不带电，因此它在这个碰撞过程中逃离原子核的束缚而释放出来，大量电子和中子的释放表现出巨大的能量释放。核聚变是与核裂变相反的核反应形式。目前，人类已经可以实现不受控制的核聚变，如氢弹的爆炸。科学家正在努力研究可控核聚变，使核聚变成为未来的能量来源。因为核聚变燃料可来源于海水和一些轻核，所以核聚变燃料是无穷无尽的。

常见的聚变形式为一个氘核和一个氚核结合成一个氦核：

$$^{2}_{1}H + ^{3}_{1}H \longrightarrow ^{4}_{2}He + ^{1}_{0}n$$

3) 核衰变

核衰变是原子核自发射出某种粒子而变为另一种核的过程，也是认识原子核的重要途径之一。1896年，法国科学家贝可勒尔研究含铀矿物质的荧光现象时，偶然发现铀盐能放射出穿透力很强的可使照相底片感光的不可见射线，这就是由衰变产生的射线。除了天然存在的放射性核素以外，还存在大量人工制造的其他放射性核素。放射性的类型除了放射α、β、γ粒子以外，还有放射正电子、质子、中子、中微子等粒子，以及自发裂变、β缓发粒子等。

2. 核能的应用

1) 核电站

核电站是将核能转化为电能的加工厂。核电站用核反应堆取代了火电站的锅炉。核燃料的特殊“燃烧”形式是用核反应堆中产生的热量加热水，产生蒸汽，将核能转化为热能(图 3-10)。蒸汽通过管道进入汽轮发电机，使汽轮发电机发电，将机械能转化为电能。核电站选址要求很高，由于污染排放严重，耗电量大，因此往往选择在经济发达但相对偏远且接近水源的地方。

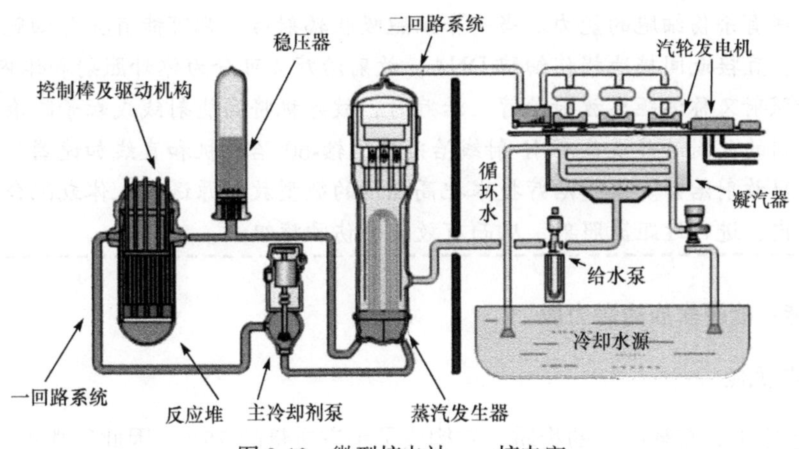

图 3-10 微型核电站——核电宝

核电宝

中国科学院正在开展“核电宝”的研究，即利用“铅基反应堆冷却剂技术”将该装置小型化，成为“微型核电站”。其中，铅基材料熔点低，流动性好，导热系数高，化学性质不活泼，几乎不与水、空气发生化学反应，安全性较好。

2)核医学

核医学又称原子医学，是指放射性同位素的射线束及放射性同位素产生的核辐射在医学上的应用。在医疗上，放射性同位素及核辐射可以用于诊断、治疗和医学科学研究；在药学上，可以用于药物作用原理的研究、药物活性的测定、药物分析和药物的辐射消毒等方面。放射性药物是能够用于安全诊断的放射性标记化合物。放射性药物包括体内和体外放射性药物，体内药物用于诊断治疗，体外药物用于放射免疫分析和受体放射分析。

核医学成像是利用标记的放射性同位素所产生的示踪作用，将放射性元素或其标记化合物引入体内，利用核医学成像仪器在体外探测体内放射性药物的分布并成像。它也称为功能成像或代谢成像，这是其他技术难以实现的。妊娠期核医学成像检查胎儿的暴露情况取决于放射性同位素的物理及生化特征。核医学影像技术主要包括单光子发射计算机断层显像(SPECT)和正电子发射断层显像(PET)。PET 是目前较先进的医学影像技术之一，也是目前在细胞分子水平上进行人体功能代谢显像较先进的医学影像技术，常用于高危人群早期筛查恶性肿瘤、心血管疾病、脑功能性疾病等的诊断与检测。

放射治疗

核射线有杀伤细胞的能力。当一个细胞吸收辐射后，都可能直接与细胞内的结构发生作用，直接或间接地损伤细胞 DNA。放射治疗又可分为体外照射和体内照射。

体外照射又称远距离放射治疗。治疗时，放疗机将高能射线或粒子瞄准癌肿。用于体外照射的放射治疗设备有 X 射线治疗机、钴-60 治疗机和直线加速器。体内照射又称近距离放射治疗。这种治疗技术把高强度的微型放射源送入人体或配合手术插入肿瘤组织内，进行近距离照射，从而有效地杀伤肿瘤组织。

3.3.3 氢能：能源家族的潜力股

1. 氢与氢能

氢是宇宙中分布最广泛的物质，它构成了宇宙质量的 75%，因此氢能被称为人类的终极能源。水是氢的大“仓库”，若把海水中的氢全部提取出来，其能量将是地球上所有化石燃料热量的 9000 倍。氢的燃烧效率非常高，在汽油中加入 4% 的氢气，可使内燃机节油 40%。美国政府已明确提出“氢计划”，宣布政府将拨款 17 亿美元支持氢能开发。氢能的主要优点包括燃烧热值高及燃烧产物洁净。例如，燃烧同等质量的氢产生的热量是汽油的 3 倍、乙醇的 3.9 倍、焦炭的 4.5 倍，但其燃烧产物却是水。因此，氢是世界上最干净的能源。

氢的传奇世界

氢不仅自己轻，水分子中的氢键还使固态水的密度小于液态水，因此冰能在水面上漂浮。氢有 3 种同位素，分别是氕(piē)、氘(dāo)、氚(chuān)。

2. 氢能的应用

氢燃料电池本质是水电解的“逆”装置，主要由阳极、阴极和电解质组成。其中，阳极为氢电极，阴极为氧电极。通常，阳极和阴极都含有一定量的催化剂，用于加速电极上的化学反应。以质子交换膜燃料电池(PEMFC)为例：

(1) 氢气通过导管到达阳极。

(2) 在阳极催化剂的作用下，1 个氢分子解离为 2 个氢离子，并释放出 2 个电子。

阳极反应为：

$$2H_2 \longrightarrow 4H^+ + 4e^-$$

(3) 在电池的另一端，氧气(或空气)通过管道到达阴极，在阴极催化剂的作用下，氧分子和氢离子与通过外电路到达阴极的电子发生反应生成水。

阴极反应为： $O_2 + 4H^+ + 4e^- \longrightarrow 2H_2O$

总化学反应： $2H_2 + O_2 = 2H_2O$

固态氢

氢气在–252.87℃时可转变成无色的液体，在–259.14℃时可变成雪花状固体。固态氢有多种同素异形体。在导电性方面，不同的固态氢导电性也不同，有绝缘体、半导体及导电体。固态氢的研究不仅可以为研究行星提供可贵的资料，而且在超导材料应用与火箭燃料研制等方面也有利用价值。

3.4 能源发展路漫漫

我国作为世界第二大能源国，能源储量居于世界前列。据国家统计局公布的数据显示，2016 年我国煤炭储量为 2492.3 亿 t，石油储量为 350120.3 万 t，天然气储量为 54365.5 亿 m^3。同时，我国也是能源消费大国，能源消费总量位居世界第二，仅次于美国。但人均资源量少、资源消耗总量大、能源供需矛盾尖锐，以及利用效率低下、环境污染严重、能源结构不合理等问题也严重制约了我国经济的可持续发展。

3.4.1 能源发展道阻且长

1. 能源消费结构不合理

我国的能源消费以煤炭为主，这是基于我国能源分布资源形成的。我国含煤量丰富，石油和天然气储蓄量相对较少，且石油和天然气大多分布在西北部，而东南部地区工业更为发达，能源需求量更大。煤炭的成本低，含量丰富，因此以煤炭为主的能源消费结构是我国长期以来的能源消费趋势。但是，煤炭的使用带来了许多环境问题，如酸雨、雾霾、$PM_{2.5}$ 等。大量使用煤炭已经造成了严重的环境污染，近年来国家正在加大对环境的治理力度。

2. 能源利用效率低下

能源利用效率是指一个体系有效利用的能量与实际消耗能量的比例。它能反映能源消耗水平和利用效果，即能源有效利用程度的综合指标。任何国家的经济发展都需要消耗能源，世界各国的能源消费与其经济发展水平之间有着密切的关系。人均 GDP 越高的国家，人均能耗也越高。但不同国家对于能源的利用效率和对能源的依赖却有显著的区别。主要可以从万元产值能耗、单位能耗产值、能源消费弹性系数等指标进行比较。其中，万元产值能耗是指一定时期内国家综合能源消费量与工业总产值的比例；单位能耗产值是指工业综合能耗与工业总产值的比例；能源消费弹性系数是反映能源消费增长速度与国民经济增长速度间的比例关系的指标。

由图 3-11 可知，我国的 GDP 消耗标准煤量的万元产值能耗为 1.08t/万元，高于大部分国家，反映出我国的高经济增长是建立在更高能源消耗基础之上的。后工业化阶段的产业结构使高能耗的重工业消耗超常增长，而城市化以及居民生活水平提高也对能源的需求提出更高要求。生活能耗和建筑能耗过高，高能耗产业的过度消耗均导致我国能源利用率居高不下。此外，政府对能源利用效率的重视不够，盲目追求 GDP 的增长，观念陈旧，轻视技术和装备的落后也是重要原因。

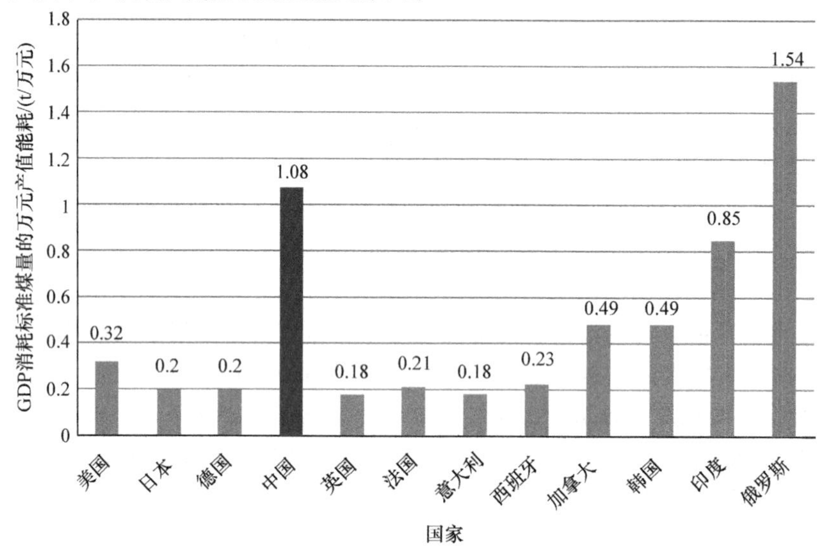

图 3-11　2009 年 GDP 消耗标准煤量的万元产值能耗

3. 能源人均占有量偏少

我国能源总产量位居世界前列，但由于人口众多，人均能源消耗量不到国际水平的 1/2，远低于发达国家。据统计，2016 年我国人均能源生产量 2586.0kg 标准煤，人均原煤生产量 2542.0kg，人均原油生产量 138.0kg，人均煤炭消费量 2782.0kg，人均石油消费量 424.0kg；水电资源人均技术可开发量 1900kW · h/a，相当于世界人均水平的 74%。随着社会经济的发展，我国能源消费的需求将会进一步增加。如何解决这一问题，已成为未来研究的重要课题之一。

4. 能源代谢产物污染重

能源是人类经济发展的三大支柱之一。目前，以煤炭为主的化石能源是我国的主体能源。它通过燃烧释放热量，但同时也带来了污染等问题。例如，煤含有碳、硫、氮等元素，燃烧时会排放出二氧化硫、二氧化氮等污染物。这些气体或气体在空气中反应后的生成物溶于雨水，形成酸雨。

$$SO_2 + H_2O = H_2SO_3$$

$$2SO_2 + O_2 \xlongequal{\text{催化剂}} 2SO_3$$

$$SO_3 + H_2O \xlongequal{\triangle} H_2SO_4$$

5. 农村能源极度匮乏

当前，我国大多数农民仍依靠稻草、木柴、农作物秸秆等农业废料作为烹饪、取暖等的主要能源。因此，森林被砍伐、生态遭到破坏的形势始终严峻。过量的薪柴开发破坏了大面积的植被生长，造成水土流失、土壤有机质减少、泥石流等生态环境问题。随着农业生产机械化和化学化的发展，农业生产的能源消耗急剧增加，如何为广大农村地区提供现代化能源服务，以减少生态破坏，减少室内污染，提高农民生活质量，是我国当今能源发展的一项重要议题。

3.4.2 能源发展路在何方

1. 创建节能指标，动员群体落实

政府可制订节约指标考核体系，动员社会力量进行落实。第一，国家指定相关机构监督和执行指标考核、管理，落实相关奖惩制度。加大对新旧产品节能指标的审核及对新投资项目合理用能考察，同时将能源技术与节能相结合。第二，制定全面倾斜节约的经济政策。例如，综合运用投资、价格、税收、优惠信贷、加速折旧等经济杠杆，以引导和鼓励企业的节能降耗行为，研究制订节能降耗的优惠政策，鼓励节能降耗的科研、示范工程、重大引进项目和推广项目的发展。第三，重视节能降耗信息的交流与培训。各级信息管理和研究机构要及时发布各类节能降耗信息，做好信息服务。例如，发挥协会、研究会等社会团体的桥梁和纽带作用，促进节能降耗的科学研究；有计划地实行分类、分层的节能降耗培训，将全面节约知识纳入企业培训和中小学教育中。

2. 调整产业结构，优化能源供应

改革开放后，中国经济持续发展，能源供应与需求显著增加。但随着经济的快速进步，发展过程出现了一些问题。因此，产业结构的调整显得相当重要。天然气与煤炭、石油相比具有一定的优势，可为产业结构调整和解决可持续发展的问题找到突破口。以比较经济为基本原则，根据世界和国内能源资源的可获性，合理配置能源，尽可能以最低的成本提供优质的能源品种和服务。

3. 加强科技创新，促进能源加工

能源是生产生活的基本要素，是影响气候变化的重要因素。因此，能源技术的进步对实现经济的可持续发展、有效应对气候的变化都具有重要的意义。然而，传统化石能源的直接利用对环境产生一定的污染。例如，在中国的能源消费结构中，一次能源69%靠煤，发电量80%来自火电，但煤本身含N、S等元素，燃烧会产生污染性气体及灰尘等。因此，加强科技创新，促进能源的加工具有迫切的现实意义。例如，通过大力发展整体煤气化联合循环(IGGC)技术可除去煤气中的硫化物、氮化物、粉尘等污染物，获得洁净的气体燃料。相对于各类煤制液体燃料，煤基合成天然气具有能量转化效率高、耗水量低、运输损耗小、废弃物处理成本低等优势。首先，我国具有丰富的煤炭资源，应大力发展科学技术，致力于研发及优化煤加工、煤转换等技术。其次，天然气加工、石油加工技术也亟待开发。最后，生物燃料的加工也具有重要意义。生物制气和煤基合成气都可以作为天然气的有效补充，我国制取生物制气较为丰富。目前，全国农村沼气利用每年超过 120 亿 m^3，而可利用的禽畜粪便及城市有机排放物的潜力达 1200 亿 m^3。因此，加大对厌氧发酵、生物脱硫、沼气提纯、质量检测等技术的开发具有重要地位。

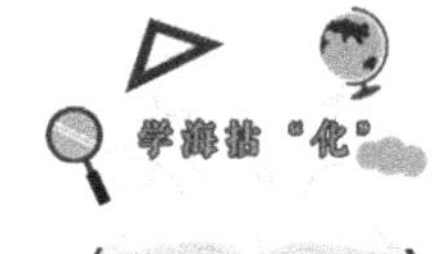

火箭燃料的冲锋者——N_2H_4

N_2H_4 中文名称为肼，又称联氨，化学式也可写作 H_2NNH_2，是一种无色发烟、具有腐蚀性和强还原性的油状液体，有剧毒且极不稳定，有类似于氨的刺鼻气味。肼是一种良好的火箭燃料，与适当的氧化剂配合，可组成比冲最高的可储存液体推进剂。肼还可作为单元推进剂，普遍用于卫星和导弹的姿态控制。肼作为火箭燃料，其燃烧的化学方程式为

$$N_2H_4 + O_2 \xlongequal{点燃} N_2 + 2H_2O$$

同时，发射通信卫星的火箭用 N_2H_4 作燃料，用 N_2O_4 助燃反应的化学反应方程式为

$$2N_2H_4 + N_2O_4 \xlongequal{点燃} 3N_2 + 4H_2O$$

此外，过氧化氢也是一种重要的火箭助燃剂，它和肼反应放出大量的热，推动火箭。其放热原理为

$$N_2H_4 + 2H_2O_2 \xlongequal{点燃} N_2 + 4H_2O$$

4. 重视环境保护，发展清洁能源

党的十八大报告首次把“美丽中国”作为生态文明建设的宏伟目标，积极研发清洁能源。如何才能更有效地保护环境，维持生态平衡成为当前最为关注的问题之一。其中，清洁能源即绿色能源，是指不排放污染物、能够直接用于生产生活的能源。清洁能源能有效避免传统化石能源燃烧对环境造成污染的弊端，缓解未来的能源危机。发展清洁能源应从以下两方面着手。一方面，依靠新材料、先进制造和工艺、智能化运维等新技术，从制造、施工、运行等各环节降低清洁能源开发成本。另一方面，应用以柔性直流、低压直流网络为代表的输电等新技术和以智能微电网、新型电储能、能源互联网信息技术为代表的负荷侧技术，进一步提高清洁能源利用率、便捷性和可靠性。通过开发侧和系统侧技术创新共同提高清洁能源开发利用的整体效率。

百“练”成钢

1. 能源的发展经历了哪几个时期？

2. 什么是一次能源？什么是二次能源？

3. 如何确定反应是吸热还是放热？需要加热的反应一定是吸热反应吗？与传统能源相比，新型能源有哪些优势和劣势？

4. 太阳能有哪些应用？其优缺点有哪些？

5. 核能释放有哪些形式？核能有哪些优缺点？

6. 氢气为什么是 21 世纪最理想的能源？氢能有哪些应用？

7. 传统能源指的是哪些能源？

8. 举例说明煤有哪些用途。

9. 煤的加工技术有哪些？其各自的优缺点分别是什么？

10. 煤、石油、天然气作为传统能源的核心代表，在使用时具有哪些优缺点？

11. 我国能源消费结构和供应结构有什么特点？

12. 我国能源发展存在哪些问题？

13. 如何进一步发展中国及世界的能源市场？

第 4 章　走近人体化学

4.1　化学与生命的秘密关系

生命是如此神奇，从出生到死亡，每一个生命都上演了无数精彩。那么，生命到底是从何而来的呢?

4.1.1　生命的起源

1. 生命从何而来

首先，我们需要弄清楚什么是生命。生命来自于能量。每个生物体都要经历出生、成长和死亡的过程。关于生命的起源，至今都没有一个标准答案，但是在这个过程中却形成了一些经典的假说。

关于生命起源的理论

1. 创造论

创造论认为生命是被创造的，直接由非生命过渡到了生命。人们早就对生命做出了无数遐想，如盘古开天辟地，女娲造人。

2. 自然发生论

自然发生论又称"自生论"或"无生源论"，它认为生物可以随时由非生物产生，或者由另一些截然不同的物体产生。例如，中国古代所谓"肉腐出虫，鱼枯生蠹"。中世纪有人认为树叶落入水中就变成鱼，落在地上则变成鸟等。

3. 宇宙生命论

这一假说提倡"一切生命来自宇宙"的观点，认为地球上最初的生命来自宇宙间的其他星球，即"地上生命，天外飞来"。这一假说认为，宇宙太空中的"生命胚种"可以随着陨石或以其他方式跌落到地球表面，即成为最初的生命起点。

2. 化学起源说

目前关于生命起源的理论中，化学起源说受到广泛认可。化学起源说由奥巴林和霍尔丹提出，他们认为，宇宙大爆炸之后，早期地球呈熔融状态，而最初的生命是在地球温度下降以后，在极其漫长的时间内，由非生命物质经过极其复杂的化学过程，逐渐演变而成的。化学起源说将生命起源分为四个阶段：第一阶段是无机小分子生成有机小分子物质阶段，它是在原始的地球环境下进行的。第二阶段是有机小分子物质生成生物大分子物质阶段，它是在原始海洋中发生的。氨基酸、核苷酸等有机小分子物质经过长期积累、相互作用，在适当条件下(如黏土的吸附作用)，通过缩合作用或聚合作用形成了原始的蛋白质分子和核酸分子。第三阶段是生物大分子物质组成多分子体系阶段。第四阶段则是多分子体系演变为原始生命阶段，这一阶段是在原始海洋中形成的，是生命起源过程中最复杂和最有决定意义的阶段。在这一阶段中最伟大的发现便是细胞，然而目前人类还不能在实验室中验证这一历程。

化学起源说的过程如图 4-1 所示。虽然米勒经实验得出：由无机物合成小分子有机物是完全有可能的，但尚未有足够的证据全面揭示生命的奥秘。化学起源说面临着一个难题，即在生命起源前的环境中，自然界是如何把生物小分子(如氨基酸、核苷酸)变成生物大分子(如蛋白质、核酸)的。

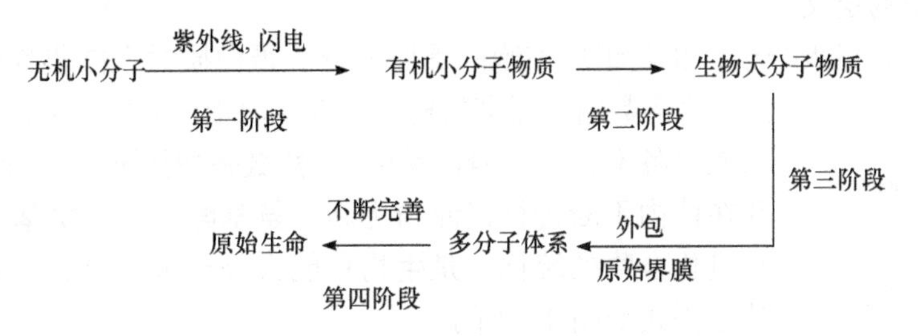

图 4-1　化学起源说流程图

4.1.2　生命的化学物质

1. 水

水是人们不可或缺的物质，它在人体内的含量高达 60%。当人体失水量达到 20%时，生命则无法维持。

1) 水的结构

在生活中常会发生一些有趣的现象。例如，将果冻放到冰箱冷冻至凝固时，原本形状规整的果冻表面会鼓起来，果冻的体积也会变大。这是因为物质的分子之间存在作用力，即范德华力。而水是一种极性分子(图 4-2)，极性的水分子之间作用力较大，能够形成氢键。但是不同形态的水分子的排列不同，固态水在氢键作用下排布比较紧密，而液态水的排布较宽松。因此，当水分子从液态变成固态时，分子排布发生了变化，体积自然也发生了变化。

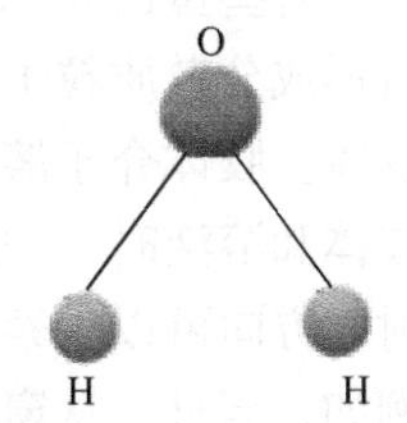

图 4-2　水的空间结构

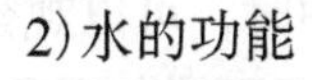

2) 水的功能

a. 温度调节

水的比热容较大，比普通液体高，因此对于温度调节起着重要的作用。1g 水每升高或降低 1℃需吸收或放出 4.18J 热量，这也是地球整体温度不会出现剧烈波动的原因。

b. 水是体内化学反应的介质

水分子的极性大，使溶解于其中的物质解离成离子，是一种良好的溶剂。机体多种物质都能溶于水中，这样有利于体内化学反应的进行。

c. 水是体内物质运输的载体

水溶液的流动性大，水在体内还起到运输物质的作用。营养物质必须溶解在水中才能运送到人体的各个部位，以满足维持生命活动的需要。人体内的某些废物(如尿素、尿酸等)也必须溶解在水中才能被排出体外。

d. 水是体内的润滑剂

由水组成的黏液是一种润滑剂，可以在消化系统、呼吸系统、泌尿系统和生殖系统等的器官周围形成一层保护膜，用于保护器官，使其具有正常的生理功能。

2. 蛋白质

1)蛋白质的定义

蛋白质是有机大分子，也是组成细胞的重要成分。蛋白质对人体非常重要，它参与人体大多数组织器官的构造。人体内蛋白质的种类很多，其性质、功能也各不相同，但都是由 20 种氨基酸按不同比例组合而成的，并在体内不断进行代谢与更新。氨基酸是含有氨基和羧基的一类有机化合物的统称，是生物功能大分子蛋白质的基本组成单位，其结构式如图 4-3 所示。

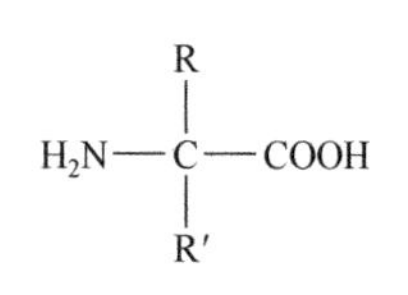

图 4-3　氨基酸结构式

2)蛋白质的性质

a. 两性

在化学物质分类中，一般按物质水溶液的 pH 把物质分为酸性物质、碱性物质和中性物质。但是蛋白质较为特殊，它是由氨基酸通过肽键构成的高分子化合物，在蛋白质分子中同时存在着具有碱性的氨基($—NH_2$)和具有酸性的羧基(—COOH)，因此蛋白质是两性物质。

b. 水解反应

蛋白质能够在酸、碱或酶的作用下发生水解反应，得到多种氨基酸。

c. 胶体性质

有些蛋白质(如鸡蛋白)能够溶解在水中形成溶液，而有些大分子蛋白质与水混合之后形成分散质粒子直径大小介于 1～100nm 的质点(胶体质点的范围)，进而形成蛋白质胶体。胶体介于溶液和浊液之间，在一定条件下能够稳定存在，属于介稳体系。在区别胶体和溶液时，一般用到丁铎尔现象。丁铎尔现象是指当一束光线透过胶体，从垂直入射光方向可以观察到胶体中出现一条光亮的“通路”。丁铎尔现象在日常生活中很常见。例如，当日光从窗隙射入暗室，或者光线透过树叶间的缝隙射入密林中时，可以观察到丁铎尔现象(图 4-4)；放电影时，放映室射到银幕上的光束的形成也属于丁铎尔现象。

d. 盐析

盐析是指在蛋白质水溶液中加入中性盐，如$(NH_4)_2SO_4$、NaCl 等，随着盐浓度增大而使蛋白质沉淀出来的现象。盐析出的蛋白质仍然可以溶解在水中，且不影响原来蛋白质的性质，因此盐析是一个可逆过程。利用这个性质，采用分段盐析方法可以分离提纯蛋白质。

e. 变性

在热、酸、碱、重金属盐及紫外线等作用下，蛋白质会发生性质的改变而凝结，这种凝结是不可逆的。该变化称为蛋白质的变性，如鸡蛋煮熟就是一种蛋白质变性过程(图 4-5)。

图 4-4 丁铎尔现象

图 4-5 煮熟的鸡蛋

f. 颜色反应

蛋白质可以与许多试剂发生颜色反应。例如，在鸡蛋白溶液中滴入浓硝酸，则鸡蛋白溶液呈黄色，这是由于蛋白质中的苯环与浓硝酸发生了颜色反应；还可以用双缩脲试剂检验蛋白质，该试剂遇蛋白质会生成紫色络合物。

蛋白质的双缩脲反应

蛋白质与双缩脲试剂(NaOH 和 $CuSO_4$ 水溶液)反应生成紫色络合物，其实质是在碱性环境下 Cu^{2+} 与双缩脲(图 4-6)发生的颜色反应。而蛋白质分子中含有很多与双缩脲结构相似的肽键，所以蛋白质都能与双缩脲试剂发生颜色反应，因此可以用双缩脲试剂鉴定蛋白质的存在。

$$2\ H_2N\text{-}CO\text{-}NH_2 \xrightarrow{\text{加热至}180℃} H_2N\text{-}CO\text{-}NH\text{-}CO\text{-}NH_2 + NH_3\uparrow$$

$$\text{尿素} \xrightarrow{\text{加热至}180℃} \text{双缩脲} + \text{氨气}$$

图 4-6 双缩脲的制取

3）蛋白质的功能

a. 运输功能

蛋白质能够维持肌体正常的新陈代谢和各类物质在体内的输送。尤其是载体蛋白，对维持人体的正常生命活动至关重要，它可以在体内运载各种物质，如血红蛋白可以输送氧（红细胞更新速率为 250 万个/s），脂蛋白可以输送脂肪、细胞膜上的受体等。

b. 免疫功能

有些蛋白质有免疫功能。人体内的淋巴细胞、巨噬细胞等是蛋白质，可以帮助人体抵御细菌和病毒等的侵害。

c. 调节身体

一些蛋白质还能参与信息传递过程，精确地调节机体的生命活动。例如，胰岛素是一种蛋白质激素，能够通过参与调节糖代谢而控制血糖平衡。

3. 核酸

核酸最早是从细胞核中提取得到的，故而得此名。它存在于一切生物体中，是生物体最基本的生命物质，与一切生命活动都有着密切的关系。核酸对遗传信息的生存、蛋白质的生物合成都起着决定性的作用。

根据化学组成不同，核酸可分为核糖核酸（RNA）和脱氧核糖核酸（DNA）。DNA 是储存、复制和传递遗传信息的主要物质基础。RNA 在蛋白质合成过程中起着重要作用。其中，转运核糖核酸（tRNA）起携带和转移活化氨基酸的作用；信使核糖核酸（mRNA）是指导蛋白质生物合成的模板；核糖体核糖核酸（rRNA）是细胞合成蛋白质的主要场所。

核苷酸是组成核酸的基本单元，每个核苷酸又由碱基、戊糖和磷酸基三部分构成。根据戊糖结构的不同，将核苷酸分为脱氧核糖核苷酸和核糖核苷酸。脱氧核糖核苷酸构成脱氧核糖核酸（DNA），核糖核苷酸则构成核糖核酸（RNA）。

DNA 双螺旋结构

核酸的一级结构是指组成的核苷酸（DNA 和 RNA 的重复单元）之间连键的性质及核苷酸排列的顺序。DNA 的一级结构是由数量极其庞大的 4 种脱氧核糖核苷酸彼此连接起来的直线形或环形分子。DNA 的二级结构最著名的是由沃森和克里克提出的双螺旋结构（图 4-7），它具有以下特点：这两条链不是独立的，两条链之间通过碱基配对相互作用，这种碱基间的相互作用是通过氢键完成的，碱基配对有一定的配对原则。

图 4-7　DNA 双螺旋结构

4. 脂类

脂类是脂肪和类脂的总称，它们以不同形式存在于人体的各种组织中，是构成人体组织细胞的重要成分。类脂是除脂肪外，能溶于脂溶剂的天然化合物的总称。类脂包括糖脂、磷脂、固醇类和脂蛋白等。脂肪是由一分子甘油和三分子脂肪酸组成的甘油三酯。其中，脂肪酸可分为三类：饱和脂肪酸、单不饱和脂肪酸和多不饱和脂肪酸(图 4-8)。含饱和脂肪酸较多的脂肪在常温下呈固态，称为“脂”，如动物脂肪；含不饱和脂肪酸较多的脂肪在常温下呈液态，称为“油”，如植物油。由动植物组织提取的油脂都是不同脂肪酸混合甘油酯的混合物。

1) 脂肪酸分类

(1) 饱和脂肪酸：碳链中不含双键的链状羧酸，多存在于动物脂肪中，个别植物油如椰子油、棕榈油中饱和脂肪酸含量很高。

(2) 单不饱和脂肪酸：碳链中仅有一个双键的脂肪酸，如油酸 $[CH_3(CH_2)_7CH=CH(CH_2)_7COOH]$，各种动植物油中都含有油酸，其中橄榄油、花生油和奶油中油酸含量较多。

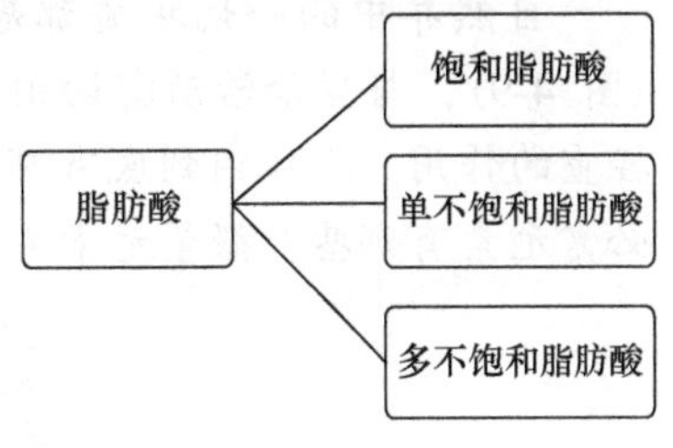

图 4-8　脂肪酸的分类

(3) 多不饱和脂肪酸：碳链中含有两个或两个以上双键的脂肪酸，如

亚油酸(9, 12-十八碳二烯酸)：$CH_3(CH_2)_3(CH_2CH=CH)_2(CH_2)_7COOH$

亚麻酸(9, 12, 15-十八碳三烯酸)：$CH_3(CH_2CH=CH)_3(CH_2)_7COOH$

2) 脂的生理功能

(1) 供给和储存热能。1g 脂肪在体内氧化可供给热量约 38kJ，比等量的碳水化合物或蛋白质的供热量高一倍多。脂肪中常见的硬脂酸的氧化反应如下：

$$C_{17}H_{35}COOH(s) + 26O_2(g) = 18CO_2(g) + 18H_2O$$

从食物中获得的脂肪一部分储存在体内，脂肪储存占有空间小，能量却比较大。正常情况下，人体对能量的需求仅有不到 20%来源于脂肪，但当人处于饥饿状态或在禁食期时，却有 50%～85%的能量来源于脂肪的氧化。

(2) 构成身体组织。脂肪是构成人体细胞的主要成分，如类脂中的磷脂、糖脂和胆固醇等是组成人体细胞膜类脂层的主要成分。

(3) 维持体温，保护脏器。脂肪是热的不良导体，分布在皮下的脂肪能减少体内热量的过度散失并防止外界辐射热的侵入，对维持人的体温起着重要作用。

(4) 促进脂溶性维生素的吸收。脂肪是脂溶性维生素的良好溶剂，维生素 A、维生素 D、维生素 K、维生素 E 及胡萝卜素均能溶于脂肪。

(5) 供给必需的脂肪酸和调节生理功能。必需脂肪酸是细胞的重要构成物质，具有促进人体发育、维持皮肤和毛细血管的健康、降低血胆固醇、防止血栓形成等调节人体生理功能的作用。

5. 无机盐

无机盐是指存在于人体内和食物中的矿物质营养素，是人体内无机物的总称。细胞中大多数无机盐均以离子的形式存在。无机盐又称为矿物质，是人体维持正常生理功能不可缺少的一类物质。在人体代谢过程中，无机盐会有一定量的损失，因此人体必须从食物中获得足量无机盐，以弥补损失，保持健康。

4.2 人体中的“元素周期表”

自然界中的一切物质都是由化学元素组成的，人体内也至少含有 60 种化学元素（图 4-9），与生命活动密切相关的元素称为生命元素。这些元素对人们的健康起着举足轻重的作用。人体内到底有哪些化学元素？这些元素对人体分别有什么作用？人体中的必需元素有哪些？微量元素又有哪些？

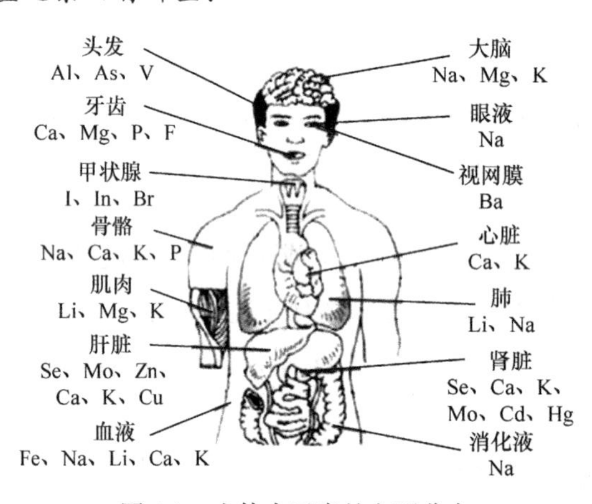

图 4-9　人体中元素的主要分布

4.2.1　人体元素知多少

目前人类已经发现了 118 种元素，按其原子的电子结构周期性递变规律排成了著名的化学元素周期表，元素周期表是学习化学的重要工具。

化学元素构成了物质。人类在漫长的生物进化过程中，在岩石圈、水圈、大气圈构成的环境中生活，必须与环境进行物质交换，于是有选择地吸收了化学元素以维持生命。人体内含有 60 多种元素，像是一座蕴含着各种金属和非金属的“矿藏”。这 60 多种元素在体内的含量差别极大，按其在体内的含量可分为常量元素和微量元素（图 4-10）。常量元素是指在有机体内含量占体重 0.01%以上的元素；微量元素又称痕量元素，是指在有机体内含量占体重 0.01%以下的元素。微量元素按其生物学作用又可分为两大类：一类是维持机体正常生命活动不可缺少的必需微量元素，常见的必需微量元素有铁(Fe)、铜

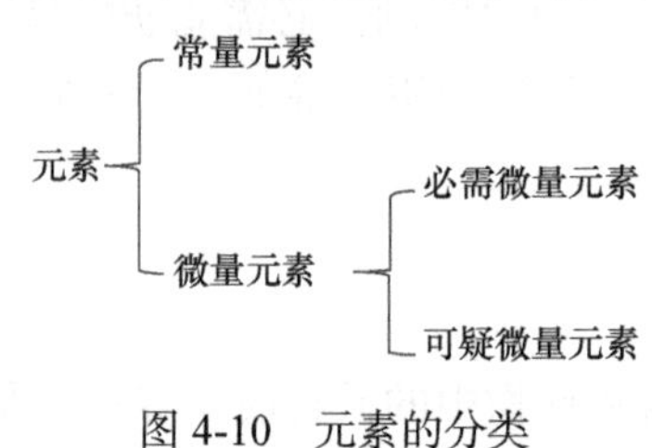

图 4-10　元素的分类

(Cu)、锌(Zn)、钴(Co)、钼(Mo)、锰(Mn)、钒(V)、锡(Sn)、硅(Si)、硒(Se)、碘(I)、氟(F)、镍(Ni)等；另一类微量元素由于其作用机理尚不清楚，故称可疑微量元素，如铬(Cr)、汞(Hg)等。

4.2.2 常量元素需摄入

1. 钙

钙是一种金属元素，元素符号为 Ca，是人体内最丰富的元素之一，含量居体内各组成元素的第五位。钙在自然界中主要以大理石的形式存在。人体内大约 99%的钙集中在骨骼和牙齿，其中 $Ca_3(PO_4)_2$ 占 85%、$CaCO_3$ 占 10%、$Mg_3(PO_4)_2$ 占 21.5%、CaF_2 占 0.3%，$CaCl_2$ 占 2.0%，其余的钙元素则分布在体液和软组织中。

1)钙在人体中的功能

(1)钙有助于骨骼和牙齿生长。

(2)钙能激活机体中的多种酶。例如，钙、镁、钾、钠等可以促进肌肉收缩，维持神经肌肉应激性。

(3)钙对心脏有特殊的影响。例如，钙与钾的拮抗作用有利于心肌收缩，维持心跳正常。

(4)钙可参与血凝过程。钙可以激活凝血酶原，使其转化成凝血酶，以促使伤口处的血液凝固。

2)钙缺乏

缺钙易引发生长迟缓、佝偻病、骨质疏松等症状。人体缺钙的原因主要有以下三种：一是膳食中缺乏富含钙的食物；二是特殊生理阶段，机体对钙的需要量增加而供给不足；三是膳食或机体内存在某种影响钙吸收的因素。日常生活中，通常选择葡萄糖酸钙和乳酸钙这两种可溶性钙盐作为补钙的首选，食物补钙可选择牛奶、鸡蛋、豆制品等。

2. 镁

镁是一种金属元素，元素符号为 Mg，人体中 70%的镁元素主要是以磷酸盐和碳酸盐的形式存在于骨骼和牙齿中，其余主要分布在软组织和细胞外液中。

1)镁在人体中的功能

(1)镁元素是人体酶的重要激活剂。镁是某些酶的辅助因子或激活剂，如羧化酶、己糖激酶、ATP(腺苷三磷酸)酶等需要 ATP 参与的酶促反应以及氧化磷酸化的酶均需要镁离子的存在。

(2)镁能够维持神经肌的正常兴奋性及心肌的正常结构与功能，使肌肉正常运作。此外，镁还能消除肌肉痉挛，防止钙沉淀在组织和血管中，参与体内蛋白质的合成和体温调节作用，是细胞内液中重要的阳离子。

(3)镁能促进蛋白质和核酸的合成及氮的代谢。镁可以参与蛋白质的合成，激活谷氨酰胺合成酶，促进氮代谢。叶片细胞中有大约 75%的镁是作为核糖体亚单位联结的桥接元素，直接或间接参与蛋白质的合成。

2)镁缺乏

镁缺乏几乎影响所有人体器官，主要包括肌肉酸痛、肌肉痉挛和平滑肌收缩等。此外，中央和周围神经系统也会受到影响，并可能引起不安、失眠、多动、麻木和刺痛感等症状。造成镁缺乏的原因主要有：①胃肠道及营养因素，如肠道吸收不良、慢性酒精中毒、肝硬化、长期静脉输液而无镁补充和急性胰腺炎等；②肾脏因素，如长期应用利尿剂(特别是呋塞米)、肾炎、肾功能衰竭等；③内分泌因素，如甲状腺功能亢进、甲状旁腺功能亢进(或减退)、原发性或继发性醛固酮症。

3)镁的食物来源

镁普遍存在于食物中，绿色蔬菜中含有大量叶绿素，镁含量较高。此外，粗粮和坚果中也富含镁。

3. 磷

磷是构成人体骨骼和牙齿的主要成分。正常人体内含磷约 650g。体内磷元素的常见价态有−3、+3 和+5 价，其中以 PO_4^{3-} 形式存在的+5 价磷对生命具有重要的意义。

1)磷在人体中的功能

(1)磷是构成人体骨骼和牙齿的成分。磷对骨骼、牙齿具有重要作用。骨骼和牙齿中的磷占人体总磷量的 85%。牙齿中牙釉质的主要成分是羟基磷灰石[$Ca_{10}(OH)_2(PO_4)_6$]、氟磷灰石[$Ca_5F(PO_4)_3$]和氯磷灰石[$Ca_5(PO_4)_3Cl$]等，这些物质主要用来维持牙齿的硬度和强度。

(2)磷是构成人体细胞的重要成分。磷元素和蛋白质结合成磷蛋白，磷蛋白是构成细胞核的主要成分。DNA 和 RNA 的组成中也必须有磷元素。此外，构成细胞膜的脂类也含有磷元素。

(3)磷能维持人体的酸碱平衡。磷酸盐组成的缓冲体系在维持机体酸碱平衡上发挥着缓冲作用，以防止血液或其他体液中积累过多的酸或碱。

2)磷含量异常

人体如果缺乏磷元素，会引起红细胞、白细胞、血小板的异常及软骨病等疾病；反之，人体过多地摄入磷，可能导致“高磷血症”，使血钙降低，引发骨质疏松。特别是 40 岁以上的人由于肾排出多余磷的能力减弱，容易造成体内磷含量偏高。

3)磷的食物来源

一般成年人每日需磷 1.3～1.5g，儿童每日需磷 1.0～1.5g，孕妇和乳母每日需磷 2.5～2.8g。磷存在于动植物食品中，如肉、鱼、虾、蛋、奶等均含有丰富的磷，豆类、杏仁、核桃、南瓜子、蔬菜等也是磷的良好来源。

4. 钠

钠是金属元素，元素符号为 Na。人体内钠含量为 6200～6900mg，主要分布在细胞外液和血液中。

1)钠在人体中的功能

(1)调节和维持体内水平衡。钠主要存在于细胞外液中，维持细胞渗透压。体内钠含量的调节是人体内环境调节的核心，尤其对人体的水平衡有着重要的影响。

(2) 调节血压。细胞外液钠离子浓度会随细胞浓度的变化而发生细微的变化，这对调节人体血压有着重要的作用。

(3) 维持体液酸碱平衡。通过 Na^+和 H^+交换，清除体内代谢物 CO_2 等物质，从而达到维持体液酸碱平衡的目的。

(4) 钠离子参与体内糖代谢和氧气的利用过程，能够维持肌肉和神经的兴奋性。

2) 钠缺乏

健康人一般不会缺乏钠元素，但是在禁食、限钠过严、大量出汗、反复呕吐腹泻或服用利尿剂等情况下，均可能导致钠缺乏。体内缺钠会使人感到疲倦、晕眩、乏力、肌肉痉挛、头痛等，此时应适当补充钠元素，长期缺钠会导致心脏病或低钠综合征。

3) 钠的食物来源

人体内钠的来源主要是食盐、酱油、咸菜和咸味零食等。世界卫生组织建议每人每天的食盐摄入量不超过 6g。这是因为过量摄入食盐会导致血容量的增加，使心脏收缩加强，长期如此易引发高血压。

5. 钾

钾主要用于维持肌肉和神经的正常反应性、心脏节律及细胞内液的压力平衡。增加钾盐的摄取量，可降低胃肠癌的发病率，在饮食中偶尔以钾盐和镁盐取代钠盐，对治疗糖尿病、高血压和骨质疏松症等均有一定的疗效。人体每日摄取钾的量以 2～4g 为宜。

关于汗水的真相

汗水中除了水分之外，还含有 Na^+、K^+、Cl^-等离子，Na^+和 Cl^-组成盐，这也就解释了为什么汗水在流过伤口或流进眼睛时会有一点刺痛。长时间出汗以后，随着水分的流失，Na^+、K^+、Cl^-等离子浓度大大降低。运动员在极大量的运动后会体验到一种所谓的低钠血症，即身体内的钠(也就是盐)含量过低，导致出现恶心、呕吐，严重的出现肌肉痉挛等。因此，运动员在运动过程中要通过运动饮料补充水分和盐分，从事过重体力劳动或高温工作者也要注意及时补充盐分。

你可能听说过出汗能排毒，但事实并非如此。专家解释出汗其实就是流失水分、盐和一些电解质而已，与身体其他系统并无关联。

4.2.3　微量元素必不可少

1. 铁

铁是人体重要的微量元素，在人体内以 Fe^{2+}和 Fe^{3+}两种不同形式存在。但铁在人体内极少以游离状态的离子存在，而主要是以同蛋白质结合成的配合物为主，如血红蛋白。65%～70%的铁存在于血红蛋白中。人体每日吸收 1mg 以上的铁即可满足机体需要。

1) 铁在人体中的功能

铁是人体必需的微量元素，其主要生理功能如下：

(1) 铁是血红蛋白和肌红蛋白的组成成分。血红蛋白和肌红蛋白是向组织器官运送氧气和运出二氧化碳的重要蛋白质。

(2) 铁作为酶的成分参与人体代谢。参与能量代谢的 NADH 脱氢酶和琥珀酸脱氢酶均含有铁。在细胞的氧化还原反应中发挥作用的过氧化物酶、黄嘌呤氧化酶等也含有铁。

(3) 铁能增强人体免疫力。在人体受到外界病原体侵害时，铁能促进 DNA 合成，产生抗体，从而增强免疫力。

2) 铁缺乏

在我国铁缺乏较为普遍，铁缺乏初期最常见的症状为疲倦、乏力；中期则为皮肤干燥、角化和萎缩，毛发易折或脱落；后期则会出现口角炎与舌炎、食欲减退等症状。缺铁可导致缺铁性贫血，使人面色苍白、头晕心悸。

3) 铁的食物来源

含铁量较高的食物是动物性食品，如动物肝脏、瘦肉、全血、贝类、鱼虾等，这类食物是铁的最佳来源。

2. 锌

锌是有机体必需的微量元素。成人体内含锌 2～3g，存在于所有组织中，其中 3%～5%在白细胞中，其余在血浆中。

1) 锌的功能

(1) 锌是体内多种金属酶的组成成分。锌参与体内 200 多种酶的合成，这些酶在人体呼吸及蛋白质、脂肪、糖类和核酸等的合成和代谢中发挥着重要的作用。

(2) 锌促进人体组织生长。锌是 DNA 聚合酶的必要成分，DNA 聚合酶在调节 DNA 复制、翻译和转录过程中发挥重要作用，人体缺锌会造成 DNA 和 RNA 合成和代谢障碍，影响蛋白质合成，从而影响人体组织的再生和人体的生长发育。

(3) 锌能够增强食欲。锌是构成唾液蛋白的成分，唾液蛋白是味觉调节剂，有增强食欲的作用。

2) 锌缺乏

锌是一种“智慧元素”。儿童缺锌会导致智力发育迟缓、精神不集中等问题。这是因为锌是人体细胞成长的关键物质，尤其是脑细胞，如果缺锌将导致骨骼和大脑皮层发育不完全。此外，缺锌还会造成胸腺发育不良、淋巴细胞萎缩、免疫功能减退等病症。严重缺锌更可能引发肾功能不全等严重问题。

3) 锌的食物来源

锌普遍存在于食物中。其中，锌在动物性食物中的吸收率远高于在植物性食物中，因此人体锌的食物来源主要是动物性食物，如海产品、红色肉类、动物内脏和蛋类。其中，生蚝、海蛎、鲜赤贝、牡蛎和蚌等海产品是补锌的优良食材。我国膳食锌供给量标准，儿童为 5～13mg/d，青少年及成人为 15～20mg/d。

3. 碘

正常人体内含碘 25～26mg。人体中的碘大多数集中在甲状腺内，其余的则分布于血浆、肌肉、皮肤、中枢神经系统等处。

1) 碘的生理功能

碘的主要功能是合成甲状腺素，甲状腺素可以调节整个机体能量代谢，涉及蛋白质、脂类、糖类、水、盐等，并直接影响机体发育。

2) 碘缺乏

缺碘会出现地方性甲状腺肿(俗称“大脖子病”)及地方性克汀病(又称“呆小病”)等疾病。

3) 碘的来源

海产品中通常含有大量的碘，如海带、紫菜、鲜鱼、蛤、贝、海参和海蜇等，其中海带含碘量最高。动物性食物中的碘含量一般高于植物性食物，水果和蔬菜中含碘量最低。

4.3 神奇的人体化学现象

生命起源于化学，经过了十几亿年漫长的进化才出现原始生命物质——单细胞生物，之后又经历了 30 多亿年的生物进化时期，大约在 300 万年前，地球上才出现原始人类。人是高等动物，地球上存在的几乎所有元素在人体中都可以找得到。人体本身就是一个复杂的加工厂，人体中的元素组成了人体中重要的生命物质，并在人体内进行着众多的化学反应，维持着正常的新陈代谢。那么，人体中究竟存在着哪些化学反应呢？我们一起来探寻吧！

4.3.1 神奇的人体化学反应

1. 人体中化学反应的特点

人体中的化学反应都是在常温常压、接近中性温和条件下进行的，化学反应的速度特别快，选择性、效率也很高，这是人体中化学反应的特点。

人体的体温正常情况下为 37℃左右，这是因为人体内的生物氧化反应是在温和条件下、在酶的催化作用下完成，能量也是逐步分批放出的，这样放出的能量不至于突然使体温升高而损伤机体，又可以使放出的能量得到最有效的利用。除此之外，人体内还有完善的调控机制。当体内发生生物氧化反应时，必定伴随着磷酸化反应。腺苷二磷酸(ADP)分子和磷酸分子反应形成腺苷三磷酸(ATP)分子，这是吸热反应，即通过 ADP 分子的磷酸化吸收能量，并储存在 ATP 分子中。当人体需要能量时，ATP 分子通过水解变为 ADP 分子，同时放出能量，供人体需要。这类水解反应是在特定的酶催化下进行的，反应的速度很快。

ATP 与 ADP 的相互转换：　$\text{ATP} \rightleftharpoons \text{Pi} + \text{ADP} + \text{能量}$

2. 化学反应类型

1）生物氧化反应

人体内进行生物氧化反应需要氧气，人是通过呼吸从空气中得到氧气。平均来说，每个人每天大约需要 8×10^3kJ 的能量维持生命，这就需要 450L 氧气氧化人体所进食的食物。氧气在水中的溶解度很小，常温常压下，1L 水中仅溶解 6.36cm^3 氧气，溶液浓度为 3×10^{-4}mol/L，依靠这种溶解氧是无法满足生物氧化反应需求的。

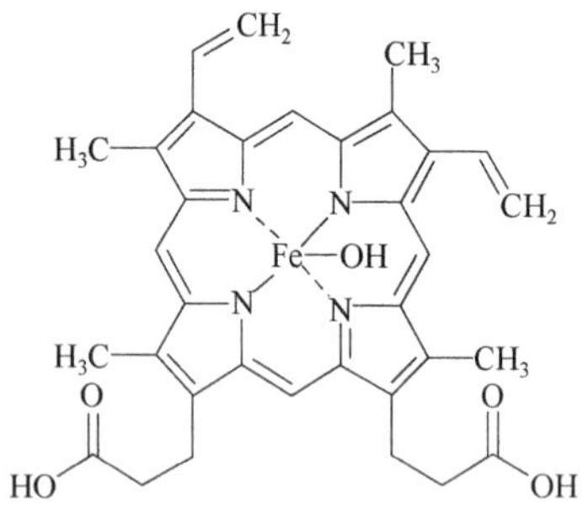

然而，生物体在长期的进化过程中发展了氧载体。氧载体是指氧可以配位在蛋白质所含的过渡金属离子上，形成配位键，这种配位反应是可逆的，氧可以配位上去，也可以脱离出来。在节肢动物和软体动物中，载氧的过渡金属离子是铜，而在人体中是铁。人体内血红蛋白含铁，血红蛋白分子的活性部分是血红素含铁辅基，铁（Ⅱ）在辅基中央（图 4-11），它可以与其他 6 个配位原子相结合，其中 4 个配位氮原子在血红素平面上。因此，氧分子可配位在铁（Ⅱ）上，形成配位键。血红蛋白具有输送氧气的功能，人们通过呼吸把空气吸到肺部，血红素含铁（Ⅱ）辅基从肺气泡中把氧络合在铁（Ⅱ）上载走，然后输送给肌红蛋白分子和其他需要氧气的细胞和部位，此时氧分子从铁（Ⅱ）上脱离出来，与生物有机分子发生生物氧化反应。血红蛋白载氧效率很高，室温下每升血液可含 200cm^3 氧，血液中氧的浓度可达 9×10^{-3}mol/L，是水中的 30 倍。

图 4-11　血红素

2）催化反应

当我们细细咀嚼米饭时，往往会有甜味。这是因为米饭中含有淀粉，而淀粉是一种多糖，它能在唾液淀粉酶的催化作用下发生水解反应，从而转变为麦芽糖、葡萄糖等有甜味的糖，这一过程称为催化反应。

3）电化学反应

人体约含有 7.5×10^5 亿个细胞，当细胞膜上产生瞬间电化学反应时，肌肉细胞和神经细胞可接收、传导及传递信息。其中，人体内的电化学反应主要涉及细胞内、外离子平衡机制和神经刺激的化学反应。

细胞膜是细胞表面的半透过性薄膜，主要由磷脂和蛋白质构成，其特点是内、外表面不对称，膜脂分子有双亲（亲水和亲油）结构。细胞膜内表面吸附阴离子（主要为磷酸根离子 PO_4^{3-}），外表面吸附阳离子（主要为钠离子 Na^+），细胞膜内外阴、阳离子自由移动可产生电流。人们在遭遇危险时，大脑会在刹那间向自身的各种器官发送紧急指令。一系列神经脉冲迅速地沿着复杂的神经网络传递，其他器官也会因为人体中的化学反应产生生物电流。研究发现，人体各器官或系统所产生的微弱的生物电流有各自的电压、电流强度、振幅和频率。医生可以根据这些指标判断身体的健康状况。例如，对于心脏健康状况，可以根据心电图，即发生在心脏中的生物电化学过程的情况判定。

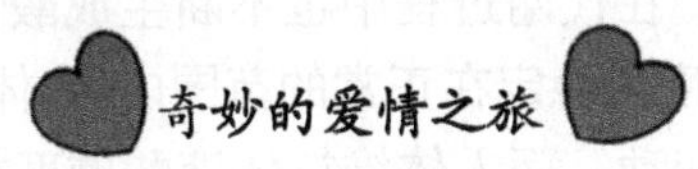

爱情是什么？站在化学的角度来看，其实爱情就是一场美妙的化学反应。那究竟是怎样的化学反应呢？

(1) 情窦初开——苯乙胺(PEA，结构式如图 4-12 所示)。

无论是一见钟情，还是日久生情，只要让头脑中产生足够多的苯乙胺，爱情也就产生了。那种“来电”的感觉就是苯乙胺的“杰作”。当人们感觉到“触电”时，血液中苯乙胺含量比平时高 2～5 倍。但苯乙胺具有很强的副作用，表现在爱情中就是对方优点被无限放大，缺点却被视而不见，于是出现了“情人眼里出西施”的情感效应。

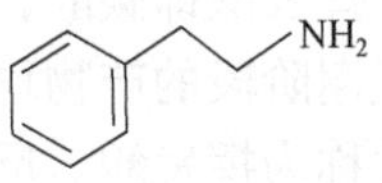

图 4-12　苯乙胺结构式

(2) 坠入爱河——多巴胺(结构式如图 4-13 所示)。

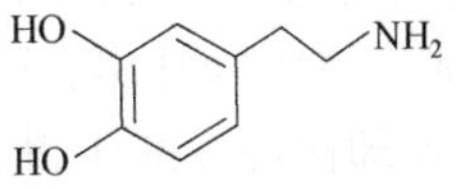

图 4-13　多巴胺结构式

多巴胺被称为“恋爱分子”，平时释放受到抑制。只有遇到那个对的人时，多巴胺才会大量分泌，人就会一直陷入愉悦的幸福感中。多巴胺为爱情带来的“激情”会给人们一种错觉，以为爱可以永久狂热。因此，多巴胺又被称为爱情的“毒药”。但这种激素不可能一直处在很高的水平，人体最终还是会将自己调整回正常状态。

(3) 如胶似漆——去甲肾上腺素(结构式如图 4-14 所示)。

恋爱双方对彼此的渴望持续不断上升，将导致心跳加快、兴奋不已、出汗、脸红等现象，这就是去甲肾上腺素在起作用。其原理是去甲肾上腺素有强大的血管收缩作用和神经传导作用，会引起血压、心率和血糖含量的增高。

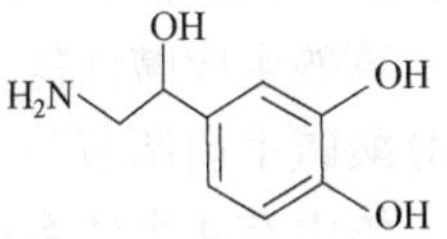

图 4-14　去甲肾上腺素结构式

爱情，其实不过就是一场无法控制的化学反应！

4.3.2　人体内的化学平衡

把握事物的平衡，是人类古老的智慧。自然万物，包括人体健康都建立在平衡的基础上。

1. 酸碱平衡

酸碱平衡是人们最熟悉的一种化学平衡。所谓“酸”是指电离时生成的阳离子全部是氢离子(H^+)的化合物，如盐酸(HCl)、硫酸(H_2SO_4)、硝酸(HNO_3)、磷酸(H_3PO_4)、碳酸(H_2CO_3)等。所谓“碱”是指在水溶液中电离出的阴离子全部是氢氧根离子(OH^-)的化合物，如氨水($NH_3·H_2O$)、氢氧化钠($NaOH$)等。碱可以与酸反应生成盐和水，这一反应即为酸碱中和反应。

机体的代谢活动必须在适宜的酸碱度条件下才能正常进行。正常情况下，尽管机体经常摄入酸性或碱性食物，在代谢过程中也不断生成酸性或碱性物质，但依靠人体的缓冲和调节功能，体液的酸碱度仍稳定在正常的范围内。人体适宜的酸碱度pH为7.35～7.45，在范围很窄的弱碱性环境变动。而人体维持体液酸碱度相对稳定的过程称为酸碱平衡。

1)体内酸的来源

体内酸主要来源于挥发酸和固定酸。

挥发酸即碳酸，是机体在代谢过程中产生最多的酸。糖类、脂肪和蛋白质在最后分解代谢阶段的产物均为碳酸。碳酸可释放出 H^+，也可以形成气体 CO_2，从肺排出体外，因此称为挥发酸。反应式如下：

$$H_2CO_3 \rightleftharpoons CO_2 + H_2O$$

组织细胞代谢产生的 CO_2 的体积是相当可观的，成人在安静状态下每天可产生 300～400L CO_2；当运动、体力劳动使代谢率增加时，CO_2 的生成量也会相应地增加。

固定酸是指除了 H_2CO_3 以外的酸，如蛋白质分解代谢产生的硫酸，核酸分解代谢产生的磷酸和尿酸；糖酵解生成的甘油酸、丙酮酸和乳酸，糖氧化过程中生成的三羧酸；脂肪代谢产生的 β-羟基丁酸和乙酰乙酸等。这些酸性物质不能变成气体由肺呼出，只能通过肾由尿排出，故又称为非挥发性酸。固定酸种类虽多，但其总量却比挥发酸少得多。

2)体内碱的来源

与酸相比，人体内碱的生成量少得多。其来源主要有两个，一个是在机体代谢过程中产生的碱性物质，如氨基酸脱氨基所产生的氨。不过，在正常情况下，氨并不是碱的主要来源，因为它经过肝脏代谢后生成尿素(中性)。另一个来源是食物，如蔬菜和水果中所含的柠檬酸盐、苹果酸盐等有机酸盐，它们与 H^+ 反应生成柠檬酸、苹果酸等，这些酸再与草酸生成碱性盐。

3)酸碱平衡调节

人体内有4个体系控制酸碱平衡：

(1)肺。通过改变通气量控制挥发酸释出 CO_2 的量，使血浆中 HCO_3^- 与 H_2CO_3 浓度的比值接近正常，以保持pH相对恒定。生理学上将此过程称为“酸碱的呼吸性调节”。

(2)肾脏。主要调节固定酸，通过排酸或保碱的作用维持 HCO_3^- 的浓度，调节pH使其相对恒定。

(3)血液。血液中有强大的酸碱缓冲系统，包括碳酸氢盐缓冲系统、磷酸盐缓冲系统、血浆蛋白缓冲系统、血红蛋白缓冲系统和氧合血红蛋白缓冲系统。

血液缓冲系统可立即缓冲所有的固定酸，其中碳酸氢盐缓冲系统最重要，占血液总缓冲量的1/2以上，反应式如下：

$$H_2CO_3 \rightleftharpoons H^+ + HCO_3^-$$

当 H^+ 过多时，反应向左移动，使 H^+ 的浓度不至于大幅度提高，同时缓冲碱(HCO_3^-)浓度降低；当 H^+ 过少时，反应向右移动，使 H^+ 的浓度得到部分恢复，同时缓冲碱的浓度增大。但是，碳酸氢盐缓冲系统不能缓冲挥发酸(碳酸)。挥发酸的缓冲主要靠其他缓冲系统，特别是血红蛋白缓冲系统和氧合血红蛋白缓冲系统。

(4) 组织细胞。机体大量的组织细胞内液也是酸碱平衡的缓冲系统，细胞的缓冲作用主要是通过离子交换进行的。例如，细胞外液 H^+增加时，H^+弥散进入细胞内，而细胞内的 K^+则移至细胞外。

以上调节体系共同维持体内的酸碱平衡，但在作用时间和强度上各有特点，血液缓冲系统反应迅速，但缓冲作用不能持久；肺的调节作用最大，缓冲作用于 30min 时达到高峰；细胞的缓冲能力较强，但在 3～4h 后才发挥作用；肾脏的调节作用更慢，常在数小时之后起作用，3～5 天才达到高峰，对排出固定酸及保留碳酸氢钠 ($NaHCO_3$) 有重要作用。

总之，正是因为有上述 4 个调节体系的存在，体液的 pH 才不会发生显著的变化。这就是正常机体的酸碱平衡状态。

2. 水平衡

生命离不开水，健康更离不开水。

1) 水是维持生命最重要的营养素之一

水是人体所需六大营养素之一，具有重要的生理功能，它是构成细胞和体液的重要成分，能够促进人体的新陈代谢，并且具有调节体温和润滑的作用。

2) 水的摄入量应与排出量大致相等

人体内水的来源有饮用水、食物中含的水及体内物质代谢生成的水三个来源，而人体内水排出的途径主要有皮肤出汗、呼吸、排泄共 3 种途径。正常情况下，水的摄入量和排出量基本持平，为 1900～2500mL，以保持体液的平衡。人体调节系统可以维持水平衡的稳定，如饮水量增加时，肾排出的尿量随之增加 (同时尿液被稀释)；饮水量减少时，肾排出的尿量随之减少 (同时尿液被浓缩)。也正是因为人体有高效的水平衡调节系统，所以除非出现特殊情况，一般不会发生明显的水失衡现象。但当水摄入较少或大量失水 (如出汗) 后未及时补充水分时，会造成轻度脱水。尤其是对患有某些基础性疾病 (如糖尿病、腹泻、发热等) 的患者而言，脱水的危害更大。与此相对的是，盲目摄入大量水分也会造成胃肠饱胀、消化不良，加重肾脏负担。因此，在日常生活中，保持科学适量的饮水是非常重要的，每天饮水量在 1200～2000mL 最佳。在很多疾病的临床治疗中，摄入适量的水 (包括静脉输液) 也是一种重要的治疗手段。

3. 氮平衡

氮是构成人体的重要元素之一，其在人体内的含量约为 3%，是构成人体蛋白质 (氨基酸)、核酸 (碱基) 的关键原料，具有重要的生理意义。

蛋白质是生物体 (包括微生物、植物、动物和人) 最主要的含氮化合物，是生命的基础，没有蛋白质就不会有生命。除蛋白质外，核酸也是生物体内重要的含氮化合物。部分维生素，如维生素 B_1 (硫胺素)、烟酸等分子结构中也含有氮元素。人体通过食物 (主要是蛋白质) 摄入氮，再通过粪便、尿液、汗液等途径排出氮，两者之间形成一种平衡，即氮平衡。氮平衡是反映机体摄入氮和排出氮之间关系的一种动态平衡。当摄入的氮多于排出的氮时，称为“正氮平衡”；当摄入的氮少于排出的氮时，称为“负氮平衡”；当摄入的氮和排出的氮相等时，则称为“零氮平衡”。

1. 找找看生活中还有哪些毛细现象。
2. 查一查除了本章学到的方法外，还有哪些方法可以鉴别蛋白质。
3. 通过本章的学习，简述饱和脂肪酸和不饱和脂肪酸的区别。
4. 人体内含量最多的微量元素是什么？为什么人体要摄取一定量的无机盐？
5. 简述钙元素的生理功能。
6. 什么是缺铁性贫血？其主要表现是什么？
7. 硒元素主要有哪些功能？
8. 人体中化学反应具有哪些特点？
9. 人体中的化学反应有哪些主要类型？
10. 什么是人体的酸碱度？人体为什么能够维持酸碱平衡？
11. 如何更好地维持人体水平衡？

第 5 章　舌尖上的化学

5.1　“化”眼看食物

早在春秋战国时期，我国人民就非常重视调味，在《周礼》《吕氏春秋》中就有了关于酸、甜、苦、辣、咸五味调料的记载。珍馐美味离不开调味品，而这些调味品与化学密切相关。走进舌尖上的化学，我们一起“化”眼看食物吧。

5.1.1　“小酸同学”大有作用

古代，酸主要以佐餐调味和保存蔬菜为主，原料来源于梅子等酸果。但四季更迭，梅子不是随时都有。于是，人们在摸索的过程中掌握了酿醋的工艺。其实，酸的食物远远不止这些，接下来就让 “小酸同学”介绍一下它庞大的家族。

1. 乳酸

液体纯牛奶如何变成浓稠、诱人的酸奶呢？在一定条件下，乳糖酶将一分子乳糖分解为两分子单糖，并在乳酸菌的催化作用下生成乳酸；随着乳酸的形成，溶液的 pH 逐渐达到酪蛋白(牛奶中蛋白质的一种)的等电点(pH 4.6～4.7)，使酪蛋白聚集沉降，从而形成半固体状态的凝胶物质——酸奶(图 5-1)。

图 5-1　酸奶

乳酸可以由淀粉、乳糖、糖蜜等物质经微生物发酵制得，在乳制品和腌制品中含量较高；也可以由化学反应合成，主要有两种方法，第一种方法是由乙醛、一氧化碳和水在高温高压下制得，反应式如下：

$$CH_3CHO + CO + H_2O \xrightarrow{\text{高温高压}} CH_3CH(OH)COOH$$

第二种方法是由乙醛与氰化氢反应后再经过水解制得乳酸，反应式如下：

$$CH_3CHO + HCN \longrightarrow CH_3CH(OH)CN \xrightarrow[H_2O]{H_2SO_4} CH_3CH(OH)COOH$$

2. 乙酸

醋一般是指食醋(图 5-2)，其主要成分为乙酸，俗称醋酸，化学式为 CH_3COOH，是弱电解质。乙酸是一元弱酸，因此部分电离，其电离方程式如下：

$$CH_3COOH \rightleftharpoons CH_3COO^- + H^+$$

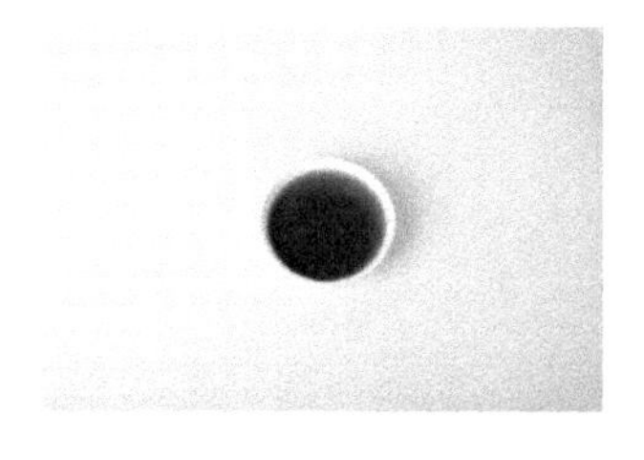

图 5-2　醋

酿醋主要以大米或高粱为原料。适当的发酵可使其中的糖类转化成乙醇和二氧化碳，在细菌的作用下，乙醇又可与空气中的氧气结合生成乙酸和水。相关反应式如下：

$$2C_2H_5OH + O_2 \longrightarrow 2CH_3CHO + 2H_2O$$

$$2CH_3CHO + O_2 \longrightarrow 2CH_3COOH$$

“小酸同学”去水垢

水壶使用一段时间后，其内部通常会有水垢产生。这是因为我们平时喝的都是含有钙(Ca)、镁(Mg)盐类等矿物质的“硬水”。硬水煮沸后容易产生水垢，水垢的主要成分是碳酸钙($CaCO_3$)和氢氧化镁[$Mg(OH)_2$]。其生成原理是：

$$Ca(HCO_3)_2 \xlongequal{\triangle} CaCO_3\downarrow + CO_2\uparrow + H_2O$$

$$Mg(HCO_3)_2 \xlongequal{\triangle} Mg(OH)_2\downarrow + 2CO_2\uparrow$$

怎样除掉水垢呢？这时食醋就开始发挥它神奇的作用啦！在充满水垢的水壶里倒些食醋，并在火上温热一会儿，水垢便“消失”了。其原理是：

$$2CH_3COOH + CaCO_3 = (CH_3COO)_2Ca + CO_2\uparrow + H_2O$$

$$2CH_3COOH + Mg(OH)_2 = (CH_3COO)_2Mg + 2H_2O$$

3. 柠檬酸

天然柠檬酸($C_6H_8O_7$)在自然界中分布很广，主要存在于柠檬(图 5-3)、柑橘等柑橘属水果中。室温下，柠檬酸为无色半透明晶体、白色颗粒或结晶性粉末，无臭、味极酸，在潮湿的空气中微有潮解性。

柠檬酸是一种三羧酸类化合物，与其他羧酸有相似的物理和化学性质。加热至 175℃ 时分解产生二氧化碳和水，反应式如下：

$$2C_6H_8O_7 + 9O_2 \xrightarrow{\triangle} 12CO_2 + 8H_2O$$

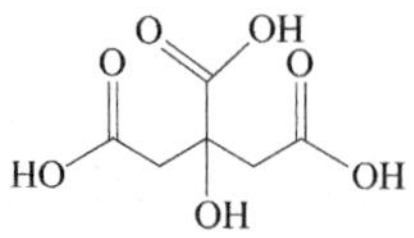

图 5-3　柠檬

柠檬酸结构式如图 5-4 所示，有 3 个 H^+可以电离，是一种较强的有机酸；加热可以分解成多种产物，可与酸、碱、甘油等发生反应。

图 5-4　柠檬酸结构式

柠檬酸除用作酸味剂、增溶剂、缓冲剂外，还有抑制细菌、护色、改进风味、促进蔗糖转化等作用。此外，柠檬酸还能够防止因酶催化或金属催化引起的氧化效应，从而阻止速冻水果变色变味。

5.1.2　食物中的甜蜜分享

心情不好时，吃甜食(图 5-5)能够让人感觉治愈。那么，你知道食品中的甜味是从哪里来的吗?

食物中含有多种糖分，如淀粉、纤维素、蔗糖及葡萄糖等，均属糖类。糖类在生命活动过程中起着重要的作用。可以根据其结构单元数目的不同划分为单糖、二糖和多糖(图 5-6)。单糖是构成糖类及其衍生物的基本单位，不能被水解成更小分子的糖；二糖是两个连接在一起的单糖组成的糖；多糖则是指 10 个以上的单糖通过化学键连接而成的糖。

图 5-5　甜食

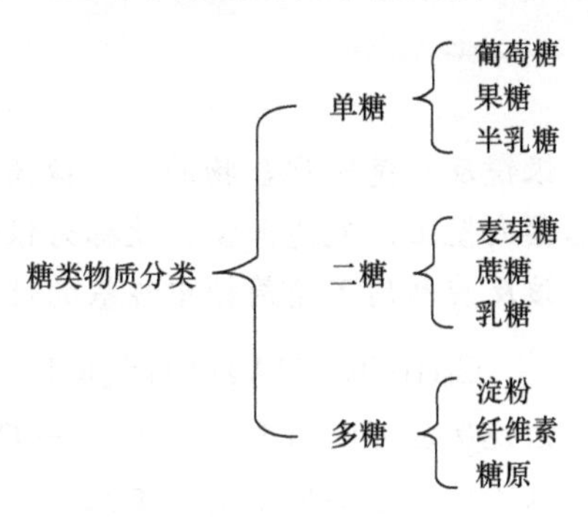

图 5-6　糖类物质分类

1. 葡萄糖

葡萄糖(glucose)是自然界分布最广且最重要的一种单糖，分子式为 $C_6H_{12}O_6$，它是一种多羟基醛。纯净的葡萄糖为无色晶体，有甜味但甜味不如蔗糖，易溶于水，微溶于乙醇，不溶于乙醚。天然葡萄糖水溶液的旋光为右旋，故属于“右旋糖”。葡萄糖含有五个羟基和一个醛基，结构式如图 5-7 所示，具有多元醇和醛的性质，在碱性条件下加热易分解，应密闭保存，口服后迅速吸收，进入体内后易被人体各组织利用，是对人体有重要意义的单糖。

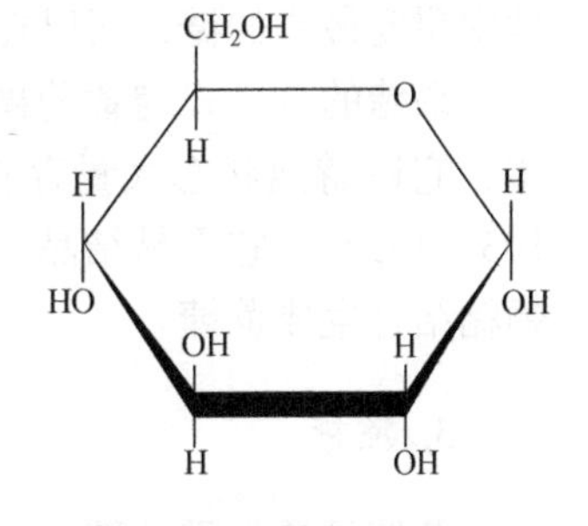

图 5-7　葡萄糖结构式

葡萄糖是人体能量的重要来源，是可以直接利用的供能物质。血糖的成分就是葡萄糖，葡萄糖还是大脑唯一可以利用的供能物质。有研究发现，在面对复杂的难题时，摄入更多的葡萄糖对大脑的影响最大，并且能够增强记忆力，减少大脑反应时间，减轻压力感。葡萄糖在生物体内发生氧化反应，放出热量。1mol 葡萄糖经人体完全氧化反应后放出 2870kJ 能量，其中有部分能量转化为 30mol 或 32mol ATP，其余能量以热能形式散出以维持人体体温，也可通过肝脏或肌肉转化成糖原或脂肪储存，反应式如下：

$$C_6H_{12}O_6 + 6O_2(\text{氧气}) = 6CO_2 + 6H_2O + \text{能量}$$

葡萄糖能在酶或硫酸的催化作用下通过淀粉水解反应制得，反应式如下：

$$(C_6H_{10}O_5)_n + nH_2O \xrightarrow{\text{酶}} nC_6H_{12}O_6$$

植物的光合作用也可以产生葡萄糖，反应式如下：

$$6CO_2+6H_2O\xrightarrow[\text{叶绿体}]{\text{光照}}C_6H_{12}O_6+6O_2$$

血液中葡萄糖的浓度对人体的健康有重要影响，血糖过高会患糖尿病，过低则会出现头晕等低血糖症状，可通过静脉输液补充葡萄糖。

银镜反应

银镜反应是银化合物的溶液被还原为金属银的化学反应。由于生成的金属银附着在容器内壁上，光亮如镜，故称为银镜反应。

该反应利用了葡萄糖中醛基的性质，反应式如下：

$$C_6H_{12}O_6+2[Ag(NH_3)_2]OH = C_5H_{11}O_5COONH_4+3NH_3+2Ag\downarrow+H_2O$$

银镜反应可以用来检测醛基(—CHO)的存在。工业上则用这个反应制作保温瓶内胆。银镜反应主要用于制镜工业，也可用于有机物原料的浓度鉴别。

2. 果糖

果糖是一种从水果和谷物中提炼得到的、全天然的、甜味浓郁的糖类，因不易导致高血糖，不易产生脂肪堆积而被人们所喜爱。果糖的甜度是蔗糖的 1.8 倍，是所有天然糖中甜度最高的糖，所以在同样的甜味标准下，果糖的摄入量仅为蔗糖的一半。

果糖的分子式与葡萄糖相同，均为 $C_6H_{12}O_6$，但结构式不同，是葡萄糖的同分异构体，它以游离状态大量存在于水果的浆汁和蜂蜜中。纯净的果糖为无色晶体，熔点为 103～105℃，它不易结晶，通常为黏稠性液体，易溶于水、乙醇和乙醚。果糖还能与葡萄糖结合生成蔗糖。

3. 蔗糖

蔗糖是最常见的糖，白糖、红糖、冰糖的主要成分都是蔗糖。它是甜度最大的二糖，能够水解成葡萄糖和果糖，反应式如下：

$$C_{12}H_{22}O_{11}(\text{蔗糖})+H_2O\longrightarrow C_6H_{12}O_6(\text{葡萄糖})+C_6H_{12}O_6(\text{果糖})$$

通常将蔗糖的甜度设定为 100，以评价其他糖的甜度。蔗糖极易溶于水，其溶解度随温度的升高而增大，溶于水后不导电，属结晶性物质。蔗糖在食品中的应用非常广泛，如制作各种甜点、蛋糕等；炒菜时放点糖可以调和百味；各种甜品也会用到蔗糖，如拔丝香蕉、拔丝土豆、银耳莲子羹等都要放蔗糖。

4. 多糖

多糖是由 10 个以上的单糖通过糖苷键组成的聚合物。由相同的单糖组成的多糖称为同多糖，如淀粉、纤维素和糖原；由不同的单糖组成的多糖称为杂多糖，如阿拉伯胶由戊糖和半乳糖等组成。多糖一般不溶于水，无甜味，不能形成结晶，无还原性和变旋现象。多糖可以水解，在水解过程中往往产生一系列中间产物，最终完全水解得到单糖，反应式如下：

$$(C_6H_{10}O_5)_n + nH_2O \xrightarrow{\text{点燃}} nC_6H_{12}O_6\text{(葡萄糖)}$$

以纤维素为例介绍多糖的性质。纤维素是自然界中分布最广、含量最多的一种多糖，占植物界碳含量的 50%以上。棉花的纤维素含量接近 100%，是天然的最纯的纤维素来源。纤维素$(C_6H_{10}O_5)_n$是由葡萄糖组成的多糖。纤维素可以完全燃烧生成二氧化碳和水，反应式如下：

$$(C_6H_{10}O_5)_n + 6nO_2 \xrightarrow{\text{点燃}} 6nCO_2 + 5nH_2O$$

常见甜味剂除了上面提到的还有很多，如甜菊苷、甘草酸、新橙皮苷、醇类糖等，它们都是常用的食品添加剂，这些天然甜味剂几乎不含热量，满足口感的同时能减少能量的摄入，且不会造成血糖过高。此外，有些天然甜味剂(如甘草酸)还有保健作用，但是人工合成的甜味剂不宜过多食用，过量会对人体有害。

5.1.3　“苦”尽甘来

现代医学研究发现苦味食品是氨基酸的“富矿”。日本专家测定了 30 多种氨基酸的味道，竟有 20 多种呈苦味，占总量的 70%以上。常见的苦味物质主要有以下几种。

1. 仙鹤草

仙鹤草又称龙芽草、脱力草、石打穿等，其性平，味苦涩，用于治疗咯血、崩漏下血、吐血、血痢、脱力劳伤等症状。仙鹤草在我国分布广泛，主产于浙江、江苏、湖北。目前从仙鹤草中分离得到的化合物主要为黄酮及其苷类、间苯三酚衍生物类、酚酸类、鞣质类、甾醇类、有机酸类等。黄酮类物质如芹菜素-7-*O*-葡萄糖醛酸丁酯$(C_{25}H_{26}O_{11})$和芹菜素-7-*O*-葡萄糖醛酸甲酯$(C_{22}H_{20}O_{11})$都是从仙鹤草中提取的。

2. 茶叶

古语有云“开门七件事，柴米油盐酱醋茶”，由此可见茶叶在人们生活中的重要地位。茶叶味苦，可清热、除烦、止渴，是祛暑佳品。科学实验指出，茶叶中的苦味成分是咖啡碱，其分子式为$C_8H_{10}N_4O_2$(结构式如图 5-8 所示)。咖啡碱也称为咖啡因，是茶叶中一种含量很高的生物碱，一般含量为 2%～5%，150mL 茶中含有 40mg 左右咖啡碱。咖啡碱是一种中枢神经兴奋剂，具有提神醒脑的作用。

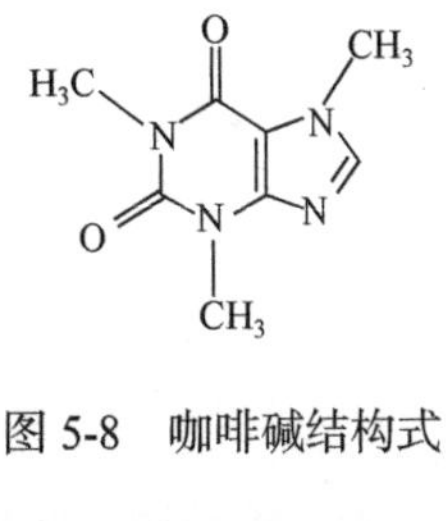

图 5-8　咖啡碱结构式

3. 咖啡

实验表明，造成咖啡味道苦涩的“罪魁祸首”是咖啡中的绿原酸$(C_{16}H_{18}O_9)$。它是一种多酚物质，其味苦涩，具有抗癌作用。大量研究指出，咖啡不仅对致癌物质亚硝胺的形成具有抑制作用，还对重金属有滤过作用，可防止铅、汞、砷等重金属的吸收。

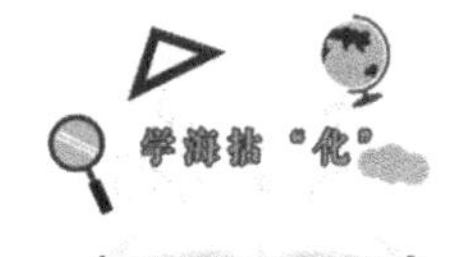

绿原酸

绿原酸($C_{16}H_{18}O_9$)又称为咖啡多酚或咖啡单宁酸，其半水合物为针状结晶，结构式如图 5-9 所示。

图 5-9　绿原酸结构式

绿原酸在热水中溶解度更大，具有以下化学作用。

1)抗氧化作用

绿原酸是一种有效酚型抗氧化剂，其抗氧化能力强于咖啡酸、对羟苯酸等。

2)清除自由基、抗衰老、抗肌肉骨骼老化

绿原酸及其衍生物具有自由基清除效果，可有效清除 DPPH 自由基、羟基自由基和超氧阴离子自由基。

3)抑制突变和抗肿瘤

蔬菜、水果中的多酚类如绿原酸、咖啡酸等可通过抑制活化酶来抑制致癌物黄曲霉毒素 B_1 和苯并[*a*]芘的变异原性，降低致癌物的利用率及其在肝脏中的运输，从而达到防癌、抗癌的效果。绿原酸对大肠癌、肝癌和喉癌具有显著的抑制作用，被认为是癌症的有效化学防护剂。

5.1.4　不妨吃点辣

一提起辣，你第一时间想到的是热气滚滚的火锅还是红得发亮的辣子鸡丁呢？辣味食品众多，辣味调料都来源于植物，如辣椒(图 5-10)、胡椒、姜、蒜、葱、花椒等。

图 5-10　辣椒

人们对不同的辣味调料感受到的辣味程度不同，辣味调料按辣味强度大小的分类如图 5-11 所示。

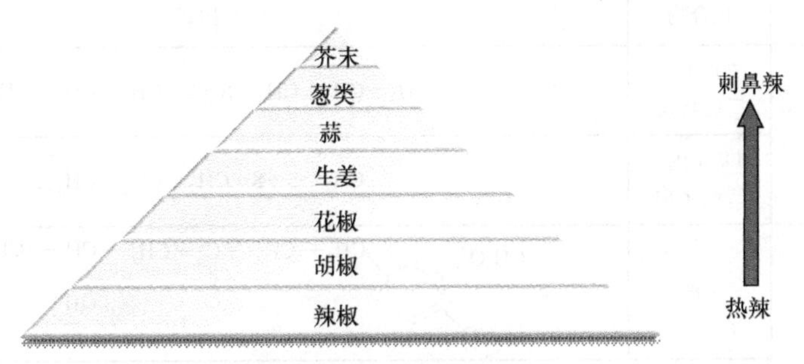

图 5-11　辣味的分类

味感差别的根本原因是化学结构，它们的结构特点是具有酰胺基、异氰基、—CH═CH—、—CHO、—CO—、—S—及—NCS 等基团，不同基团带来的辣味感觉不同。研究还表明，辣味物质的辣味强度与分子尾链碳原子数目有关，数目越多，辣味越强。当链长为 9 个碳原子时，辣味达到高峰，但再增加碳原子数，辣味强度则陡然下降。该现象称为“C_9 最辣规律”。具体辣味物质所对应的辣味感觉和主要作用化学物质如表 5-1 所示。

表 5-1　辣味物质分类

种类	调料	化合物	结构式
热辣(火辣)味	辣椒	辣椒素	(CH_3O, HO)-苯环-$CH_2—NH—C(═O)—(CH_2)_4—CH═CH—CH(CH_3)—CH_3$
		二氢辣椒素	(CH_3O, HO)-苯环-$CH_2—NH—C(═O)—(CH_2)_4—CH_2—CH_2—CH(CH_3)—CH_3$
	胡椒	胡椒碱	哌啶环-N—$C(═O)—CH═CH—CH═CH—$苯并二氧五环
	花椒	花椒素	$C_{11}H_{15}C(═O)NHCH_2CH(CH_3)_2$
		异硫氰酸烯丙酯	$CH_2═CH—CH_2—N═C═S$
刺激辣味	蒜	蒜素	$CH_2═CH—CH_2—S—S(═O)—CH_2—CH═CH_2$
		二烯丙基二硫化物	$CH_2═CH—CH_2—S—S—CH_2—CH═CH_2$
		丙基烯丙基二硫化物	$CH_2═CH—CH_2—S—S—C_3H_7$

续表

种类	调料	化合物	结构式
刺激辣味	葱	二正丙基二硫化物	$CH_3—CH_2—CH_2—S—S—CH_2—CH_2—CH_3$
		甲基正丙基二硫化物	$CH_3—S—S—CH_2—CH_2—CH_3$
辛辣（芳香辣）味	姜	姜酚	CH_3O, HO; $CH_2—CH_2—\underset{\Vert \atop O}{C}—CH_2—\underset{\vert \atop OH}{CH}—(CH_2)_n—CH_3$
		姜脑	CH_3O, HO; $CH_2—CH_2—\underset{\Vert \atop O}{C}—CH{=}CH—(CH_2)_n—CH_3$
		姜酮	CH_3O, HO; $CH_2—CH_2—\underset{\Vert \atop O}{C}—CH_3$

辣味调料在烹调中有增香、去异味的作用，同时辣味物质能够刺激舌头和口腔的味感神经，从而增进人们的食欲；此外，辣味物质还具有消毒杀菌的作用。因此，生活中不妨吃点辣。

5.2　食物的五彩霞衣

五色糯米饭呈黑、红、黄、白、紫5种色彩，是我国布依族及壮族地区的传统风味小吃。它之所以色泽鲜艳、五彩缤纷，是因为加入了色素。那么，什么是色素？它又是从何而来的呢？

5.2.1　天生丽质的天然色素

天然色素毒性小，对人体副作用小，目前被广泛用于食品加工中。我国《食品安全国家标准　食品添加剂使用标准》(GB 2760—2014)中允许使用的天然色素有40多种。天然色素按来源可分为植物色素、动物色素和微生物色素。下面介绍几种常见的天然色素。

1. 叶绿素

叶绿素(图5-12)属于吡咯色素，是由叶绿酸与叶绿醇及甲醇所组成的二醇酯。常见的叶绿素有叶绿素a、叶绿素b、叶绿素c、叶绿素d，以及细菌叶绿素和绿菌属叶绿素等，与食品有关的主要是高等植物中的叶绿素a和叶绿素b两种，两者含量比约为3∶1。

叶绿素在活细胞中与蛋白质结合，细胞死亡后叶绿素即游离出来。游离的叶绿素极不稳定，对光和热敏感，易发生化学反应，如脱镁反应。脱镁反应是指叶绿素在酸性条

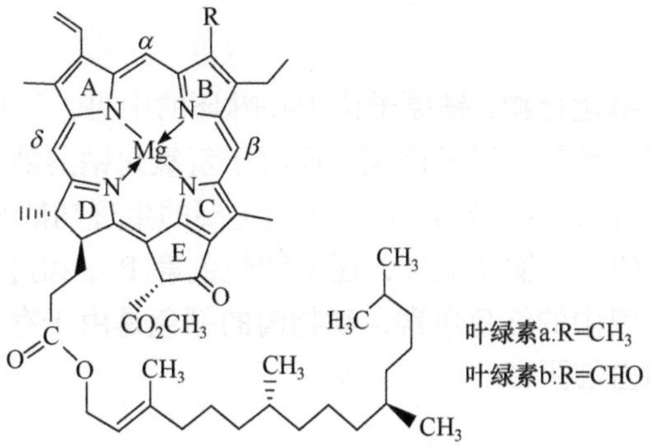

叶绿素a:R=CH_3
叶绿素b:R=CHO

图 5-12　叶绿素 a、b 结构式

件下分子中的镁原子可被氢原子取代，生成暗橄榄褐色的脱镁叶绿素。由于食品在加工、运输和储藏过程中总会分解出有机酸，故经常有脱镁变褐的反应发生，反应过程如图 5-13 所示。

在食品加工中所用的绿色色素主要是叶绿素铜钠盐，它是以植物(如菠菜等)或干燥的蚕沙为原料制成的，结构式如图 5-14 所示。叶绿素铜钠盐是墨绿色粉末，略带金属光泽，无臭，有吸湿性，对光和热较稳定。叶绿素易溶于水，微溶于乙醇、氯仿、乙醚和石油醚。水溶液为蓝绿色澄清透明液体，当有钙离子存在时，则有沉淀析出。叶绿素铜钠盐是良好的天然绿色色素，可用于食品的着色。

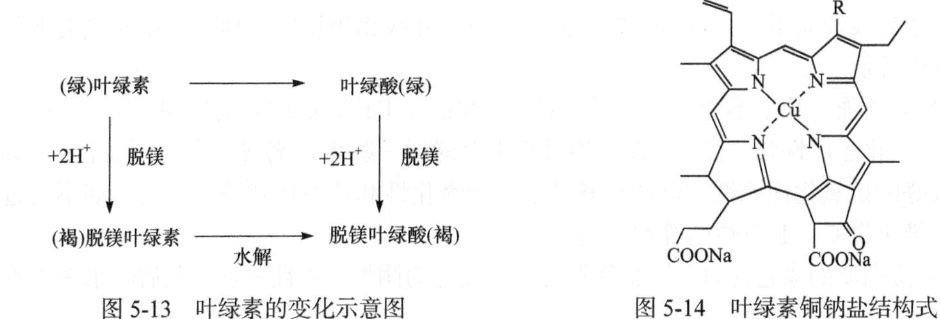

图 5-13　叶绿素的变化示意图

图 5-14　叶绿素铜钠盐结构式

2. 类胡萝卜素

类胡萝卜素主要存在于植物细胞中，如蔬菜、花、果实、块根等，最早发现的是存在于胡萝卜肉质根中的红橙色素，即胡萝卜素。类胡萝卜素是一大类色素，已知的类胡萝卜素有 1100 余种，其颜色有黄色、橙色、红色及紫色，不溶于水，在植物体内多与脂肪结合成酯。类胡萝卜素按其结构与溶解性质分为两大类，即叶红素类和叶黄素类。

叶黄素类是共轭多烯烃的含氧衍生物，溶于甲醇、乙醚和石油醚，多呈浅黄、橙、黄等色泽。在绿叶中其含量一般比叶绿素高一倍。叶黄素类广泛存在于植物的花、果实、茎、叶等处，可溶于水。叶黄素类的种类繁多，如叶黄素(金盏花、绿叶)、辣椒红素(红辣椒)、柑橘黄、玉米黄素(玉米、柑橘、蘑菇)、虾青素(虾、蟹、牡蛎)。

3. 血红素

血红素是含铁的卟啉化合物，铁原子位于卟啉环的中央，具有共轭结构，性质稳定。血红素不溶于水、稀酸、氯仿、醚及丙酮，而溶于氢氧化钠溶液或氨水及热醇中。

血红素与珠蛋白结合成血红蛋白。它在体内主要的生理功能是载氧，除在血红蛋白、肌红蛋白中承担 O_2 和 CO_2 运输功能外，还是细胞色素 P_{450} 和过氧化物酶的辅基。血红素是高等动物血液、肌肉中的红色色素，动物肉的颜色是由于存在两种色素，即肌肉中的肌红蛋白和血液中的血红蛋白。

4. 红曲色素

红曲色素来源于微生物，是红曲霉菌丝产生的色素，含有多种色素成分，已确定结构的 6 种成分中，红色色素、黄色色素和紫色色素各两种。红曲色素略有异臭，溶于乙醇、乙醚、冰醋酸，不溶于水、甘油。红曲色素各项指标优良，与其他食用色素相比具有以下特点。

(1) 对 pH 稳定。色调不像其他天然色素那样易随 pH 的改变而改变。其水提取液在 pH 为 11 时呈橙色，pH 为 12 时呈黄色。其乙醇提取液在 pH 为 11 时仍保持稳定的红色。

(2) 耐热性强。由于食品加工中多数要进行热处理，所以要求着色剂有一定的耐热性。红曲色素加热到 100℃非常稳定，几乎不发生色调的变化，加热到 120℃以上也相当稳定。

(3) 耐光性强。随着食品加工技术的发展，现在大量使用透光性薄膜包装食品，各种着色剂耐紫外线性能不一。醇溶性的红曲色素对紫外线相当稳定，但在太阳光直射下则可看到色度降低。

(4) 耐盐性强。几乎不受金属离子如 Ca^{2+}、Mg^{2+}、Fe^{2+}、Cu^{2+}等的影响。

(5) 耐氧化还原性强。着色剂在使用过程中会遇到一些氧化剂或还原剂，因此要求着色剂有较好的抗氧化还原性。红曲色素几乎不受氧化性和还原性物质的影响，如不受过氧化氢、维生素 C、亚硫酸钠等的影响。

(6) 对蛋白质的染色性好。红曲色素的蛋白反应为阴性，并且一旦染色后经水洗也不褪色。

工业上主要将红曲色素添加到肉制品、腌制蔬菜、面包等食品中，除赋予制品诱人的色泽外，还能起到增强食品风味、抗菌、抑菌和延长食品保质期的作用。红曲色素的添加可以大大降低亚硝酸盐或硝酸盐的使用量，这符合绿色消费观念。

5.2.2 美颜相机——人工色素

人工色素比天然色素色彩更鲜艳、着色力更强、性质更稳定，且成本更低。然而由于其安全性等问题，人工色素的发展经历了一个曲折的过程。由于食品工业的发展需要，不同国家采取不同的人工色素使用政策。通过制定食品法规，在限制其用量和应用范围的安全性管理条例下，允许部分人工色素使用。

我国对人工色素的使用也有严格规定，现列入卫生使用标准的人工色素主要有 8 种，分别是苋菜红、靛蓝、日落黄、胭脂红、柠檬黄、亮蓝、赤藓红、新红。

1. 苋菜红

苋菜红又称鸡冠花红、蓝光酸性红，为紫红色均匀粉末，无臭，耐光、耐热性强(105℃)，易溶于水，可溶于甘油及丙二醇，不溶于油脂等其他有机溶剂。该色素对大多数食品添加剂稳定，故可用于饮料、糖果、糕点、酒品等的着色，使其色彩艳丽动人，味道酸甜可口。也可用于药品(糖衣、胶囊)、保健品、化妆品的着色。

由于多数人工色素不能向人体提供营养物质，故其使用范围及用量受到了严格限制，人们在食用含这类色素的食品时也应注意其含量和食量等问题。苋菜红有潜在的致癌性，添加时必须严格依据我国《食品安全国家标准　食品添加剂使用标准》(GB 2760—2014)规定。苋菜红最大使用量规定见表 5-2。

表 5-2　苋菜红最大使用量规定

食品名称	最大使用量/(g/kg)
冷冻饮品	0.025
蜜饯凉果，腌渍的蔬菜，可可制品、巧克力和巧克力制品以及糖果，糕点上彩装，焙烤食品馅料及表面用挂浆，果蔬汁(浆)类饮料，碳酸饮料，风味饮料(仅限果味饮料)，固体饮料，配制酒，果冻	0.05
装饰性果蔬	0.1
固体汤料	0.2
果酱，水果调味糖浆	0.3

2. 靛蓝

靛蓝是一种有 3000 多年历史的还原性染料，也是我国古代最重要的蓝色染料，它的分子式为 $C_{16}H_{10}N_2O_2$，分子量为 262.26，微溶于水、乙醇、甘油和丙二醇，不溶于油脂。靛蓝的 0.05%水溶液呈深蓝色，遇浓硫酸呈深蓝色，稀释后呈蓝色，遇氢氧化钠呈黄绿色。靛蓝易着色，有独特的色调，使用广泛。

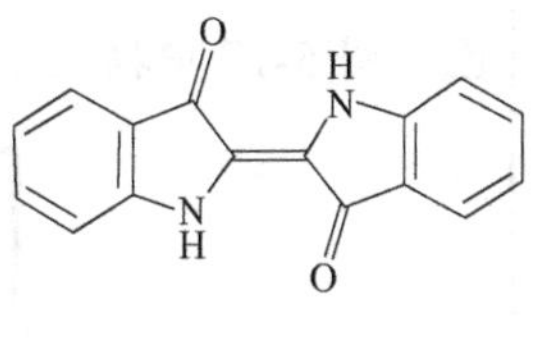

靛蓝结构式如图 5-15 所示，其耐热性、耐光性、耐碱性、耐氧化性、耐盐性和耐细菌性均较差，易还原，还原时褪色。

图 5-15　靛蓝结构式

生物合成靛蓝因具有质量稳定、天然无污染、经济安全等特点而引起了国内外的广泛关注。通过以下途径合成靛蓝(图 5-16)。

靛蓝用于食品、医药和日用化妆品的着色。若长期或一次性食用大量含靛蓝等着色剂的食品可能会引起过敏、腹泻等症状。人们在食用含这类色素的食品时也应注意它的含量问题。靛蓝最大使用量规定见表 5-3。

$CH_2CHCOOH$ / NH_2 —色氨酸酶→ 吲哚 —二甲苯氧化酶→

色氨酸　　吲哚

OH —O_2→

吲羟　　靛蓝

图 5-16　生物合成靛蓝的途径

表 5-3　靛蓝最大使用量规定

食品名称	最大使用量/(g/kg)
腌渍的蔬菜	0.01
熟制坚果与籽类，膨化食品	0.05
蜜饯类，凉果类，可可制品、巧克力和巧克力制品以及糖果，糕点上彩装，焙烤食品馅料及表面用挂浆，果蔬汁(浆)类饮料，碳酸饮料，风味饮料(仅限果味饮料)，配制酒	0.1
装饰性果蔬	0.2
除胶基糖果以外的其他糖果	0.3

“红绿灯”实验

“红绿灯”实验发生于盛有氢氧化钠、D-葡萄糖和靛蓝胭脂红(或称酸性靛蓝)等 3 种溶质的锥形瓶中。其中，靛蓝胭脂红作为氧化还原指示剂和酸碱指示剂存在。当它处于不同状况下，可以呈现出三种不同的颜色。当振摇锥形瓶时，它先被空气中的氧气氧化，溶液由红色变成绿色；静置一段时间后被葡萄糖还原，溶液又由绿色变成黄色。图 5-17 中描述了其具体的变色状态。

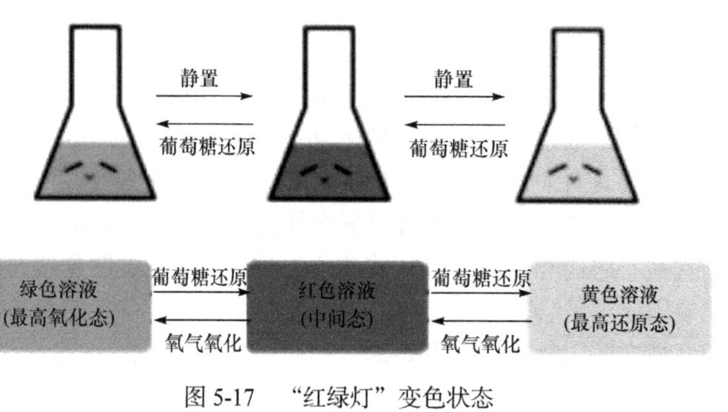

图 5-17　“红绿灯”变色状态

3. 日落黄

日落黄又称晚霞黄、食用黄色3号，分子式为$C_{16}H_{10}N_2Na_2O_7S_2$，分子量为452.37，为偶氮类色素，结构式如图5-18所示。日落黄为橙红色粉末或颗粒，无臭。易溶于水、甘油、丙二醇等溶剂，微溶于乙醇，在中性和酸性水溶液中呈橙黄色，遇碱变红褐色，耐还原性差，还原时褪色。

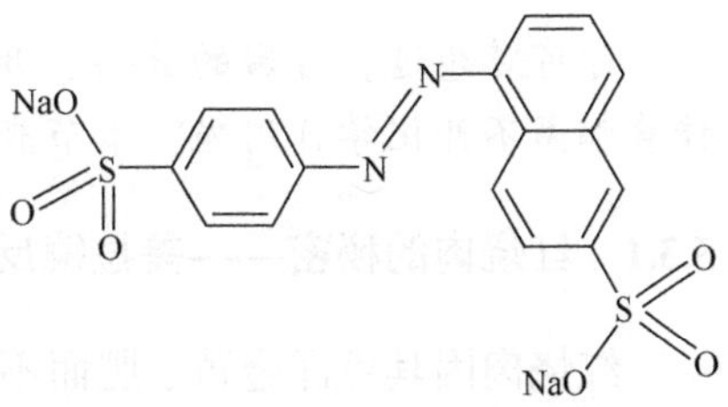

对氨基苯磺酸钠在盐酸与亚硝酸钠作用下，重氮化生成游离态的化合物，此游离态的化合物与2-萘酚-6-磺酸钠进行偶合，就可以得到日落黄。日落黄是一种人工合成着色剂，有令外观颜色好看的作用，主要用于食品的上色。其最大使用量规定见表5-4。

图5-18　日落黄结构式

表5-4　日落黄最大使用量规定

食品名称	最大使用量/(g/kg)
谷类和淀粉类甜品	0.02
果冻	0.025
调制乳、风味发酵乳、调制炼乳、含乳饮料	0.05
冷冻饮品	0.09
水果罐头(仅限西瓜酱罐头)，蜜饯凉果，熟制豆类，加工坚果与籽类，可可制品、巧克力和巧克力制品以及糖果，虾味片，糕点上彩装，焙烤食品馅料及表面用挂浆，果蔬汁(浆)类饮料，乳酸菌饮料，植物蛋白饮料，碳酸饮料，特殊用途饮料，风味饮料，配制酒，膨化食品	0.1
装饰性果蔬，粉圆，复合调味料	0.2
除胶基糖果以外的其他糖果，糖果和巧克力制品包衣，面糊、裹粉、煎炸粉，焙烤食品馅料及表面用挂浆(仅限布丁、糕点)，其他调味糖浆	0.3
果酱，水果调味糖浆，半固体复合调味料	0.5
固体饮料	0.6

4. 胭脂红

胭脂红又名丽春红4R、食用赤色102号，分子量为604.48，结构式如图5-19所示。胭脂红为红色至深红色均匀颗粒或粉末，无臭，耐光性、耐酸性较好，耐热性强(105℃)，耐还原性差，耐细菌性较差。胭脂红溶于水，其水溶液呈红色；溶于甘油，微溶于乙醇，不溶于油脂；对柠檬酸、酒石酸稳定；遇碱变为褐色。

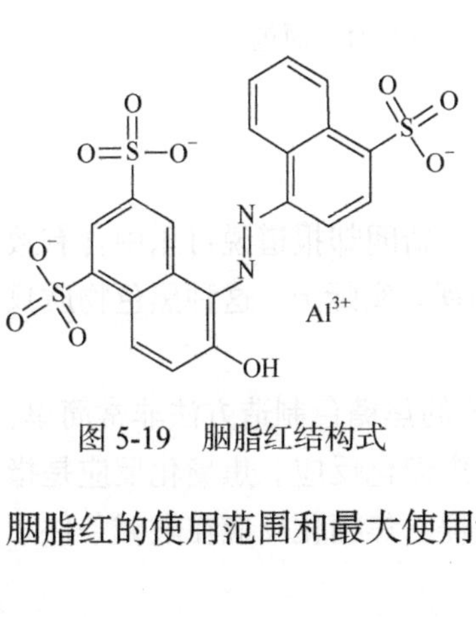

图5-19　胭脂红结构式

胭脂红作为食品色素可用于饮料、糕点等食品的着色，但不能用于肉干、肉脯制品、水产品等食品中，主要是为了防止一些不法分子通过使用色素将不新鲜食材的外观掩盖起来，欺骗消费者。GB 2760—2014中规定：胭脂红的使用范围和最大使用量与苋菜红相同。

5.3　食品七十二变

你可曾想过，香嫩的豆腐、开胃的泡菜、香甜的米酒，还有美味的腊肉，这些美食佳肴都离不开化学作用呢？本节我们一起来看看传统美食中的化学吧！

5.3.1　红烧肉的秘密——美拉德反应

红烧肉因其色泽金黄、肥而不腻、入口即化的特色，成为中餐界的“扛把子”。怎样才能做出一道美味的红烧肉呢(图 5-20)？其实，一碗小小的红烧肉里蕴涵着复杂的化学原理！

生肉没有香味，而红烧肉却香味四溢、令人垂涎，这是由于在加热过程中，肉内各种组织成分间发生了化学反应，产生了具有挥发性的香味物质，而这一反应便是著名的“美拉德反应”。

1912 年，法国化学家美拉德(Maillard)发现氨基酸或蛋白质与葡萄糖混合加热时形成了一种带有香味的褐色物质，人们将生成该物质的反应称为美拉德反应或非酶棕色化反应。美拉德反应是红烧肉、红烧鱼美味的奥秘之所在。

当然，美拉德反应对美食的贡献不只是红烧肉，如面包(图 5-21)表面晶亮的褐色、烤肉表面的金黄色等，都与美拉德反应有关。

图 5-20　红烧肉

图 5-21　面包

5.3.2　可乐为什么这样黑

大汗淋漓之际，灌下一瓶冰镇可乐，可真是爽！可是有新闻却报道说可乐中含有致癌物质！可乐之所以成为致癌“嫌疑犯”，完全是黑色惹的祸。实际上，这种黑色物质只是一种名为焦糖色的食用色素。

焦糖色是现代食品工业中最常用的食用色素之一，传统的焦糖色制造方法非常简单：把容器中的白糖或饴糖高温熬煮，融化的糖浆将不断发生焦糖化反应。焦糖化反应是指糖类在高温条件下，经过一系列反应变为黑褐色物质的过程。焦糖化反应在酸碱条件下都可以进行，一般在碱性条件下其反应速度更快。糖类在加强热条件下会生成两类物质：一类经脱水生成焦糖，另一类在高温下裂解生成小分子醛酮类，小分子醛酮类进一步缩合聚合也会有深色物质出现。

成品焦糖色通常是深褐色的粉末或黏稠液体，带有特殊的焦香和苦味。除了被大量使用在可乐中外，焦糖色也是酱油、黑啤乃至雪茄烟中的“常客”。

5.3.3　烟熏腊肉的变化

以往腊月一到，人们便开始准备腌肉，正因如此，这个时候腌的肉也称为“腊肉”。传统腊肉是将鲜肉加入食盐、曲酒、香辛料等辅料腌制后，再经过烘烤或在日光下暴晒、烟熏等过程加工制成的。腊肉色泽鲜艳、风味独特，保质期也较长，深受人们喜爱。那么，腊肉中的化学反应究竟是什么呢？

在制作腊肉时，腌制、烘烤和烟熏都能使腊肉发生奇妙的化学反应。烘烤（或日晒）和腌制是为了降低腊肉制品中的水分，从而达到抑制微生物生长繁殖的目的。烘烤加热是为了使肉类中的氨基酸和还原糖之间发生美拉德反应，并引发脂肪的氧化和降解，产生大量具有香气的挥发性物质。这就是为什么腊肉吃起来有特殊香气的原因。烟熏也是一个重要的处理环节。烟熏时，一方面，烟雾携带一部分热量，使肉本身的风味物质分解产生香味；另一方面，烟雾中的挥发性成分通过扩散、渗透、吸附使肉产生香味。此外，烟熏气体中的酚类物质还有很强的抗氧化能力，能防止脂肪氧化，抑制微生物生长，使腊肉更便于储存。

5.3.4　点“浆”之笔，造就美味豆腐

豆腐向来颇受人们喜爱，麻婆豆腐、豆腐干、小葱拌豆腐等都是人们常吃的美食。别小看这豆腐，它里面也蕴含着神奇的科学。

豆腐的制作方法大多是将作为原料的大豆浸泡一定时间后，加水磨成生豆浆，然后煮沸成熟豆浆，最后就是点豆腐。不同地方，点豆腐用的东西也不一样，南豆腐用石膏（$CaSO_4$），北豆腐用卤水（$MgCl_2$）。

在豆腐制作过程中，豆乳的凝固是影响豆腐质量的关键因素之一。此外，点浆方法不同，做出的豆腐质量也不同。那么，点豆腐的原理是什么呢？

豆腐的主要原料——黄豆中富含蛋白质，其蛋白质含量为36%～40%。黄豆经水浸、磨浆、除渣、加热，所得到的蛋白质胶体（一种介于溶液和悬浊液、乳浊液之间的混合物）即为豆浆。点豆腐就是设法使蛋白质发生凝聚而与水分离最终形成凝胶体——豆腐。豆浆在一定温度下才能与凝固剂发生作用起凝固效果。凝固剂溶液属电解质溶液，可以中和胶体微粒表面吸附的电荷，使蛋白质分子凝聚起来得到豆腐。凝固剂有酸类（如乙酸、乳酸、葡萄糖酸）和钙盐（如石膏）、镁盐（如盐卤）。豆腐含水量及形态规格的不同可通过凝固时操作及压制成型调整。

5.4 大“化”食品安全

“民以食为天，食以安为先”，食品安全问题是关系国计民生、人类健康的重大问题。尤其是近年来，食品安全问题更加引起人们的重视，国家更是加大了监管力度。本节将大“化”食品安全，带你揭秘食品安全中化学的那些事儿。

5.4.1 食品添加剂

1. 甜味剂

甜味剂是指赋予食品以甜味的食品添加剂。按其来源可分为天然甜味剂(如甜菊糖、罗汉果糖)和人工合成甜味剂(如糖精、阿斯巴甜)；按其营养价值分为营养性甜味剂(如木糖醇、低聚异麦芽糖醇)和非营养性甜味剂(如阿斯巴甜、安赛蜜)；按其化学结构和性质又可以分为糖类甜味剂(如糖精钠、甜菊醇双糖苷)和非糖类甜味剂(如甜菊糖、竹芋甜素)。

甜度：甜味的强弱称为甜度，一般以蔗糖为标准，就可以得到其他甜味剂的甜度。由于这种甜度是相对的，所以又称比甜度。不同甜味剂的甜度见表 5-5。

表 5-5 不同甜味剂的甜度

甜味剂	甜度	甜味剂	甜度
乳糖醇	0.3～0.4	阿斯巴甜	150～250
山梨糖醇	0.5	甜菊糖	200
异麦芽糖醇	0.45～0.65	安赛蜜	200
甘露醇	0.5～0.7	三钾罗汉果甜苷	240
赤藓糖醇	0.7～0.8	糖精钠	300
木糖醇	1	甘草酸钾	500
甜蜜素	30～50	三氯蔗糖	600

葡萄糖、果糖、蔗糖、麦芽糖、淀粉糖和乳糖等糖类物质虽然也是天然甜味剂，但因其长期被人食用，属于重要的营养素，在我国不被列为食品添加剂。

人工合成甜味剂产生的热量少，并具有高效、经济等优点，在食品工业中被广泛应用。人工合成甜味剂的安全性经过国内外多项研究表明：只要生产厂家严格按照国家规定的标准使用，并在食品标签上正确标注，对消费者的健康就不会造成危害；但如果超量使用，则会危害人体健康，为此国家对甜味剂的使用范围及用量进行了严格规定。常见的人工合成甜味剂有阿斯巴甜和木糖醇，详细信息见表 5-6 和表 5-7。

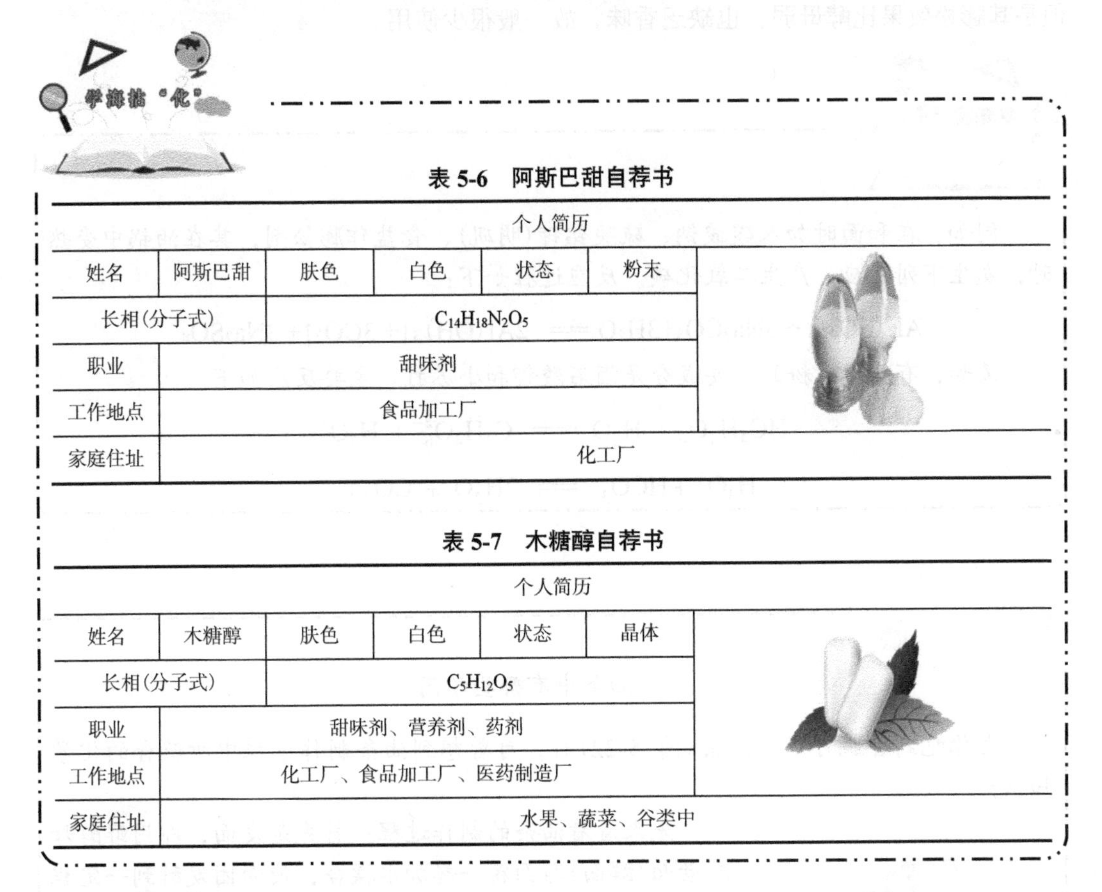

表 5-6　阿斯巴甜自荐书

个人简历					
姓名	阿斯巴甜	肤色	白色	状态	粉末
长相(分子式)		$C_{14}H_{18}N_2O_5$			
职业	甜味剂				
工作地点	食品加工厂				
家庭住址	化工厂				

表 5-7　木糖醇自荐书

个人简历					
姓名	木糖醇	肤色	白色	状态	晶体
长相(分子式)		$C_5H_{12}O_5$			
职业	甜味剂、营养剂、药剂				
工作地点	化工厂、食品加工厂、医药制造厂				
家庭住址	水果、蔬菜、谷类中				

2. 膨松剂

膨松剂是指在食品加工时添加于原料中，在加工过程中分解并产生气体，从而使制品膨松的一类添加剂。

膨松剂可以分为生物膨松剂和化学膨松剂两大类。

(1) 生物膨松剂是依靠能产生二氧化碳气体的微生物发酵而产生起发作用的膨松剂。酵母是生物膨松剂的主要成分，因其无毒害、培养方便、廉价易得而广泛使用。酵母是一种单细胞真菌，浸湿之后在营养物质如糖类的存在下，可转化成乙醇、水和二氧化碳，这个过程便是发酵过程。

在面团发酵初期，面团中的氧气和其他养分供应充足，酵母的生命活动非常旺盛，此时酵母进行有氧呼吸，能够迅速将面团中的糖类物质分解成二氧化碳和水，并释放出一定的能量(热能)。在面团发酵的过程中，面团有升温的现象，就是酵母在面团中有氧发酵产生的热能导致的。随着酵母呼吸作用的进行，面团中有限的氧气逐渐稀薄，而二氧化碳的量逐渐增多，这时酵母的有氧呼吸逐渐转为无氧呼吸，也就是乙醇发酵，同时伴随着少量的二氧化碳产生。因此，二氧化碳是面团膨胀所需气体的主要来源。

(2) 化学膨松剂也称合成膨胀剂，一般是碳酸盐、磷酸盐、铵盐和矾类及其复合物。

这些物质都能产生气体，在溶液中有一定的酸碱性。使用化学膨松剂不需要发酵时间，但是其膨松效果比酵母弱，也缺乏香味，故一般很少使用。

例如，在和面时加入碳酸钠、硫酸铝钾(明矾)、食盐作膨松剂，其在油锅中受热时，发生下列反应，产生二氧化碳。反应过程如下：

$$Al_2(SO_4)_3 + 3Na_2CO_3 + 3H_2O = 2Al(OH)_3\downarrow + 3CO_2\uparrow + 3Na_2SO_4$$

又如，有些发酵粉的主要成分是酒石酸钾和小苏打。主要反应如下：

$$HC_4H_4O_6^- + H_2O = C_4H_4O_6^{2-} + H_3O^+$$

$$H_3O^+ + HCO_3^- = 2H_2O + CO_2\uparrow$$

油条中有哪些学问

当你吃到香脆可口的油条(图 5-22)时，可曾想到油条制作过程中所蕴含的化学知识？

图 5-22　油条

先来看看油条的制作过程：首先是发面，即用鲜酵母或老面(酵面)与面粉一起加水揉合，使面团发酵到一定程度后，再加入适量纯碱、食盐和明矾进行揉合，然后切成厚 1cm、长 10cm 左右的条状物，每两条上下叠好，用窄木条在中间压一下，旋转后拉长放入热油锅中去炸，使之膨胀成一根又松、又脆、又黄、又香的油条。在发酵过程中，酵母菌在面团中繁殖分泌酵素(主要是糖化酶和酒化酶)，使一小部分淀粉变成葡萄糖，又由葡萄糖变成乙醇，并产生二氧化碳气体，同时产生一些有机酸类，这些有机酸与乙醇作用生成有香味的酯类。

反应产生的二氧化碳气体使面团产生许多小孔并膨胀。有机酸的存在会使面团有酸味，加入纯碱就是要把多余的有机酸中和掉，并产生二氧化碳气体，使面团进一步膨胀。同时，纯碱溶于水发生水解，后经热油锅一炸，由于有二氧化碳生成，炸出的油条更加疏松。

通过上面的反应，我们发现，在炸油条时有氢氧化钠生成。含有强碱的油条怎么能吃呢？其巧妙之处也就在这里。当面团中出现游离的氢氧化钠时，原料中的明矾就立即与它发生反应，使游离的氢氧化钠变成氢氧化铝。氢氧化铝的凝胶液或干燥凝胶在医疗上用作抗酸药，能中和胃酸、保护溃疡面，用于治疗胃酸过多症、胃溃疡和十二指肠溃疡等。常见胃药“胃舒平”的主要成分就是氢氧化铝。因此，有的中医处方中提到：油条对胃酸有抑制作用，并且对某些胃病有一定的疗效。

3. 防腐剂

为了防止食物腐败变质，可以使用物理或化学方法防腐。物理方法主要包括隔绝空气和降温；而化学方法是使用化学物质抑制微生物的生长或杀灭这些微生物。下面以苯甲酸、山梨酸和亚硝酸钠为例，介绍几种常见的防腐剂。

1) 苯甲酸

苯甲酸又称安息香酸，结构式为 C_6H_5COOH，外观为白色晶体，微甜并带咸，熔点为 112.4℃，沸点为 249℃。在限量内使用苯甲酸是安全的，它在生物转化过程中可与甘氨酸结合形成马尿酸或与葡萄糖结合形成葡萄糖苷酯，并由尿液排出体外。

苯甲酸(钠)可用于各种食品，如酱油、腐乳、汽水、罐头等的防腐。其 ADI 值(人体每日允许摄入量)为 0～5mg/kg(体重)(苯甲酸及其盐的总量，以苯甲酸计)。

2) 山梨酸

山梨酸也称花楸酸，化学名称为 2, 4-己二烯酸，结构式如图 5-23 所示。它是白色针状结晶，熔点为 134.5℃，沸点为 228℃(分解)。微溶于水，易溶于乙醇、甲醇、丙酮、乙酸等。食用后可参与体内正常新陈代谢。一般对人体无害。据测定，其毒性仅为苯甲酸的 1/4，ADI 值为 0～25mg/kg(体重)。相比较而言，山梨酸(盐)比苯甲酸(盐)更安全。

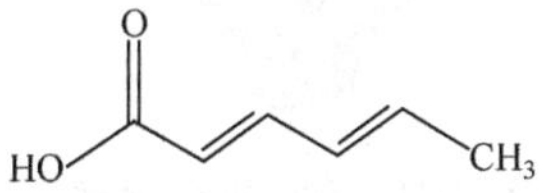

图 5-23　山梨酸结构式

3) 亚硝酸钠

亚硝酸钠($NaNO_2$)易潮解，易溶于水，其水溶液显碱性；微溶于乙醇、甲醇、乙酸等有机溶剂。亚硝酸钠暴露于空气中时，与氧气反应生成硝酸钠。若加热到 320℃以上则分解生成氧气、氧化氮和氧化钠。此外，亚硝酸钠与肉制品中肌红蛋白、血红蛋白接触可生成鲜艳、亮红色的亚硝基肌红蛋白或亚硝基血红蛋白，可产生腌肉的特殊风味。亚硝酸盐只要添加量小于国家食品添加剂使用标准中的限量，就不会对身体造成伤害。

5.4.2　理性认识食品添加剂

1. 理性看待食品添加剂

食品添加剂是人类生活中不可或缺的一部分，没有食品添加剂，就没有了食品的五彩缤纷和多滋多味，不能因为有人在食品中添加了有害的添加剂就因噎废食，谈添加剂而色变。正确使用食品添加剂的好处有以下几方面：

(1) 有利于食品的保存运输。

为了使食物在保质期内保持应有的品质，可以使用一定量安全范围内的防腐剂或抗氧化剂等，如果肉罐头中的防腐剂和充气包装中的氮气等。

(2) 改善食品风味。

色、香、味、形态及质地等感光性状对食品来说尤为重要，都会成为消费者挑选食品的依据。随着消费者对色、香、味等要求的不断提高，适当的食品添加剂起着不可或缺的作用。例如，使用增稠剂、乳化剂可以改善食物的形态外观，如冰激凌中的乳化剂和增稠剂；护色剂、着色剂等能改变食物的外观颜色，使食物看起来更加诱人；食物香料等能改善食品风味等。

(3)满足其他特殊需要。

例如，糖尿病患者不能吃糖，则可用无营养甜味剂或低热能甜味剂，如糖精或天门冬酰苯丙氨酸甲酯制成无糖食品代替。对于缺碘地区供给的碘强化食品，可防治当地居民的缺碘性甲状腺肿。

2. 相信政府监管部门的工作

随着我国食品工业的发展，相关法律法规正在逐步完善。习近平总书记在党的十九大报告中强调，要实施食品安全战略，让人民吃得放心。我国《食品安全国家标准　食品添加剂使用标准》(GB 2760—2014)对目前允许使用的食品添加剂品种、使用范围、最大使用量或残留量都做出了明确规定。这些法律法规及标准在规范食品添加剂的生产和使用，保证食品安全和食品质量方面发挥了巨大作用，但仍需在具体实施环节上不断加大管理力度，并与时俱进，不断健全和完善相关法规和标准，以确保食品安全(图 5-24)。

图 5-24　食品安全保障

3. 剂量决定毒性

我国著名食品安全专家陈君石院士曾指出，任何东西吃多了都有害。这就是基于剂量决定毒性的原理。联合国粮食及农业组织和世界卫生组织食品添加剂专家联合委员会在第 57 届会议上对苯甲酸做出了最新的风险评估，规定人体每日允许摄入量(ADI)，即终身摄入对人体健康无不良影响的剂量为 0～5mg/kg，这相当于体重 60kg 的成人终身摄入的无毒副作用剂量是每天 300mg。我国国家标准规定苯甲酸钠在碳酸饮料中的最大使用量为 0.2g/kg，也就是说，成年人每天喝 1L 饮料(其中含有的苯甲酸钠也仅为 200mg)对人体是无害的。

5.4.3　食品中的有毒有害物质

食品安全是指食品无毒、无害，且满足人体营养需求，对人体健康不造成任何危害。食品中有毒有害物质广泛存在，种类繁多，按照其来源可分为天然有毒有害物质和次生有毒有害物质。

1. 天然有毒有害物质

常见的天然有毒有害物质主要包括：①植物源性农产品中的有毒蛋白质类、有毒氨基酸类和生物碱类等；②动物源性农产品中的河豚毒素、贝类毒素等。食品中天然有毒有害物质与食品混为一体，通过食物链对人体的正常新陈代谢和器官造成影响，成为人类健康的“隐形杀手”。

1) 豆类毒素

黄豆、菜豆、豌豆等含有一种蛋白质，具有毒性。人食用后会出现胰脏肥大等中毒症状。原因是该蛋白质与体内胰蛋白酶结合，抑制了胰蛋白酶的功能而引发中毒。

在日常生活中，食用豆类食物时一定要煮熟，以防此蛋白质中毒。在制作豆浆(图 5-25)过程中，一定要将豆浆彻底煮沸，防止出现“假沸”现象。豆浆的“假沸”是由豆浆中一种名为皂素的物质引起的，在温度为 80℃左右时，这种物质会产生大量的泡沫漂浮在豆浆液面上，让人误以为已经煮沸。如果此时饮用，豆浆中的胰蛋白酶抑制剂便会进入体内，可能引发中毒。

图 5-25　豆浆

2) 河豚毒素

河豚肉质鲜美，有“长江第一鲜”之称，但是河豚体内含有剧毒——河豚毒素。该毒素是一种强烈的神经毒素，其毒性是氰化钾的 1250 倍，0.5mg 即可致人死亡，无特效解毒药。河豚毒素是一种化学结构独特(结构式如图 5-26 所示)、毒性强烈并具有广泛药理作用的无色针状结晶体。其性质稳定，任何烹饪方法都不能将其破坏。只有将毒素含量高的器官和部位彻底清除，才能消除河豚的毒性。河豚毒素作用于人的神经，进食带毒河豚几分钟后，会出现嘴唇和舌头麻木、恶心、呕吐、腹泻等症状，最终因神经中枢和血管运动中枢麻痹而死亡。河豚毒素非常容易经胃肠吸收，因而中毒迅速，中毒严重者在 30min 内即死亡。

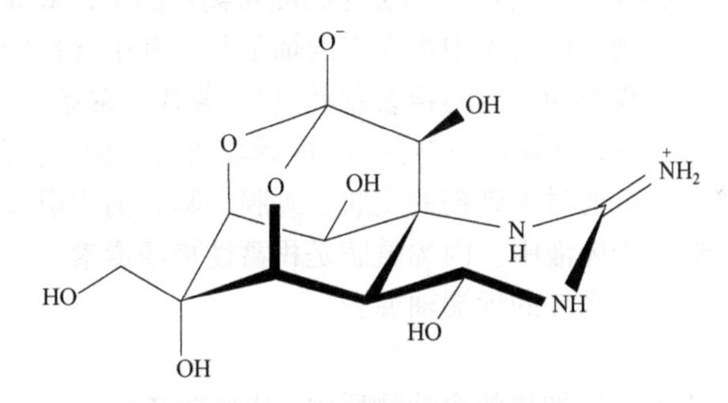

图 5-26　河豚毒素结构式

2. 有毒生物碱

生物碱是存在于自然界(主要为植物)中的一类碱性含氮物质，是植物生长过程中的次级代谢物之一，已知的生物碱有 10000 多种。生物碱分子具有环状结构，难溶于水，有旋光性，呈无色结晶状，少数为液体，大多有苦味，与酸反应可以形成盐。生物碱对生物机体有毒性或强烈的生理作用，存在于食物中的有毒生物碱主要有龙葵素、秋水仙碱、麦角碱和咖啡碱等，能引起轻微的肝损伤，中毒症状表现为恶心、腹痛、腹泻等。例如，发芽的马铃薯芽眼处能产生龙葵素，引起食物中毒，生活中当遇到发芽的马铃薯时(图 5-27)，最好不要食用，以免中毒。

图 5-27　发芽的马铃薯

3. 蘑菇毒素

食用蘑菇富含人体必需的氨基酸、矿物质、维生素和多糖等营养成分，是一种高蛋白、低脂肪的天然多功能食品。如此营养丰富的物质却会对人体健康造成危害，其原因便在于其中含有的蘑菇毒素。目前，已确定的部分蘑菇毒素有：环形多肽、毒蝇碱、色胺类化合物、异噁唑衍生物、鹿花菌素、鬼伞素及奥莱毒素等七类。在野外采摘蘑菇时一定要注意，颜色鲜艳且散发着一定气味的蘑菇最好不要随便采摘。

4. 次生的有毒有害物质

1) 黄曲霉毒素

黄曲霉毒素为分子真菌毒素，其毒性极强，为氰化钾的 10 倍，砒霜的 68 倍，是致癌性最强的致癌物，主要侵犯人的肝，从而诱发肝炎和肝癌。黄曲霉毒素可耐受 280℃的高温，很难用煮、炒和炸的办法将其破坏。黄曲霉毒素存在于感染黄曲霉的粮食、油及其制品中，其中花生、花生油、玉米、大米、棉籽感染黄曲霉的情况最为常见。也可能存在于霉变的坚果类食品中。生活中应尽可能减少黄曲霉毒素的侵害，如不吃发霉的花生、玉米、大米和坚果；妥善储存粮食，要把粮食存放在低温和干燥的环境中，不要存放在潮湿的环境中，如厨房的操作台下，防止霉变；不食用有哈喇味的动、植物油。

2) 丙烯酰胺

丙烯酰胺(图 5-28)存在于一些油炸和烧烤的淀粉类食品中，如炸薯条、炸薯片、谷物、面包等中都含有丙烯酰胺，其中含量较高的三类食品是：高温加工的马铃薯制品(包括薯片、薯条等)，咖啡及其类似制品，早餐谷物类食品。丙烯酰胺是一种中等毒性的亲神经毒物，可通过未破损的皮肤、黏膜、肺和消化道吸收进入人体，分布于体液中。丙烯酰胺是积蓄性神经毒素，可引起中枢和周围神经系统的远端轴突变。

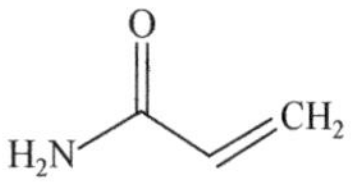

图 5-28　丙烯酰胺结构式

3) 苯并芘

苯并芘主要产生于被高温加热的含油物质中。烧烤能产生苯并芘，甚至大米高温加热时也能产生，这是因为大米中也含有油脂，烧饭时糊掉的那层锅巴就富含苯并芘。苯并芘是一种比丙烯酰胺还强的致癌物，是世界卫生组织认定的一级致癌物，其结构式如图 5-29 所示。当油脂被加热到 160℃以上即分解生成苯并芘，这种强致癌物混入食品之中，被食用以后进入消化系统，对人体造成潜在的危害。

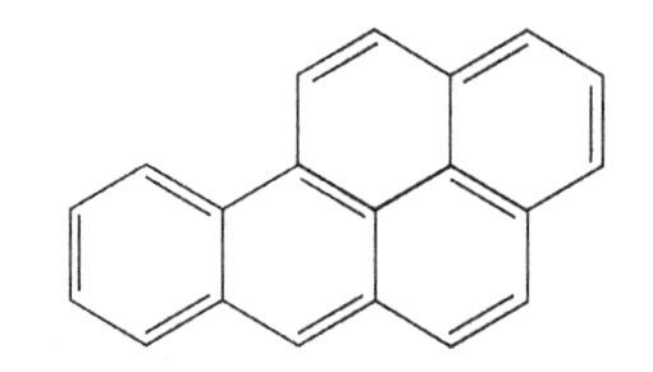

图 5-29　苯并芘结构式

4) 亚硝酸盐

在加工肉制食品时适当地加入亚硝酸盐，可使食品具有较好的色香味，并可抑制毒梭菌的生长及其毒素的产生。因此，很多国家允许将其作为食品发色剂、抗氧化剂和防腐剂。研究表明：人体摄入的硝酸盐 81.2%来自蔬菜，硝酸盐在细菌的作用下可还原成亚硝酸盐。亚硝酸盐使血液的载氧能力下降，从而导致高铁血红蛋白症。

5.4.4　食品安全检测

随着我国经济和社会的发展，在基本解决食物供应问题的同时，食品的卫生安全问题越来越引起社会的关注。在保障食品安全方面，食品安全检测必不可少。食品安全检测(图 5-30)是一项技术性强的工作，对于食品中有毒有害物质的认识和分析检测，化学发挥了不可替代的作用。

图 5-30　食品安全检测

1. 农药残留检测

农药喷洒(图 5-31)在作物上一段时间后，其药剂逐渐分解、减少，但并不能全部消失，收获的农副产品上仍残留极少量的农药。长期食用或接触这种带有残留农药的农副产品对人畜所产生的毒性称为残留毒性，简称残毒。农药残留是指农药使用后残存于生物体、食品(农副产品)和环境中的微量农药原体、有毒代谢物、降解物和杂质的总称。

图 5-31　农民正在喷洒农药

1)农药的分类

(1)按化学成分可分为有机氯、有机磷、氨基甲酸酯类、拟除虫菊酯类及砷、汞、铜、硫黄等制剂。

(2)按用途可分为杀虫剂、杀菌剂、除草剂、植物生长调节剂和粮食熏蒸剂等。

2)有机氯农药

有机氯农药大部分为含有一个或几个苯环的氯素衍生物，主要品种有滴滴涕(DDT)和六六六(HCH)。有机氯农药其主要成分的化学性质相当稳定，不溶或微溶于水，在环境中残留时间极长，不易分解，毒性高，因此从 1984 年开始被全面禁止使用。

3)有机磷农药

有机磷农药是目前我国广泛使用的农药，用于杀虫、杀菌、除草等，代表品种有敌敌畏、对硫磷、乐果、氧化乐果、敌百虫、甲胺磷等。其作用机制是：有机磷农药为神经毒物，抑制神经中的乙酰胆碱酯酶(AChE)或胆碱酯酶(ChE)的活性，对媒介昆虫、人和畜等有毒害作用。

a. 有机磷杀虫剂的特点

有机磷杀虫剂的特点是：易被氧化；受热易分解；多为油状，具有挥发性和大蒜臭味，难溶于水，易溶于有机溶剂，在碱性溶液中易水解破坏。化学性质不稳定，结构通式如图 5-32 所示。持效期有长有短；生物半衰期短，不易在动物和人体内蓄积。施用敌敌畏、辛硫磷 2～3 天后完全分解失效，施用甲拌磷 1～2 个月以上仍未完全分解。

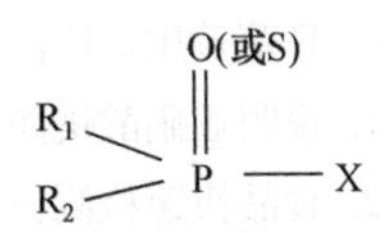

图 5-32　有机磷农药结构通式

b. 有机磷农药残留检测方法

(1)酶联免疫法。有机磷农药对于生物体来说是一种有害物质，因此许多生物体对有机磷农药会产生相应的抗体。利用这种抗原与抗体之间的反应，可以检测有机磷农药残留。

(2)薄层色谱法。经过长时间的发展，薄层色谱法已经成为一种比较成熟且应用非常广泛的微量快速检测方法。这种方法的检测过程是，先用合适的溶剂将有机磷农药提取出来，再将提取液浓缩，然后将浓缩液在薄层硅胶板上分离展开，待其显色后与标准色板比较，或者用专用扫描仪进行定量检测，即可得出结果。

(3)光谱分析。有机磷农药的水解、还原产物或者其某些官能团与特殊的显色剂在一定的条件下发生氧化、磺酸化、酯化、络合等化学反应，会产生特定波长的颜色反应。根据这些反应，可以用光谱法定性或定量测定农产品中有机磷农药的残留量。

4) 氨基甲酸酯类农药

氨基甲酸酯类农药主要品种有西维因、杀灭威、速灭威、叶蝉散、敌草隆、敌稗等。这类农药在作物上的残留时间为 4 天，在动物的肌肉和脂肪中的明显蓄积时间约为 7 天。氨基甲酸酯类杀虫剂进入人体内，在胃中酸性条件下可与食物中的亚硝酸盐和硝酸盐反应生成亚硝基化合物，具有致癌性。

先进的检测方法是控制农药残留的关键。目前，已经开发出多种快速、灵敏的检测方法，如快速扫描检测法(CDFA-MRSM)、气相色谱法(GC)、高效液相色谱法(HPLC)、气相色谱-质谱法(GC-MS)、液相色谱-质谱法(HPLC-MS)及免疫分析法等。

1. 葡萄糖可以用银镜反应来检验，除此之外还有其他检验方法吗？
2. 糖按照结构分类可以分为几类？
3. 柠檬酸和乙酸的区别是什么？
4. 美拉德反应和焦糖化反应的区别是什么？
5. 卤水点豆腐属于化学反应吗？
6. 腊肉能够较长时间储存的原理是什么？
7. 叶绿素中含有的金属元素是什么？
8. 生物合成靛蓝因具有质量稳定、天然无污染、经济安全等特点而引起了国内外的广泛关注，试写出生物合成靛蓝的过程。
9. 搜索“红绿灯”实验相关内容，在实验室完成实验并撰写一篇实验报告。
10. 日落黄用途广泛，试写出日落黄的合成路线。
11. 说明亚硝酸钠防腐的原理。
12. 食品快速检测主要有哪些方法？
13. 和面时加入碳酸钠、硫酸铝钾(明矾)、食盐作膨松剂的反应原理是什么？
14. 如何辩证地看待食品安全与食品添加剂的关系？

第6章　我“药”说“化”

6.1　“药”说上下五千年

人食五谷杂粮，不可能不生病。随着文明的进步和科学的发展，人类已经设计和制造了种类繁多、数量庞大的各类药物，帮助人类克服疾病困扰。药物的发展源远流长，药物的发展史就是人类与疾病的抗争史。从植物提取到基因技术的变迁，随着科学的发展，医药领域发展迅猛。让我们一起从古代药物发展到近代药物发展再到现代药物发展，细说“药物”上下五千年。

6.1.1　古代药物发展(16世纪末以前)

1. 古埃及药物史

古埃及人通常将医药的效用归功于动物及植物。植物的提取物被用作泻药，如西瓜瓤、蓖麻油等；动物的某些部分，如脂肪、牛的脾、猪的大脑和乌龟的胆，成为比较稀奇的处方，作为治疗药物。

木乃伊的制作

古埃及人相信人的生命在死后还会继续，认为完整的尸体是灵魂在来世栖息的必要场所。因此，他们对死后保存尸体和对生前保持良好健康同等关切。制作木乃伊是古埃及特有的传统，也是古埃及文明留给后世的一份特殊遗产。制作木乃伊需要用到泡碱。

泡碱是天然碱矿的主要矿物组分之一，用于制取纯碱、烧碱、小苏打、泡花碱等，分子式为 $Na_2CO_3 \cdot 10H_2O$。其为无色或白色，有时因含杂质而呈灰色或黄色，置于空气中极易失水变成白色。它主要产于碱湖、炎热干旱的松散岩石和土壤表面。泡碱是一种天然含盐的矿物质，有特殊的干燥和防腐功能，能使皮肤干燥，并能杀灭细菌。

2. 古印度药物史

古印度药物中有一种用于清洁牙齿的药剂，称为“印度制剂”；牛在印度被认为是神圣之物，而牛的排泄物常被用作药物，用于治疗水肿、腹胀；硫酸铜、硼砂、明矾等物质在印度可用于治疗眼疾。此外，印度的香药阿魏、郁金香、龙脑、丁香等也因其神奇的药效而传遍世界各地。

阿魏隶属伞形科，因其具有难闻的臭味，故有“魔鬼粪便”之称。阿魏具有抗肿瘤、抗凝血、抗生育等作用。倍半萜香豆素是阿魏属植物的特征化学成分，具有抗诱变、抗肿瘤和抗菌等活性。鉴于此，有学者对阿魏根茎的化学成分进行了系统的研究，发现倍半萜烯香豆素 DAW22(结构式如图 6-1 所示)具有显著诱导 C6 胶质瘤细胞凋亡的作用。

图 6-1　倍半萜烯香豆素 DAW22 结构式

3. 中国古代药物史

图 6-2　李时珍

中国古代药物经历了殷商时代的萌芽期，秦汉时期的奠基期，南北朝到唐宋时期的发展期，以及明代的成熟期。这期间出现了许多药物书籍，其中最具代表性的当属明代杰出医药学家李时珍(1518—1593，图 6-2)的《本草纲目》。《本草纲目》集中国古代药物之大成，它的出现标志着我国古代药物发展已进入成熟期。

李时珍在《本草纲目》中叙述制轻粉法，用水银一两、白矾二两、食盐一两，共研后升炼。化学反应可用下式表示：

$$12Hg + 4KAl(SO_4)_2 + 12NaCl + 3O_2 \longrightarrow 6Hg_2Cl_2 + 2K_2SO_4 + 6Na_2SO_4 + 2Al_2O_3$$

制取粉霜法在元代和宋代一些医药书籍中已有记述，除用水银、白矾和食盐外，还要添加硝石。物质间的相互反应可表示为

$$Hg + 2NaCl + 2KAl(SO_4)_2 + 2KNO_3 \longrightarrow HgCl_2 + Na_2SO_4 + 2K_2SO_4 + Al_2O_3 + SO_3 + 2NO_2$$

粉霜还可以用水银、食盐与过量绿矾、胆矾制取。这些物质间的反应可能为

$$4FeSO_4 + O_2 \longrightarrow 2Fe_2O_3 + 4SO_3$$

$$CuSO_4 \longrightarrow CuO + SO_3$$

$$Hg + 2SO_3 + 2NaCl \longrightarrow HgCl_2 + Na_2SO_4 + SO_2$$

帕拉塞尔苏斯的著作中也提到用汞、绿矾和食盐制取升汞。

铅的化合物有油酸铅、乙酸铅等。油酸铅是用铅丹和植物油熬炼皂化而成，制成铅膏药，反应为

$$2C_3H_5(C_{17}H_{33}COO)_3 + Pb_3O_4 + [O] \longrightarrow 3Pb(C_{17}H_{33}COO)_2 + 2CH_2{=}CHCOOH + H_2O$$

我国宋代和明代的医书中称乙酸铅为铅霜，其色白，可溶，有凉甜收敛感。宋代《图经本草》中记载：“铅霜亦出于铅。其法从铅杂水银十五分之一，合炼作片，置醋瓮中密封，经久成霜，亦谓之铅白霜。”这里铅与少量水银共研得粒状铅汞合金，“合炼”则水银蒸发而生成氧化铅，在“密封”条件下与醋作用，白色生成物主要是乙酸铅：

$$PbO + 2CH_3COOH \longrightarrow Pb(CH_3COO)_2 + H_2O$$

4. 欧洲中世纪到文艺复兴时期药物史

医院的兴起是欧洲中世纪的一件大事。中世纪盛行成立医院，与麻风病的流行有关。为了预防麻风病的传染扩散，设立了许多隔离病院。隔离病院的出现，有效阻断了麻风病的蔓延。

14世纪，鼠疫肆虐全欧洲。当时米兰、威尼斯禁止患者进入港口和城内的做法，催生了海港检疫制度。

6.1.2 近代药物发展(16世纪末至19世纪末)

1. 近代药学进步

文艺复兴时期，瑞士医生帕拉塞尔苏斯(Paracelsus，1493—1541)首先提出炼金术应转向冶金与制药等工业方向，如可将铅、铁、硫酸铜、砷等作为药物合成的原料。这一时期在科学史上被称为“医药化学运动”。医学化学学派的影响延续至17世纪和18世纪，不少著名的医生和药剂师转而投身药物化学研究，如英国的普里斯特利(Priestley，1733—1804)、瑞典的贝采里乌斯(Berzelius，1779—1848)、德国的李比希(Liebig，1803—1873)、瑞典的席勒(Scheele，1742—1786)等。

17世纪，德国化学家和药物学家格劳贝尔在利用浓硫酸和食盐制得盐酸的过程中，意外地发现了反应的另一产物硫酸钠(俗称“芒硝”)，其制备反应方程式为

$$H_2SO_4(浓) + 2NaCl = 2HCl + Na_2SO_4$$

化学、物理学、生物学、解剖学和生理学的兴起大大促进了药学的发展。近代药学的发展受化学、生物学发展的影响很大，各种合成药物也得到飞速发展。早期没有分科的药学，随着科学技术的发展，其学科分工越来越细，先后发展为独立的学科，并与其他学科互相渗透形成新的边缘学科。近代化学在19世纪得到蓬勃发展，19世纪下半叶有机化学迅猛发展，由于煤的副产品的发现，产生了有机合成工业，并出现了大量人工合成的化学物质，尿素的发现打破了无机化学与有机化学的界限。化学学科成为近代药

物发现与发展的基础。

2. 化学合成药的发现

1) 麻醉药的发明

19 世纪 40 年代，人们相继发现乙醚、氧化亚氮、三氯甲烷等气体被吸入后可致人失去知觉，并据此成功地研制出麻醉药。但这三种物质各有优劣，如乙醚的优点是麻醉期清楚、易于控制并具有良好的镇痛及肌肉松弛作用，其缺点是易燃易爆且刺激呼吸道等；氧化亚氮毒性低，并具有良好的镇痛作用，但是麻醉作用较弱，因此常与其他麻醉药配合使用；三氯甲烷因毒性大，已被淘汰。为了寻求更理想的新型麻醉药，研究者发现在烃类分子中引入卤原子可降低易燃性，增强麻醉作用，但毒性显著增大；后来发现如果引入氟原子，毒性比引入其他卤原子小，从而发现了应用价值较高的恩氟烷(图 6-3)等一系列优良的麻醉药物。

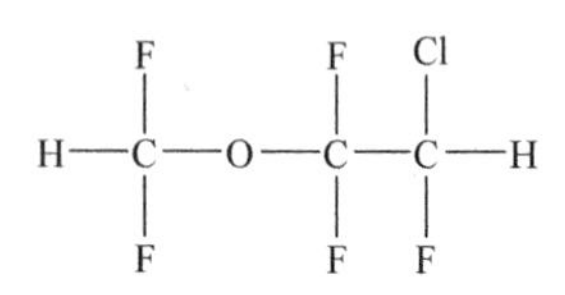

图 6-3　恩氟烷结构式

恩氟烷的化学名称为 2-氯-1-二氟甲氧基-1, 1, 2-三氟乙烷，又名安氟醚。该化合物为无色澄清透明液体；不燃，不爆，易挥发，具有轻微气味。它是异氟烷的同分异构体，性质稳定，麻醉作用较强，诱导比乙醚快且平稳，对呼吸道黏膜无刺激性，肌松作用良好，毒性较小。该品一般用于复合全身麻醉，可与多种静脉全身麻醉药物和全身麻醉辅助用药联用或合用。目前，本品和异氟烷在国内外已逐步成为较常用的吸入全麻药物。

2) 漂白剂的制备

漂白粉是一种混合物，其有效成分主要是 $Ca(ClO)_2$。在商品漂白粉中往往含有较多的杂质，如 $Ca(OH)_2$、$CaCl_2$ 和 Cl_2 等。

制备漂白剂的化学反应方程式为

$$2Ca(OH)_2 + 2Cl_2 = Ca(ClO)_2 + CaCl_2 + 2H_2O$$

由方程式可知，常用的漂白剂的制作方法就是在消石灰中通入一定量的氯气，并对消石灰中的含水率进行合理控制，通常情况下消石灰的含水率应该在 1%以下。若含水率太低，该制备反应无法发生；若含水率过高，会使石灰发黏，严重影响漂白粉的产量。漂白粉有杀菌消毒作用，可以用于手术器械消毒等。

6.1.3　现代药物发展(20 世纪至今)

20 世纪药学的发展成就举世瞩目。药物有效地控制了各类感染性和非感染性疾病，降低了死亡率，极大地提高了人类的平均寿命。

20 世纪 100 年的药物发展呈现了三次飞跃。

第一次飞跃：20 世纪初至 20 世纪中叶。药物的发展重心是针对各种感染性疾病，这一阶段以磺胺药、抗生素的发现和大量生产使用为标志。

第二次飞跃：20 世纪 60 年代至 20 世纪 70 年代。药物的发展重心转移到治疗各种非感染性疾病，发现了一大批受体拮抗剂、酶抑制剂药物，这一阶段以 β-肾上腺素受体拮抗剂普萘洛尔、H2 受体拮抗剂雷尼替丁等药物的发现为标志。

第三次飞跃：20 世纪 70 年代至今。各种基因工程、细胞工程药物的出现使生物大分子活性药物广泛地应用于临床，开创了各种疑难病症、遗传性疾病和恶性肿瘤生物治疗的新阶段，这一阶段以人生长激素、胰岛素、干扰素等一大批生物技术药物的产生为标志。

青蒿素——中药研究的丰碑

2015 年 10 月，我国科学界传来了振奋人心的消息，中国科学家屠呦呦与日本科学家大村智、爱尔兰科学家坎贝尔共同荣获诺贝尔生理学或医学奖。3 位科学家均是由于在天然药物研究领域的突出贡献而获奖，其中屠呦呦研究员是因为发现抗疟疾特效药物青蒿素(图 6-4)而获奖，大村智和坎贝尔是因共同发明抗寄生虫特效药物阿维菌素而获奖。

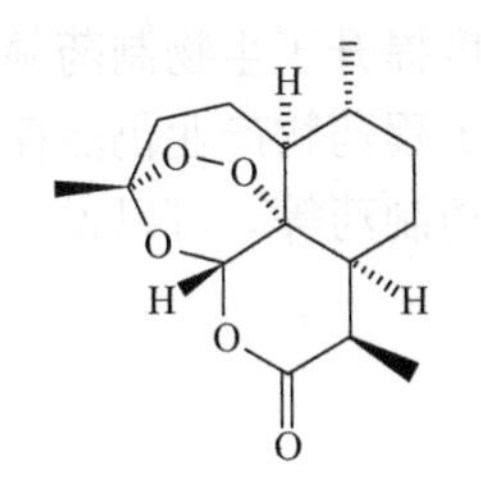

图 6-4　青蒿素结构式

1. 青蒿素的提制

屠呦呦对 200 多种中药的 380 多个提取物进行筛选，最终将焦点锁定在青蒿上，并受东晋名医葛洪《肘后备急方》中“青蒿一握，以水二升渍，绞取汁，尽服之”可治“久疟”的启发，从植物青蒿中压出青蒿汁液，而汁液中便有“抗疟”的化学成分。从现代植物学的角度考证，古书中的青蒿就是植物学意义上的黄花蒿。此外，屠呦呦在反复阅读东晋葛洪《肘后备急方》后，发现其是将青蒿通过“绞汁”而不是传统中药“水煎”的方法用药，故认为很可能是因为“高温”破坏了其中的有效成分。据此，屠呦呦改用低沸点的溶剂乙醚提取青蒿中的有效成分，所得青蒿的乙醚提取浓缩物确实对鼠疟效价有了显著提高，而这一浓缩物就是青蒿素。

2. 转基因技术的发展

转基因技术就是运用科学手段将人工分离和修饰过的基因导入另一种生物中，引起生物体遗传性的改变，从而产生特定的具有优良遗传特性的物质。自 1953 年 DNA 双螺旋结构提出以来，随着重组 DNA 技术的飞速发展，转基因技术异军突起，并迅速渗透到工业、农业、医疗、环保等诸多领域，这给工农业生产和国民经济的发展带来了深远的影响。

3. 基因工程药物的发展

基因工程(图 6-5)在现代药物研发中的应用越来越广泛，其与酶工程、细胞工程构成了现代生物制药的三大基石。利用基因工程技术将目标基因引入宿主细胞，通过纯化宿主细胞的过表达产物得到的药物即为基因工程药物。

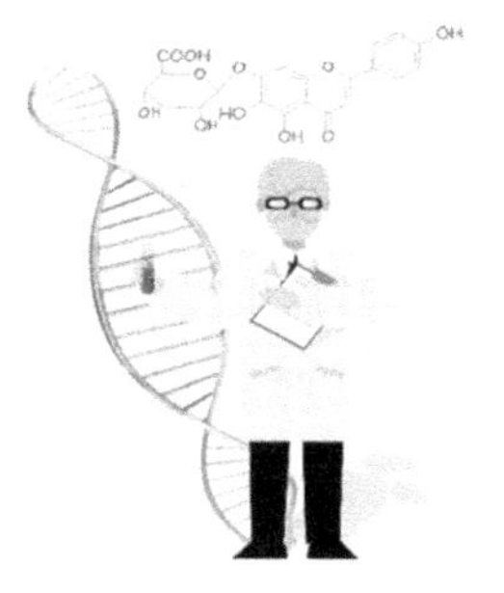

图 6-5　基因工程

基因工程药物疗效好、副作用小、应用范围广泛。基因工程药物大多数利用转基因技术将天然活性蛋白的编码基因插入微生物或哺乳动物细胞进行生产，少数则插入植物细胞生产。根据受体细胞类型的不同，基因工程药物可分为三类：微生物基因工程药物、动物基因工程药物、植物基因工程药物。

我国基因工程药物起步于 20 世纪 70 年代初，相对于世界发达国家来说起步较晚。随着国家对基因工程药物领域的支持力度加大，我国已在生物技术、人才、资金等方面逐步缩小了与发达国家的差距，并形成了比较完善的上下游产业链和产业集群，大幅度提升了生物制药领域的生产效率。然而，我们也应该清醒地认识到，我国目前的基因工程药物产业仍然存在许多问题，如基因工程药物模仿多于创新，约 40%的销售额来自仿制药等。可以说，目前我国的基因工程药物产业机遇与挑战并存。

6.2　中药那些事

中药是我国古代各族人民长期劳动和智慧的结晶，是中华民族优秀文化遗产中的瑰宝。几千年来，人们在与疾病斗争的过程中，通过不断的实践积累了丰富的中医药知识。从师承口授，到文字记载，这些丰富的经验总结对于中华民族孕育至今的繁荣昌盛有着巨大的贡献(图 6-6)。

图 6-6　中医

6.2.1　中药发展史

中华民族历史悠久，中医药学源远流长。我国中医药学有文字记载的历史长达数千年，有记载的中药品种更是不计其数。这些中药是我国古代劳动人民在与疾病斗争的过程中，通过不断地积累经验而发现并认识的。原始人类在采集和栽培植物的过程中，逐渐认识到哪种植物对人体有益、哪种植物对人体有害，治病之药由此而得。

图 6-7　炼丹炉

炼丹术是近代化学的前身，实际就是炼药或制药的技术。汉代魏伯阳的炼丹著作《周易参同契》被道教奉为“丹经之王”，其中涉及的炼丹操作主要有加热、蒸馏、提取、升华、称量、研磨等。图 6-7 是炼丹炉，也就是炼丹术士使用的加热蒸馏装置。

两晋、隋唐至五代时期，农业、手工业、商业和交通业蓬勃发展。经济的繁荣促进了文化的快速发展，医药学也取得了很大的成就。

徐长卿——唐太宗赐的名

相传在唐代贞观年间，李世民外出打猎，不慎被毒蛇咬伤，病情十分严重，御医束手无策。有个民间医生徐长卿揭榜进宫为皇帝治病，把采来的“蛇痢草”煎好让李世民服下，连服三天，症状就完全消失了。李世民高兴地说：“先生名不虚传，果然药到病除，但不知所用为何药？”徐长卿听了急忙跪下，吞吞吐吐地答不上话。原来李世民被蛇咬伤后，下了一道圣旨，凡是带“蛇”字的都要忌讳，谁说了带“蛇”字的话就要治罪。情急之下，站在一旁的丞相魏征灵机一动，连忙为他解围：“徐先生，这草药是不是还没有名字？”徐长卿会意，忙说：“禀万岁，这草药生于山野，尚无名字，请皇上赐名。”李世民不假思索地说：“是徐先生用这草药治好了朕的病，既然不知名，那就叫‘徐长卿’吧，以免后人忘记。”

皇帝金口玉言，说一不二，这样一传十，十传百，中草药“徐长卿”的名字也就传开了，而“蛇痢草”的原名反倒鲜为人知。

徐长卿俗称寮刁竹，味辛，性温，归肝、胃经，能祛风、止痛、止痒。现代药理研究证明其有镇静、镇痛及良好的抗菌作用，可用于风湿痹痛、腰痛、跌打损伤疼痛、脱腹痛、牙痛等各种痛证。徐长卿所含化学成分十分复杂，其主要成分为丹皮酚(图6-8)和肉珊瑚苷元，此外还含有黄酮、糖类、氨基酸等成分。

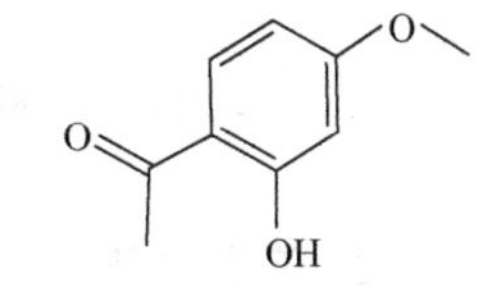

图6-8 丹皮酚结构式

6.2.2 中药中的化学

中药的化学成分都十分复杂。例如，人们熟悉的山楂具有消食、降血脂、降血压、强心、抑菌等药理功效，经分析，它所含的化学成分达70多种。然而，虽然中药中含有多种化学成分，但并不是每种化学成分都具有药效。人们通常把没有生物活性、不具药效的成分称为无效成分，而把具有一定生物活性的成分称为有效成分。

按中药中主要成分的化学结构，可把中药分为生物碱类、苷类、挥发油和萜类、甾族化合物类、环酮类、糖类、氨基酸类、蛋白质类、有机酸类等。以下选择其中较为常用的中药进行介绍。

1. 生物碱类中药

生物碱广泛存在于植物界中，如马钱子、麻黄等都含有生物碱。生物碱结构多样，实验证明其具有广泛的生理和药理活性，如抗菌消炎、止咳平喘、抗疟、抗心律失常、抗癌等。对该类化合物的研究已成为国内外医药界研究的热门。

1) 马钱子

马钱子，性温，味苦，有大毒。通络止痛，散结消肿。用于风湿顽痹，麻木瘫痪，

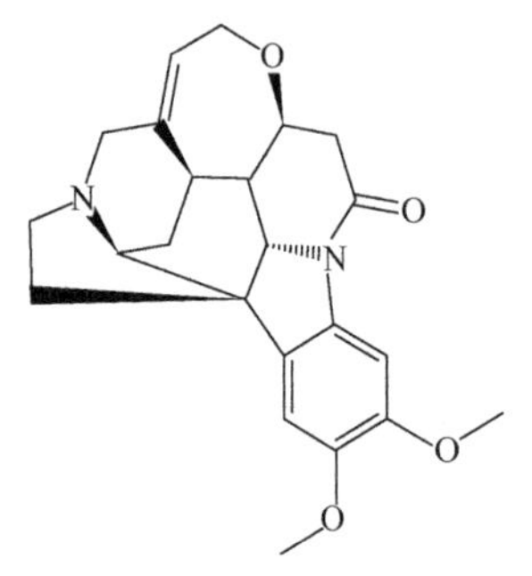

图 6-9　马钱子碱结构式

跌打损伤，痈疽肿痛；小儿麻痹后遗症，类风湿性关节痛。

马钱子含总生物碱 1.5%～5%，主要为番木鳖碱(士的宁)和马钱子碱(图 6-9)，两者占马钱子总生物碱的 45%～50%。另含微量番木鳖次碱、伪番木鳖碱、伪马钱子碱、奴伐新碱等。

2)麻黄

麻黄，性温，味辛，微苦。发汗散热，宣肺平喘，利尿消肿。用于风寒感冒，胸闷喘咳，风水浮肿，支气管哮喘。麻黄含多种有机胺类生物碱，主要为 *l*-麻黄碱、*l*-*N*-甲基麻黄碱，其次为 *d*-伪麻黄碱、*d*-*N*-甲基伪麻黄碱、*l*-去甲基麻黄碱、*d*-去甲基伪麻黄碱等，另外还含有挥发油等。生物碱主要存在于草质茎的髓部。目前生药质量评价的主要指标性成分为麻黄碱(图 6-10)和伪麻黄碱(图 6-11)。

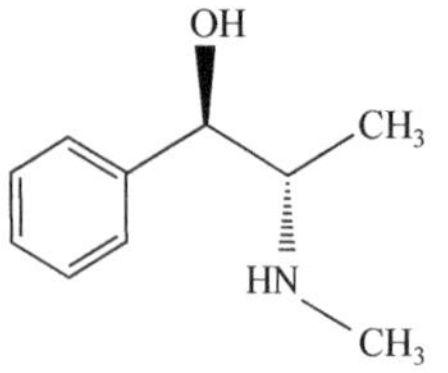

图 6-10　麻黄碱结构式

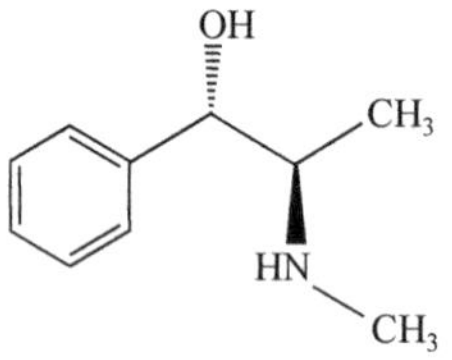

图 6-11　伪麻黄碱结构式

2. 苷类中药

苷类又称配糖体，是糖或糖的衍生物(如氨基糖、糖醛酸等)与另一非糖物质通过糖的端基碳原子连接而成的化合物，大多数是无色、无臭、味苦的中性晶体。其中，非糖部分称为苷元或配基，连接的键称为苷键。常见的苷类中药有人参、三七和甘草等，由于其中含有强心苷，可用于治疗充血性心力衰竭及节律障碍等疾病。

1)人参

人参被视为“百草之王”，它能够兴奋人的中枢神经系统，提高脑力和体力活动能力，减轻疲劳；降低血糖，并促进性腺机能。人参的主要化学成分为三萜皂苷。根据皂苷元的不同，可将人参分为原人参二醇型、原人参三醇型和齐墩果烷型皂苷。人参中的药效成分主要为人参皂苷(图 6-12)，而人参须根中的人参皂苷含量比主根高。

2)三七

三七，俗称“金不换”，性温，味甘、微苦。用于散瘀止血，消肿定痛。其主要成分为达玛烷型皂苷，此外还含有少量的人参皂苷、绞股蓝皂苷及三七皂苷，其中以人参皂苷含量最高。三七中用于止血的活性成分是田七氨酸(图 6-13)。

3. 挥发油和萜类中药

挥发油又称精油，是存在于植物中的具有芳香气味、可随水蒸气蒸馏出来而又与水不相混溶的一类挥发性油状成分的总称。挥发油为混合物，其组分较为复杂，主要通过水蒸气蒸馏法和压榨法制取。挥发油中多为萜类成分，还含有小分子脂肪族和芳香族化

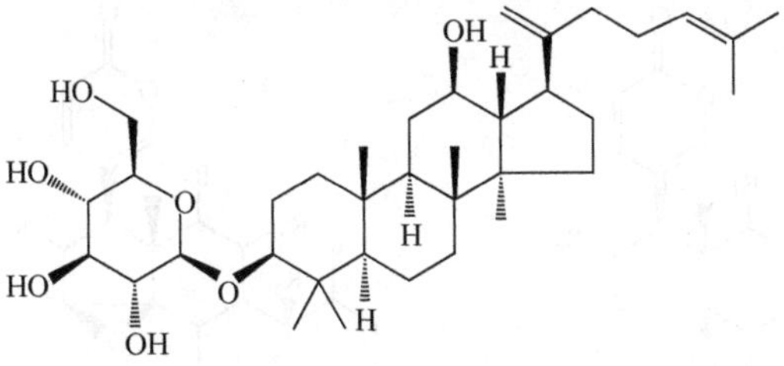

图 6-12　人参皂苷结构式

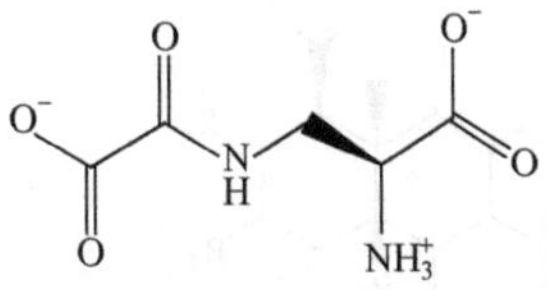

图 6-13　田七氨酸结构式

合物。常见的该类中药有广藿香、肉桂、陈皮、薄荷等，临床上主要用于祛风、解暑和开胃止呕等。

1) 广藿香

广藿香，性微温，味辛，微苦。芳香化浊，开胃止呕，发表解暑。用于缓解湿浊中阻、脘痞呕吐、暑湿倦怠等症状。其主成分为广藿香醇(又称百秋李醇)、广藿香酮等，此外还含有少量芹黄素、芹黄苷等黄酮类化合物。

2) 陈皮

陈皮，性温，味苦、辛。可用于理气健脾，燥湿化痰。其含挥发油，油中主要成分为柠檬烯(图 6-14) 和松油烯(图 6-15)。挥发油与水不相混合，当受热后，二者蒸气压的总和与大气压相等时，溶液开始沸腾，继续加热则挥发油可随水蒸气蒸馏出来。因此，可采用水蒸气蒸馏法提取陈皮中的挥发油成分。

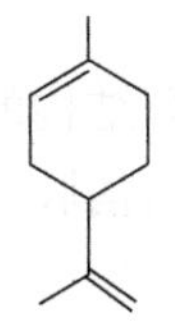

图 6-14　柠檬烯结构式

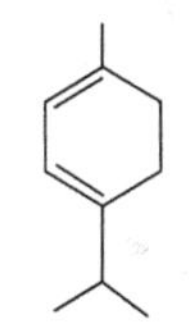

图 6-15　松油烯结构式

4. 甾族化合物类中药

甾族化合物是一类具有环戊烷并多氢菲结构的化合物，广泛存在于动物中药(如蟾酥、熊胆、牛黄等) 和植物中药(如人参、茯苓、三七、半夏等) 中。根据生物活性的不同，甾族化合物可分为蟾毒配基、甾族激素类、甾醇类及胆汁酸类等。

蟾酥为蟾蜍科动物中华大蟾蜍或黑眶蟾蜍的干燥分泌物，性温，味辛，有毒；具有解毒、止痛、开窍醒神之功效，用于治疗痈疽疔疮、咽喉肿痛、中暑神昏、痧胀腹痛吐泻。蟾酥的主要化学成分为蟾蜍内酯类、吲哚生物碱类、甾醇类及其他化合物，其中蟾蜍内酯类化合物是蟾酥药效的主要成分。蟾蜍内酯类化合物主要是指蟾蜍二烯羟酸内酯类化合物。蟾蜍二烯羟酸内酯类化合物根据配基母核上取代基不同可分为 5 类，分别为蟾毒灵类(Ⅰ)、脂蟾毒配基类(Ⅱ)、沙蟾毒精类(Ⅲ)、假蟾毒精类(Ⅳ)、环氧酯蟾毒配基类(Ⅴ)，吲哚生物碱类母核结构见图 6-16。

图 6-16　蟾酥中蟾毒配基类和吲哚生物碱类母核结构

5. 环酮类中药

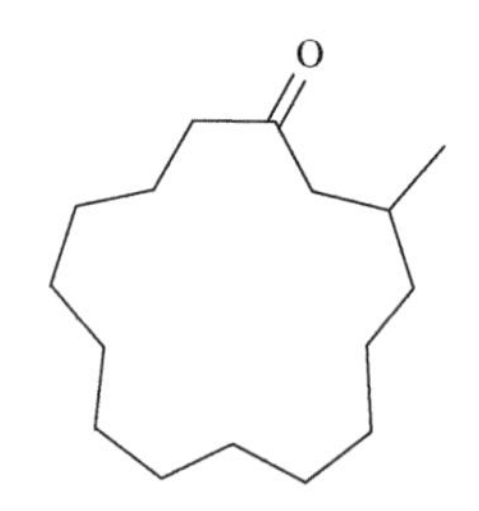

图 6-17　麝香酮结构式

环酮类中药是指分子中含有环酮结构的中药。这类中药大多具有泻下通便、清火解毒、抗菌消肿等功效。常见的环酮类中药有麝香、丹参等。

1）麝香

麝香，性温，味辛，具有开窍醒神、活血通经、消肿止痛等功效。其主要成分为麝香酮(图 6-17)、麝香吡啶等大分子环酮。另含 5α-雄甾烷-3,17-二酮等 10 余种雄甾烷衍生物。值得一提的是，当前生药质量评价的指标性成分为麝香酮。

后宫娘娘们争宠必备的"武器"麝香——原来我们都误会了它

在宫廷剧中，只要香包、手帕等有麝香气味的存在，怀孕的娘娘就很容易流产，正常人闻麝香的气味时间长点也易导致不孕，简直是比现代打胎药还神奇的存在。事实真的是这样吗？麝香到底是什么呢？

实验证明，麝香中的麝香酮确实对实验动物的子宫平滑肌具有一定的收缩作用，但这受到给药方式和给药浓度的影响。也就是说，麝香有可能引起子宫收缩，但必须是在大剂量、高浓度和注射用药的方式下，单靠闻一闻香气、涂点药膏就能让人流产或不孕几乎是不可能的。

在古代，麝香被妃子们当作香料来争宠并不罕见，汉成帝的皇后和宠妃就在她们的肚兜里装了麝香，后来麝香在宫廷中使用就很普遍了。现代一般都是人工麝香，通常香水中都有麝香的存在，也没听说经常用香水的女性都不孕或者是怀孕之后都流产了。因此，除非是直接服用天然麝香会导致流产，否则单纯闻麝香的香味很难导致流产或不孕。

2)丹参

丹参，性微寒，味苦，具有活血祛瘀、通经止痛、清心除烦、凉血消痈等功效。主要成分为二萜醌类(如丹参酮ⅡA 等)和酚酸类(如丹参酚酸 B 等)。丹参酮ⅡA、隐丹参酮、丹参酮Ⅰ和丹参酚酸 B 也可作为生药质量的重要评价指标之一(图 6-18)。

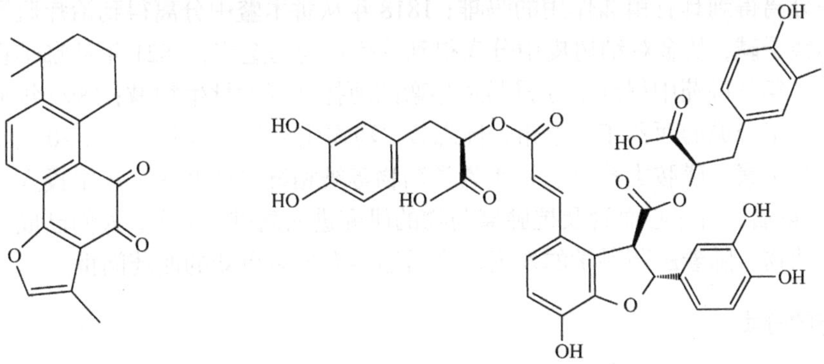

(a)　(b)

图 6-18　丹参酮ⅡA(a)和丹参酚酸 B(b)结构式

6. 糖类中药

凡利用植物中糖类(主要是多糖)治疗疾病的均属糖类中药。例如，香菇(其中的香菇多糖具有抗肿瘤作用)、黄芪(除具有益气功效外，其中的黄芪多糖还具有明显的体液免疫促进作用)。从人参废渣(生产人参精、人参酒等产品后的废渣)中提取的人参多糖也具有很好的抗肿瘤作用。

7. 氨基酸、蛋白质类中药

利用中药中的氨基酸、蛋白质等成分治疗疾病的中药均属氨基酸、蛋白质类中药。阿胶是这类中药的典型代表，它还是滋阴润燥、补血止血的良药。

8. 有机酸类中药

分子结构中含有羧基(—COOH)的中药称为有机酸类中药。它常存在于中草药的叶、根和果实中。常见的有机酸类中药有乌梅、五味子、覆盆子等。

6.3　西药那些事

19世纪中叶，人们虽然发现了乙醚、笑气(N_2O)等可作为外科手术的麻醉剂，但术后感染问题始终没有得到解决，这迫使人们思考如何制备能够有效抑制细菌感染的西药。近百年来，人们合成了数以万计的西药，治愈了过去无法控制的烈性传染病、神经系统的疾病等。西药为人类健康做出了重要贡献。

6.3.1　西药发展史

西药的起源和发展首先应归功于天然药物。人类在长期生活实践中认识了许多有强大疗效的天然药物。进入19世纪后，掀起了从天然药物中分离有效化学成分的热潮。1805年从鸦片中分离得到具有镇痛作用的吗啡；1818年从番木鳖中分离得到治疗肌无力的番木鳖碱和马钱子碱，从金鸡纳树皮中分离得到治疟疾药物奎宁；1821年从咖啡豆中得到咖啡因；1833年从颠茄中得到治疗胃肠道痉挛的阿托品等大批生物碱；1899年阿司匹林作为第一个人工合成的西药正式上市，标志着“药物化学”的诞生。进入20世纪后，激素类药物、维生素、磺胺类药物、抗生素类药物等被相继发现并在临床中投入使用。20世纪50年代以后，治疗心血管及抗肿瘤药物的研究进入高潮。至今，人们已成功研制出数以万计的药物。随着医药科学的发展，今后还会有更多更新的西药问世。

6.3.2　西药的分类

西药有多种分类方法，按照药理和临床功能可分为心脑血管用药、消化系统用药、呼吸系统用药等19类西药。下面简要介绍几种治疗常见疾病的西药。

1. 解热镇痛药

解热镇痛药包括水杨酸类的阿司匹林、苯胺类的扑热息痛等。其中，水杨酸类药物在临床上应用最为广泛，苯胺类和吡唑酮类药物因为毒副作用较大，很多品种已经在临床上停用。

1)阿司匹林

阿司匹林，化学名称为2-乙酰氧基苯甲酸，又名乙酰水杨酸，分子式为$C_9H_8O_4$，分子量为180.16(图6-19)。它是一种白色结晶或结晶性粉末，无臭或微带乙酸臭，味微酸；遇湿气即缓慢水解。在乙醇中易溶，在三氯甲烷或乙醚中溶解，在水或无水乙醚中微溶。

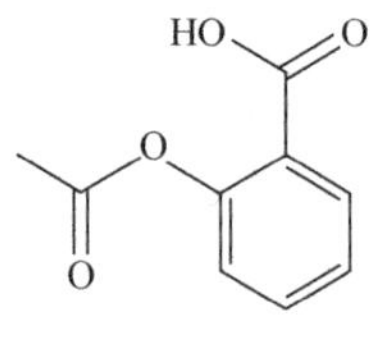

HO　O
O
O

图6-19　阿司匹林结构式

阿司匹林水解生成水杨酸后，分子中的酚羟基容易在空气中被氧化成醌类有色物质，显淡黄、红棕甚至深棕色；其水溶液加热放冷后与三氯化铁反应显紫色；其碳酸钠溶液加热后与稀硫酸反应析出白色沉淀，并放出乙酸臭气。以上三种实验现象均可用于鉴别阿司匹林，但其中最常用的鉴别方法是第二种。

$$6C_7H_6O_3 + FeCl_3 \longrightarrow [Fe(C_7H_5O_3)_6]^{3-}(紫色) + 3HCl + 3H^+$$

工业上常以水杨酸与乙酸酐为原料，在浓硫酸的催化下制备阿司匹林。

$$C_6H_4(COOH)(OH) + (CH_3CO)_2O \xrightarrow{浓H_2SO_4} C_6H_4(COOH)(OCOCH_3) + CH_3COOH$$

阿司匹林除具有显著的解热镇痛作用外，还具有抑制血小板的释放和聚集作用，用于预防心脑血管疾病。此外，它还具有通过抑制环氧合酶阻断前列腺素的生物合成而产生抗炎症的作用。

阿司匹林——树皮里“煮”出来的经典

长期以来，阿司匹林作为解热镇痛药物在全世界广泛应用。人类很早就发现了柳树类植物的提取物(天然水杨酸)的药用功能。古苏美尔人的泥板上就有用柳树叶治疗关节炎的记载。古埃及最古老的医学文献《埃伯斯纸草文稿》记录了埃及人至少在公元前2000多年以前就已经知道干柳树叶的止痛功效。

中国古代也很早就发现了柳树的药用价值。据《神农本草经》记载，柳之根、皮、枝、叶均可入药，有祛痰明目、清热解毒、利尿防风之效，外敷可治牙痛。

1828年，法国药学家勒鲁克斯和意大利化学家皮里亚成功地从柳树皮中分离提纯出活性成分水杨苷，并通过分解该物质得到了水杨酸。但是水杨酸作为药物并不成功，它有一种极为难闻的味道，而且对胃的刺激很大，许多患者甚至认为用它治疗比病症本身更让人难以忍受。1897年，德国化学家霍夫曼(图6-20)给水杨酸分子加了一个乙酰基，发明了乙酰水杨酸，也就是现在的阿司匹林，就没有难闻的味道了。

图6-20 霍夫曼

图片源自：搜狐网

2) 对乙酰氨基酚

对乙酰氨基酚(图6-21)是泛用于治疗发热、头痛、风湿痛、神经痛和痛经的苯胺类解热镇痛药，与阿司匹林的解热镇痛活性相当。

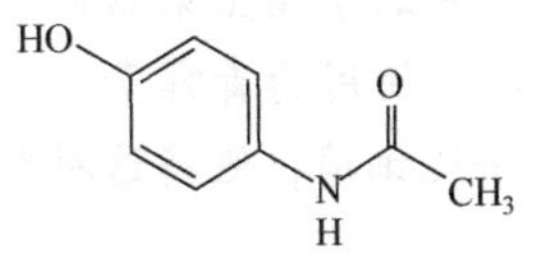

图6-21 对乙酰氨基酚结构式

该物质化学名称为*N*-(4-羟基苯基)乙酰胺，又名扑热息痛，为白色结晶或结晶性粉末；无臭，味微苦；易溶于热水或乙醇中，遇丙酮溶解；具有弱酸性。

对乙酰氨基酚的水溶液和三氯化铁反应呈蓝紫色，这一现象可作鉴别之用。

$$3C_8H_9NO_2 + FeCl_3 \longrightarrow Fe(C_8H_8NO_2)_3(蓝紫色) + 3HCl$$

工业上常将对硝基苯酚还原得到对氨基酚，再经乙酸酰化制得对乙酰氨基酚。

$$\text{NaO-}C_6H_4\text{-}NO_2 \xrightarrow[H_2O]{Fe,\ HCl} \text{HO-}C_6H_4\text{-}NH_2 \xrightarrow[130\sim135℃]{CH_3COOH} \text{HO-}C_6H_4\text{-}NHCOCH_3$$

2. 抗生素

抗生素是能抑制某些微生物(细菌、真菌、放线菌属等)生长或能杀灭某些微生物的一类物质。主要用于治疗各种细菌感染或致病微生物感染类疾病，一般情况下对其宿主不会产生严重的副作用。抗生素按化学结构主要分为以下五类：β-内酰胺类、氯霉素类、四环素类、氨基糖苷类、大环内酯类。

1)天然青霉素

青霉素是利用青霉菌株，在淀粉糖、玉米浆、黄豆饼粉及含硫、磷和微量金属的盐类培养基中生长繁殖所得到的一种代谢产物，是最早发现的一种天然抗生素。从青霉菌培养液和头孢菌素发酵液中分离、纯化得到的 6 种天然青霉素(图 6-22)中，青霉素 G 的产量最高，药效最强。

a　b　c

R侧链

青霉素 F：$R=CH_3CH_2CH{=}CHCH_2—$

青霉素 G：$R=C_6H_5—CH_2—$

青霉素 X：$R=HO—C_6H_4—CH_2—$

青霉素 K：$R=CH_3(CH_2)_5CH_2—$

青霉素 V：$R=C_6H_5—OCH_2—$

二氢青霉素 F：$R=CH_3(CH_2)_3CH_2—$

图 6-22　6 种青霉素的结构式

青霉素——传染病的克星

早在唐朝时，长安城的裁缝把长有绿毛的糨糊涂在被剪刀划破的手指上来帮助伤口愈合，就是因为绿毛含有的物质有杀菌的作用，也就是人们最早使用的青霉素。

1928 年，英国细菌学家弗莱明发现青霉菌能分泌一种物质杀死细菌，他将这种物质命名为“青霉素”。

1941 年，青霉素提纯的接力棒传到了澳大利亚病理学家弗洛里的手中。弗洛里在美国飞行员外出执行任务时从各国机场带回来的泥土中分离出菌种，使青霉素的产量从每立方厘米 2 单位提高到了 40 单位。一天，弗洛里下班后在实验室大门外的街上散步，见路边水果店里摆满了西瓜，忽然瞥见柜台上放着一只被挤破了的西瓜，有几处瓜皮已经溃烂了，上面长了一层绿色的霉斑。

弗洛里盯着这只烂瓜看了好久，又皱着眉头想了一会儿，忽然对老板说：“我要这一只。”捧着那只烂瓜走出了水果店。老板摇了摇头，有些不解地望着这个奇怪的顾客远去的背影。

弗洛里捧着这只烂西瓜回到实验室后，开始培养菌种。不久，实验结果让弗洛里兴奋，从烂西瓜里得到的青霉素竟从每立方厘米40单位猛增到200单位。

青霉素在第二次世界大战末期横空出世，迅速扭转了战局。战后，青霉素更得到了广泛应用，拯救了千万人的生命。因青霉素这项伟大发明，弗洛里和弗莱明、钱恩分享了1945年的诺贝尔生理学或医学奖。

青霉素是很常用的抗菌药品。但每次使用前必须做皮试，以防过敏。

2) 半合成青霉素

青霉素主要用于治疗革兰氏阳性菌所引起的全身或严重的局部感染，但是青霉素易导致严重的过敏反应。为了克服这一缺点，人们对青霉素的结构进行了修饰，制备出了半合成青霉素。其中，应用最广泛的半合成青霉素为阿莫西林，结构式如图6-23所示。

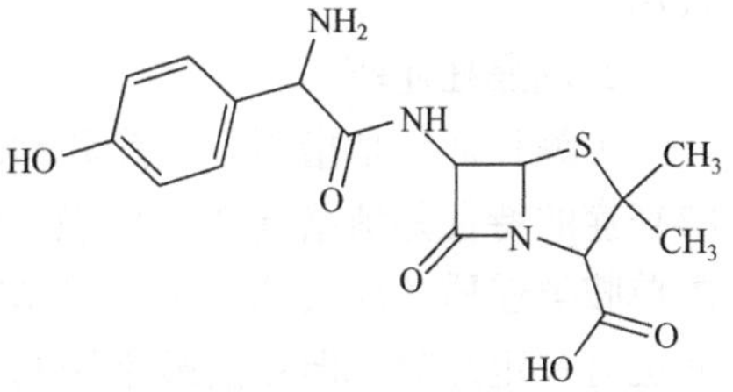

图6-23　阿莫西林结构式

阿莫西林的化学名称为(2*S*,5*R*,6*R*)-3,3-二甲基-6-[(*R*)-(−)-2-氨基-2-(4-羟基苯基)乙酰氨基]-7-氧代-4-硫杂-1-氮杂双环[3.2.0]庚烷-2-甲酸三水合物，为白色或类白色结晶性粉末，味微苦；在水中微溶，在乙醇中不溶。

在阿莫西林结构式的侧链上有一个手性碳原子，其结构中也含有酸性的羧基、弱酸性的酚羟基和碱性的氨基，在pH=6的水溶液中比较稳定。主要用于治疗敏感菌所致的呼吸道感染（如支气管炎、肺炎）、伤寒、泌尿道感染、皮肤软组织感染及胆道感染等。对引起小儿呼吸道、泌尿道感染的病原菌有高度抗菌活性。

3. 抗精神病类药物

抗精神病类药物可在不影响意识清醒的条件下控制兴奋、躁动、妄想和幻觉等症状，对神经活动具有较强的选择性抑制作用。

1) 抗抑郁药

抑郁症是一种重性精神障碍，以抑郁心境为主要表现，具有高发病率和高死亡率的显著特点。根据世界卫生组织的最新估计，目前有3亿多人罹患抑郁症，从2005年到2015年增加了18%以上。全球每5人中就有1人受到抑郁症的影响。

抑郁症——海明威综合征

图 6-24 海明威

抑郁症还有一个令人伤感的名字——海明威综合征。荣获 1954 年诺贝尔文学奖的美国著名作家海明威，以中篇小说《老人与海》闻名于世(图 6-24)。1960 年，海明威被诊断患有抑郁症，医生对他采用电击治疗，而痛苦的电疗严重伤害了他的记忆力。1961 年 7 月 2 日早晨，61 岁的海明威终于结束了一切——用一颗子弹终结了自己的生命。

目前抑郁症的主要干预手段是药物治疗，在所有抗抑郁药物中，氟西汀使用率最高。

氟西汀为二环类化合物(图 6-25)，1988 年在美国上市，是第一个选择性 5-HT 再摄取抑制药，对强迫症也有效用。

图 6-25 氟西汀结构式

2)抗躁狂症药

抗躁狂症药是指用于治疗和预防躁狂症的一类药物。躁狂症的特征是情绪高涨、烦躁不安、活动过度和思维言语不能自制，其病因可能与脑内单胺类递质功能失调有关。抗精神病类药物中如氯丙嗪、氯氮平及氟哌啶醇等对躁狂症也有一定疗效，但目前最常用的是锂盐类药物，如碳酸锂。

碳酸锂，化学式为 Li_2CO_3，为无色单斜晶系结晶或白色粉末。溶于稀酸，微溶于水，不溶于乙醇、丙酮。碳酸锂口服后吸收迅速，给药后 2～4h 血药浓度达到峰值。碳酸锂在体内不被代谢，也不与血浆蛋白结合，绝大部分碳酸锂会以原形从肾脏排出，约 80%由肾小球滤过的锂离子在近曲小管与 Na^+竞争重吸收。因此，增加钠的摄入可促进其排泄。

6.4 “药”说爱你不容易

药物与人类生活息息相关。本节将从科学合理用药、药物滥用、毒品三个方面进行介绍。

6.4.1 科学合理用药

1. 合理用药的概念

合理用药的概念源于合理治疗学。合理治疗即理性的、合适的、安全的、有效的治疗。药物治疗是最常用、最经济的治疗疾病的重要手段，用药质量与医疗质量息息相关。

2. 合理用药的判断标准

世界卫生组织(WHO)和美国卫生管理科学中心(MSH)提出合理用药需达到以下 7 项生物医学标准：①药物正确无误；②用药指征适宜；③药物疗效、安全性、使用及价格对患者适宜；④剂量、用法、疗程妥当；⑤用药对象适宜，无禁忌证、不良反应小；⑥药品调配及提供给患者的药品信息无误；⑦患者遵医嘱情况。诊断正确是合理用药的前提，所以判断用药是否合理，首先要审查诊断的正确性。

3. 合理用药四要素

1)安全

安全性是选择药物的前提，但绝对的安全是不存在的，“是药三分毒”，药物是否有毒或毒性大小如何往往取决于所用剂量。药物安全是指药物治疗的效果风险比，要求药物治疗获取最大治疗效果而承受最小风险(图 6-26)。实际上，用药效果风险比的评价标准因药物所治疗的疾病不同而不同。药物治疗风险有三个主要等级：无法接受的、可接受的、微小的。

图 6-26　安全用药

2)有效

有效是指药物治疗所产生的预期效果。有效性首要目标是“药到病除”。有效性标准是多层次的，包括显效、好转、预防、降低死亡率等；有效与否受多种因素影响，如疾病严重程度、治疗目标、心理状态、并发症等。有效实际上是努力寻找的一个在效果和风险之间的平衡点。

3)适当

适当体现在临床用药过程的多个环节，包括个体化地确定所用药物及用药剂量、疗程、给药途径和合并用药。适当用药的目的在于充分发挥药物的作用，尽量减少药物的毒副作用。

4)经济

用药不是越便宜越好，也不是每单位时间用药经费越少越好，而是看全疗程的费用，是否用尽可能低的医药费用支出获得尽可能高的治疗效果，它强调临床治疗效果与费用的相对关系，以获得最佳的治疗和最低的用药成本。

茶水服药行不行

无论是服用中药还是西药，都应用温开水，而不应用茶水(图 6-27)。在服药期间也不宜喝茶水。因为茶叶中含有鞣酸、咖啡因、茶碱等成分，这些成分可与某些药物发生化学反应而影响疗效。例如，服用补铁剂硫酸亚铁片时，鞣酸与硫酸亚铁反应会生成鞣酸铁沉淀，从而使硫酸亚铁片失去药效。

图 6-27　不能茶水服药

6.4.2　药物滥用

药物滥用是当前世界性的公共卫生问题，已引起了全球的广泛关注。

抗生素，曾在第二次世界大战时被誉为“最伟大的医药发明”，在造福人类的同时，也给人类社会带来了新的风险，甚至成为一个威胁人类健康的公共卫生安全问题。

图 6-28　慎重对待抗生素

青霉素的发明至今已有 80 年历史，人们一直认为它是安全的，能够有效遏制细菌感染。然而，近几年来，随着“超级细菌”事件的陆续发生，人们意识到控制抗生素耐药性的重要性。中国是全世界最大的抗生素生产国和使用国，也是全世界抗生素滥用较为严重的国家之一。面对日益严重的抗生素滥用问题(图 6-28)，众多有识之士大声疾呼，国际社会也逐步形成共识，遏制抗生素滥用已经成为一个重要的政策议题。

6.4.3　毒品

1. 毒品的分类

根据毒品的发展历史可将其分为传统毒品(包括海洛因、鸦片、吗啡等)和新型毒品(包括冰毒、摇头丸等)。根据毒品的作用又可将其分为麻醉药品类和精神药品类(图 6-29)。

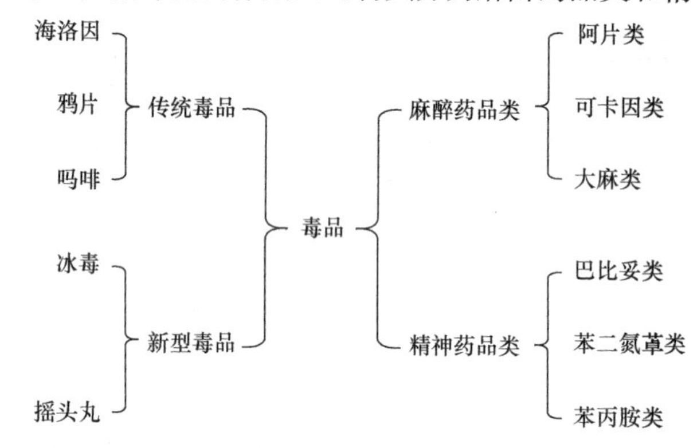

图 6-29　毒品的分类

2. 毒品的危害

1)危害身心健康

无论何种毒品对人体都是有伤害的，特别是正处在发育阶段的青少年，由于身体各机能发育尚未成熟，因此受到的伤害也更加严重。吸食毒品不但会使青少年的记忆力、免疫力下降，诱发多种疾病，而且会扭曲其心理，使其意志消沉，更有甚者会产生变态心理，引发一系列犯罪活动。

2)危害正常家庭生活

吸毒者要耗巨资来维持毒源，如果家庭中有一人吸毒，就会很快花光家里的积蓄。一旦积蓄被花完，吸毒者往往会不惜一切代价继续吸毒。此外，吸毒者通常会采用注射方式吸毒，这为疾病的传播提供了极大的便利。

3)极易引发刑事犯罪

吸毒者大多无正常工作，且毒资较高。为了吸毒，有些人会铤而走险，走上违法犯罪的道路，严重危害了社会正常秩序，给广大民众的生命财产安全带来极大的隐患。

3. 毒品化学

1)阿片类

阿片，又称鸦片(图 6-30)，俗称大烟，是用罂粟(*Papaver Somniferum*，图 6-31)植物未成熟果实浆干燥制得的棕褐色膏状物。罂粟原产于小亚细亚，适应性很强，从非洲最南端到地球北部莫斯科都能生长。罂粟为一年生植物，花为蓝紫色或白色，叶子为银绿色，分裂或有锯齿。罂粟花落后，在顶端结成椭圆形的果实——罂粟果。取罂粟果划破表皮，会流出乳白色的浆液。浆液暴露于空气后干燥凝结，即变成褐色或黑色，这就是生鸦片。生鸦片经过提炼生成吗啡，吗啡再经化学药物提炼即生成海洛因。

图 6-30　鸦片

图片源自：搜狐网

图 6-31　罂粟

阿片中含 20 种以上生物碱，约占其总质量的 25%，包括吗啡类与罂粟碱类。前者主要有吗啡、可待因、蒂巴因，后者有罂粟碱。

吗啡(图 6-32)是存在于罂粟果实外壳中含量最多的生物碱。1806 年，德国化学家泽尔蒂纳从阿片生物碱混合物中提取分离得到该物质，其化学结构直到 1952 年才被完全确定。治疗量的吗啡可用于镇痛，镇痛效果较强，但如果反复多次使用就会产生成瘾性，用药过量或误用可引起慢性或急性中毒，甚至死亡。鸦片中生物碱的提取主要依靠萃取法，早年多使用液液萃取法，但该法需消耗大量溶剂，操作烦琐，时间长。

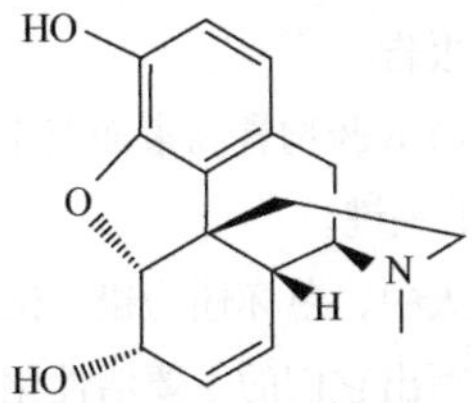

HO
O
N
H
HO

图 6-32　吗啡结构式

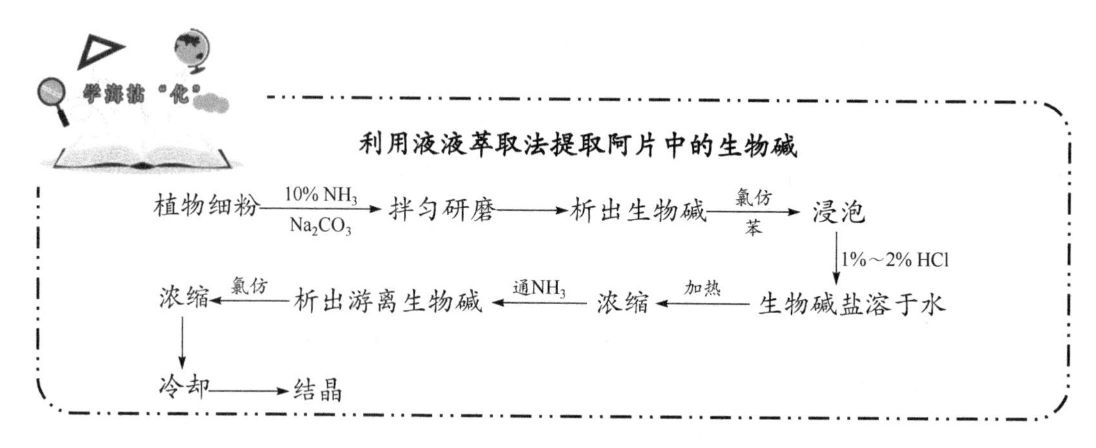

2) 可卡因

可卡因是一种兴奋剂，为白色结晶，有局部麻醉的作用，毒性较大。

早在 16 世纪，西班牙探险家便注意到南美土人通过咀嚼古柯植物的叶子提神，因为这种植物的叶子可以起到消除疲劳、提高情绪的作用。但长期食用会引起偏执狂型的精神病，如果怀孕妇女服用，有可能导致胎儿流产、早产或死产；大量服用能刺激脊髓，引起人的惊厥，严重的甚至可导致呼吸衰竭。

1855 年，德国化学家弗里德里希(Friedrich)首次从古柯叶中提取出麻药成分。1859 年，奥地利化学家纽曼(Neiman)又精制出更高纯度的物质，命名为可卡因(cocaine)。在医疗中，它被用作局部麻醉药或血管收缩剂，由于其麻醉效果好，穿透力强，主要用于表面麻醉，但因毒性强，不宜注射。此外，可卡因也可作为天然中枢兴奋剂，但因其对中枢神经系统的兴奋作用而导致滥用。1985 年可卡因被世界卫生组织明确列为毒品。

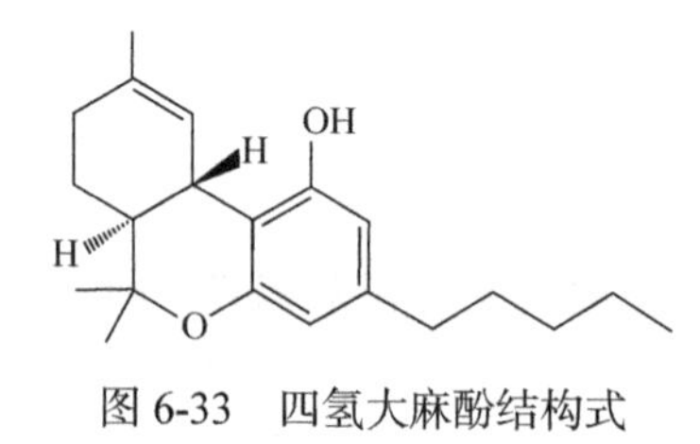

图 6-33　四氢大麻酚结构式

3) 大麻

大麻的主要成分包括大麻酚、大麻二酚和四氢大麻酚(图 6-33)。其中，最具毒性的成分是四氢大麻酚，其毒性仅次于鸦片。实验表明：吸入 7mg 即可引起欣快感，它有生理依赖性，会使人上瘾。医学实验表明，长期服用大麻会对人的身体机能和免疫力产生不可逆转的损害。

1. 《本草纲目》对药物发展做出了突出贡献，其中叙述了制轻粉法，试用化学方程式表示出来。

2. 在实验室制备漂白粉并完成实验报告。

3. 我国科学家屠呦呦因发现抗疟疾特效药物青蒿素而获诺贝尔生理学或医学奖，试写出青蒿素的制备原理、化学方程式以及她取得成功的关键。

4. 《周易参同契》中记载：胡粉投火中，色坏还为铅。试用化学方程式表示这句话的含义。

5. 列举几种你所知道的中草药，并写出它们的主要活性化学成分。

6. 人参在中国被视为百草之王，试述人参的药效成分，并写出其结构式。

7. 按照药理和临床功能，西药可分为哪几类？

8. 阿司匹林具有显著的解热镇痛作用，常以水杨酸为原料制备，试写出制备过程。

9. 现在的抗抑郁药按作用机制可分为哪几类？任意写出一类代表药物的化学结构。

10. 写出盐酸氟西汀的合成路线。

11. 吃药期间不宜喝茶水，试写出其中的化学原理。

12. 盐酸吗啡结构中既有弱酸性的酚羟基，又有碱性的叔胺，是一个两性化合物，试写出其结构式。

13. 鸦片中生物碱提取主要依靠萃取法，试写出提取步骤。

14. 巴比妥类药物用途广泛，可用作抗焦虑药、安眠药、抗痉挛药，试写出巴比妥类药物的三条化学性质。

第 7 章　新型材料的世界

7.1　新材料中的“潜力股”——纳米材料

图 7-1　物理学家费曼

20 世纪 60 年代，诺贝尔物理学奖获得者、量子物理学家费曼（图 7-1）预言：如果我们对物体微小规模上的排列加以某种控制的话，就能使物体得到大量的异乎寻常的特性，就会看到材料的性能产生丰富的变化。他所说的材料就是现在的纳米材料。

1981 年，德国萨尔兰大学学者格莱特首次提出了纳米材料的概念。1990 年 7 月在美国召开的第一届国际纳米科学技术会议，正式宣布纳米材料科学为材料科学的一个新分支，而采用纳米材料制作新产品的工艺技术称为纳米技术。纳米材料是当今材料科学研究中的热点之一。

7.1.1　纳米材料的“奇妙”特性

纳米材料是指在三维空间中至少有一维处于纳米尺度范围（1～100nm）或由它们作为基本单元构成的材料。主要包括纳米颗粒材料、纳米晶粒材料、纳米复合材料。

在纳米材料中，纳米晶粒和由此产生的高浓度晶界是它的两个重要特征。高浓度晶界及晶界原子的特殊结构将导致材料的力学性能、磁性、介电性、超导性、光学乃至热力学性能的显著改变。纳米材料主要有以下几个特性。

1. 小尺寸效应

自然界中存在的普遍规律之一是量变质变规律，即物质在量的不断变化中必然会引起质的变化。当固体颗粒的尺寸由微米级变化到纳米级时，材料的性质会发生变化，造成纳米材料的特殊性质。例如，当颗粒的尺寸小于可见光波的波长时，对光的反射率低于 1%，于是失去了原有的光泽而呈黑色。又如，磁性颗粒小到一定程度就会丧失磁性，而压制的纳米陶瓷却具有宝贵的韧性和塑性。这些都称为小尺寸效应。

2. 表面效应

纳米材料由于其组成材料的纳米粒子尺寸小，微粒表面所占有的原子数目远远多于相同质量的非纳米材料。随着微粒粒径的减小，其表面所占粒子数目呈几何级数增加。

例如，微粒半径从 100nm 减小至 1nm，其表面原子占粒子中原子总数则从 20%增加到 99%，这是由于随着粒径的减小，粒子比表面积增加，每克粒径为 1nm 粒子的比表面积是粒径为 100nm 粒子比表面积的 100 倍。

单位质量粒子表面积的增大，表面原子数目的骤增，使原子配位数严重不足。高表面积带来的高表面能使粒子表面原子极其活跃，很容易与周围的气体反应，也很容易吸附气体，这一现象称为纳米材料的表面效应。利用纳米材料的这一性质，人们可以提高材料的利用率，如提高催化剂的效率、吸波材料的吸收率、涂料的遮盖率及杀菌剂的效率等。

3. 量子尺寸效应

纳米材料中微粒尺寸达到与光波波长或其他相干波长等物理特征尺寸相当或更小时，费米能级附近的电子能级由准连续变为离散并使能隙变宽的现象称为纳米材料的量子尺寸效应。这一现象的出现使纳米银与普通银的性质完全不同，普通银为良导体，而纳米银在粒径小于 20nm 时却是绝缘体。同样，纳米材料的这一效应也可用于解释为什么二氧化硅从绝缘体变为导体。

7.1.2　纳米材料的制备方法

纳米材料的制备一直是纳米科学领域的重要研究课题。

1. 按照纳米材料制备过程的物态分类

按照纳米材料制备过程的物态分类，可分为气相法、液相法和固相法。

(1)气相法是直接利用气体或者通过各种手段将物质变成气体，使其在气体状态下发生物理或化学变化，最后在冷却过程中凝聚长大形成纳米微粒。

(2)液相法是以均相的溶液为出发点，通过各种途径使溶质与溶剂分离，溶质形成一定形状和尺寸的颗粒，得到所需粉末的前驱体，热解后得到纳米微粒。

(3)固相法是通过“固相-固相”的变化制造粉体，不同于气相法和液相法伴随有“固相-气相”和“固相-液相”的状态变化。对于气相或液相，分子(原子)具有大的易动度，所以集合状态是均匀的，对外界条件的反应很敏感。而对于固相，分子(原子)的扩散很迟缓，集合状态是多样的。固相法所得的固相粉体和最初固相原料可以是同一物质，也可以是不同物质。

2. 按照纳米材料制备过程的变化形式分类

按照纳米材料制备过程的变化形式分类，可分为化学法、物理法和综合法，如表 7-1 所示。

表 7-1　纳米材料的主要制备方法分类

纳米材料种类	化学法	物理法	综合法
零维量子点	湿化学合成法	—	外延生长
纳米粉末	化学气相反应法 化学气相凝聚法 液相法 水热法、溶剂热合成法 喷雾热解和雾化水解法 微乳液法 热分解法	溅射法 球磨法	气体蒸发法 固相法 火花放电法 溶出法
一维纳米材料	化学气相沉积(CVD)法 溶剂热合成法 水热法 电化学溶液法	电弧法	激光烧蚀法 热蒸发 模板法
二维薄膜纳米材料	热氧化生长法 化学气相沉积法 电镀 化学镀 阳极反应沉积法 LB 技术	真空蒸发法 溅射法 离子束	反应溅射 外延膜沉积技术
三维块体材料	电沉积法	惰性气体冷凝法 高能球磨法 非晶晶化法 严重塑性变形法 快速凝固法 高能超声-铸造工艺 高压扭转(HPT)变形技术 深过冷直接晶化法	无压烧结、热压烧结 热等静压烧结、放电等离子烧结 微波烧结、预热粉体爆炸烧结 激光选择性烧结、原位加压成型烧结 烧结-锻压法、粉末冶金法 磁控溅射、燃烧合成熔化法 机械合金化-放电等离子烧结

7.1.3　纳米材料的应用

1. 纳米技术在微电子学上的应用

该应用领域的主要思想是基于纳米粒子的量子效应设计并制备纳米量子器件。最终目标是将集成电路进一步减小，研制出由单原子或单分子构成的各种器件，如单电子晶体管及红、绿、蓝三基色可调谐的纳米发光二极管、利用纳米丝巨磁阻效应制成的超微磁场探测器等。其中，具有奇特性能的碳纳米管为纳米电子学的发展起了关键的作用。早在 1989 年，美国 IBM 公司的科学家已经利用隧道扫描电子显微镜上的探针成功地移动了氙原子并拼成“IBM”三个字母。日本 Hitachi 公司成功地研制出单个电子晶体管，通过控制单个电子运动状态制成一个具有多功能的器件。另外，日本 NEC 研究所已经拥有制作 100nm 以下精细量子线结构的技术，并在 GaAs 基底上成功地制作了具有开关功能的量子点阵列。目前，美国已研制成功尺寸只有 4nm、由激光驱动的具有开关特性的纳米器件，并且开、关速度很快。

2．纳米技术在生物工程上的应用

生物的多样性及其复杂性来源于组成它们的原子和分子在纳米尺度上的结构和生命运动规律。生物学研究现已深入细胞质、DNA、基因片段和蛋白质，这些构成生命体的基本单元的尺度大多在微米级以下，其中基因片段和蛋白质均在纳米级。对这么小的生命体基本单元进行观察、研究、裁减、拼接、转移，就需要纳米技术的参与。目前，纳米科技与生物技术、医药学已交叉互相渗透，形成了纳米生物学(nanobiology)和纳米医药学(nanopharmics)，并成为纳米科学技术工程应用的热点领域。

3. 纳米技术在陶瓷领域的应用

1)在耐高温陶瓷中的应用

20世纪90年代初，日本尼阿拉(Nihara)首次报道了以纳米尺寸SiC颗粒为第二相的纳米复相陶瓷具有很高的力学性能，并具有很多独特性能。含有20%纳米钴粉的金属陶瓷是火箭喷气口的耐高温材料，氧化物纳米材料在这方面都优于同质传统陶瓷材料，所以纳米技术在陶瓷上的应用潜力不可估量。近年来，国内外对纳米复相陶瓷的研究表明，在微米级基体中引入纳米分散相进行复合，可使材料的断裂强度、断裂韧性大大提高(2～4倍)，最高使用温度升高400～600℃，同时还可提高材料的硬度、弹性模量、抗蠕变性和抗疲劳破坏性能(图7-2)。

图7-2 纳米陶瓷

2)在保健抗菌陶瓷中的应用

纳米抗菌材料主要有TiO_2、Ag、Cu和ZnO等，主要是掺入陶瓷釉面或陶瓷面层中，生产出抗菌陶瓷釉面砖和卫生陶瓷等产品，多应用于墙地面装饰、厨房、浴室及卫生间。在生产抗菌陶瓷的过程中，如果再加入远红外陶瓷粉，就可以制成具有复合功能的抗菌保健陶瓷。这类产品可以向外辐射红外线，以促进人体微循环，增加血流量，提高人体抗寒、抗病及抗衰老能力。

4．纳米技术在医学上的应用

在医学领域中，纳米材料主要用于疾病的诊断和治疗及开发新药物等方面(图7-3)。

图 7-3　纳米医学

例如，将纳米大小的成像试剂靶指向身体中的肿瘤或其他特定部位，为疾病诊断提供一种更快捷、对人体损伤更小、更精确的手段。1998 年提出了“纳米中药”的概念。纳米中药是指运用纳米技术将一味普通的中药加工到纳米级水平，其理化性质和疗效也会发生较大变化，甚至可以治疗疑难病症，并具有极强的靶向作用。目前，纳米雄黄、纳米磁石及纳米胰岛素口腔喷剂等已相继研制成功，并且显示出良好的药效作用。相信在不久的未来，艾滋病、高血压、癌症等病症也会被根治。

5．纳米技术在化工领域的应用

化工是一个巨大的工业领域，产品数量繁多，用途广泛，影响人类生活的各个方面。在橡胶、塑料、涂料等化工领域，纳米材料都能发挥重要作用。例如，在橡胶中加入纳米 SiO_2(图 7-4)和 Al_2O_3，不仅可以提高橡胶的抗紫外线辐射和红外线反射能力，还能提高其耐磨性、介电特性、强度和韧性等。

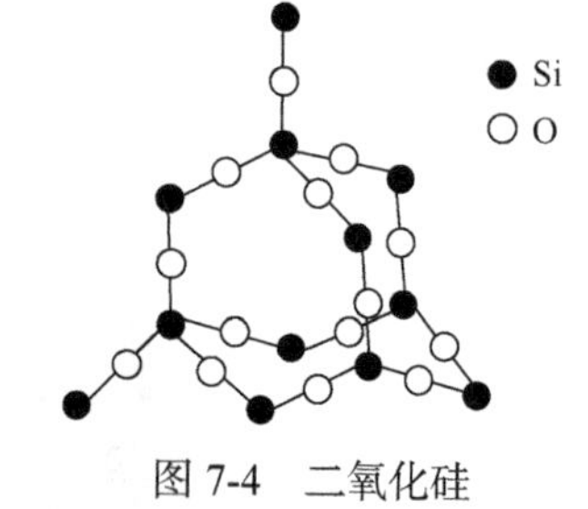

图 7-4　二氧化硅

此外，纳米材料在纤维改性、有机玻璃制造方面也有很好的应用。例如，在有机玻璃中加入经过处理的纳米 SiO_2，可大大提升有机玻璃的抗紫外线程度；加入纳米 Al_2O_3，不仅不影响玻璃的透明度，而且还会提高玻璃的高温冲击韧性；纳米 TiO_2 具有良好的紫外线屏蔽性能，质地细腻，无毒无臭，常添加在化妆品中，此外，还可以用于降解工业废水中的有机污染物。

6. 纳米技术在其他方面的应用

1)在体育上的应用

纳米塑胶跑道就是在传统塑胶跑道材料聚氨酯中加入一定比例的纳米粉体，形成纳米聚氨酯(图 7-5)。实验对比表明，纳米塑胶跑道不但秉承了一般聚氨酯塑胶跑道的强

图 7-5　纳米塑胶跑道

度高、弹性好、耐磨、抗老化、硬度适宜、经久耐用等特点，还表现出了良好的力学性能，如抗张强度和断裂伸长率大大超过了普通聚氨酯跑道，且耐磨、阻燃及防霉性能更佳，使用寿命也更长。

2) 在隐身技术上的应用

隐身技术因其作为提高武器系统生存和突防能力、提高总体作战效能的有效手段而受到世界各军事大国的高度重视。雷达波吸收材料(RAM)是隐身材料中发展最快、应用最广泛的材料，而制备吸波材料的关键是要有性能优异的雷达波吸收剂，它是吸波材料的核心。纳米材料具有特殊的光学性能，能够实现高吸收、宽频段、质轻层薄、红外微波吸收兼顾的要求，是一种非常有发展前途的新型军事雷达波吸收剂。采用纳米粒子与聚合物制成的复合材料能吸收和衰减电磁波和声波，减少散射和反射，具有极好的隐身性能。

3) 在食品科学领域的应用

当前，纳米技术在食品科学领域的应用包括食品储藏、食品包装、功能食品、食品检测、食品研发等。

a. 食品储藏

新鲜的蔬菜和水果常用的保鲜技术包括冷藏方式、防腐方式、臭氧方式和气调方式等。但以上保鲜技术的使用受到不同因素限制，普及效果较差。纳米材料本身具有杀菌消毒、低透氧、阻挡 CO_2 且能够吸收紫外线等优势，应用十分方便，限制较少。因此，在纳米材料上涂上涂膜剂制成包装材料，能够延长蔬菜和水果的保鲜时间(图 7-6)。当前许多纳米材料已被应用于蔬果保鲜，如纳米二氧化钛、银系纳米材料等。

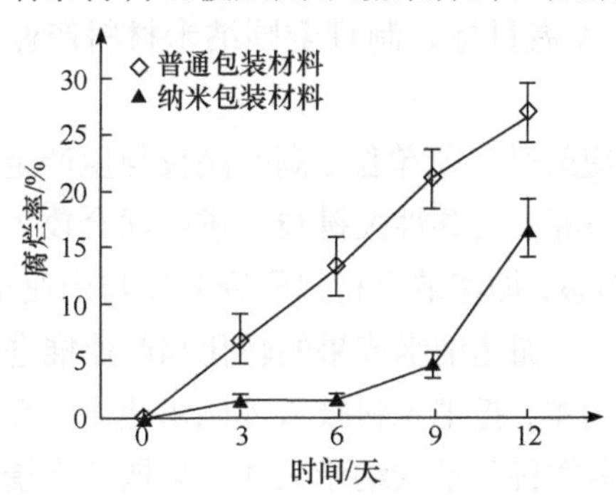

图 7-6　纳米和普通包装材料对草莓腐烂率的影响

b. 食品包装

目前，常使用的食品包装较多为可再生材料，如多糖类、脂类等，但以上材料应用效果和承重能力较差，极易发生破损，且阻水性能差。而纳米材料相比于可再生材料，其稳定性、保鲜性、抗菌性等有显著提升，其中纳米蒙脱石粉类已逐渐应用于包装饮料、啤酒和蔬果等食品。

c. 功能食品

近几年，随着经济发展，人们的生活节奏不断加快，导致亚健康人群数量不断增加，人们更加青睐功能食品。日本首先将纳米技术应用于功能食品中，通过该技术将功能食品中的β-聚糖转变为 200nm 以下的小颗粒，在卵磷脂稳定技术的支撑下促进人体吸收。类胡萝卜素是一种与水不相溶的物质，通过纳米技术将其纳米化，能够显著改善类胡萝卜素的水溶性，保证食品的稳定性和颜色的美观，并使其更容易被人体消化和吸收。随后研究者还将纳米胡萝卜素应用于柠檬水和黄油生产中，经济效益得到很大提升。

7.1.4 对纳米材料的发展建议

纳米材料和纳米技术研究取得了引人注目的成就，充分显示了它在国民经济新型支柱产业和高技术领域应用的巨大潜力。正如我国著名科学家钱学森曾预言的，“纳米左右及纳米以下的结构将是下一阶段科技发展的特点，会是一次技术革命，从而将是 21 世纪的又一次产业革命。”信息技术、生物医学、能源、环境和国防的高速发展必将对材料提出新的需求，对原材料的尺寸和性能要求越来越高。纳米材料的发展和创新将是未来十年内最具影响力的战略研究领域之一。

我国对纳米材料及纳米技术的研究一直给予高度重视，国家和各地方政府通过“国家科技攻关计划”“国家高技术研究发展计划（863 计划）”“国家重点基础研究发展计划（973 计划）”的实施，投入大量人力和资金，使我国纳米的研发水平获得了很大发展。但是，我国纳米产业也存在诸多问题和制约因素，如科研缺乏亮点，信息沟通缺乏；成果先天不足，转化接口不畅；产权意识淡薄，行业标准缺乏。因此，为了实现纳米技术的突破性发展，有以下几方面的建议：

（1）制订发展规划，确定切入点，坚持“有所为，有所不为”。国家应对纳米基础研究有整体规划，应根据国家产业发展战略和发展目标，制订全国纳米材料产业的发展规划。

（2）建立创新体系，吸引多元投资。国家应鼓励科研单位、高等院校与生产企业共建纳米材料技术创新基地、开放式研究开发中心等，对共性关键技术进行联合攻关，建立以企业为主体、产学研结合的纳米材料创新体系，加速纳米材料研究开发与产业化步伐。同时，鼓励纳米科技型企业在资本市场上融资，加速纳米成果的转化和产业推进。

（3）抓好人才培养，强化专利保护，以人为本，把纳米科技人才队伍建设放在突出位置。设立纳米科技专业的新课程，培养拥有多学科背景的纳米人才，采取切实措施，从国外引进优秀的纳米人才。同时，注重纳米技术的原始创新，强化专利保护意识，提高知识产权在企业发展中的重要作用。

7.2 应用领域的“领头羊”——高分子材料

自古以来，人类的生产生活都与高分子材料密切相关。几千年前，人类就懂得使用棉、麻、丝、毛等作织物材料（图 7-7），使用竹、木作建筑材料。如今，高分子材料已经渗透到人们生活的方方面面，如塑料袋、脸盆、汽车的轮胎和座椅等。

图 7-7　棉、麻、丝、毛

7.2.1　高分子是什么

1. 基本概念

高分子化合物常简称高分子，它是由许多相同的、简单的结构单元通过共价键连接而成的链状或网状分子，分子量高达 10^4～10^6，因此高分子又称聚合物、高聚物。例如，聚氯乙烯由氯乙烯结构单元重复键接而成，其结构式为

$$\sim\sim CH_2\underset{\displaystyle Cl}{\underset{|}{CH}}-CH_2\underset{\displaystyle Cl}{\underset{|}{CH}}-CH_2\underset{\displaystyle Cl}{\underset{|}{CH}}-CH_2\underset{\displaystyle Cl}{\underset{|}{CH}}\sim\sim$$

式中，符号 $\sim\sim$ 代表碳链骨架，略去了端基。上式还可缩写为

$$\left[CH_2\underset{\displaystyle Cl}{\underset{|}{CH}} \right]_n$$

高分子材料是以高分子化合物为基体，再配以其他添加剂(助剂)所构成的材料。添加剂可以是小分子，如填料、增塑剂、稳定剂、润滑剂、阻燃剂等；也可以是其他聚合物，如橡胶-塑料共混体系。

2. 分类

高分子化合物种类繁多，随着化学合成工业的发展和新聚合反应和方法的出现，其种类不断增加，需要进行分类。可以分别根据其来源、性质、用途、结构等进行分类。

1)按高分子主链结构分类

(1)碳链高分子：主链全由碳原子构成。大部分烯类和二烯类属于这一类，常见的有聚丙烯、聚乙烯、聚氯乙烯、聚苯乙烯、聚丁二烯、聚丙烯腈等。

(2)杂链高分子：主链上除碳原子外，还有氧、氮、硫等其他元素，常见的有聚醚、聚酯、聚酰胺、聚硫橡胶和聚甲醛等。

(3)元素有机高分子：主链上没有碳原子，而由硅、氧、氮、铝、钛、硼、硫、磷等元素组成，侧链为有机基团(如甲基等)。典型的例子是有机硅橡胶。

(4)无机高分子：主链和侧链均无碳原子，如聚合氯化铝、聚合氯化铁等。

2)按应用功能分类

(1)通用高分子：如塑料、纤维、橡胶、涂料、黏合剂等。

(2)功能高分子：指具有光、电、磁等物理功能的高分子，如高分子药物等。

(3)特殊功能高分子：如耐热、高强度的聚碳酸酯、聚砜等。

(4)仿生高分子：如高分子催化剂、模拟酶等。

常见高分子化合物及其结构式见表 7-2。

表 7-2　常见高分子化合物及其结构式

高分子化合物	结构式
聚丙烯	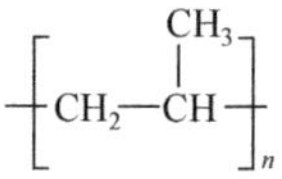 $\left[CH_2-CH(CH_3)\right]_n$
聚异丁烯	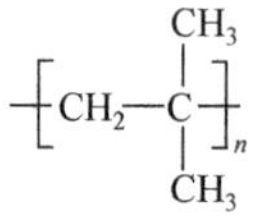 $\left[CH_2-C(CH_3)_2\right]_n$
聚丁二烯	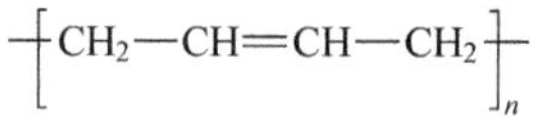 $\left[CH_2-CH=CH-CH_2\right]_n$
聚乙酸乙烯酯	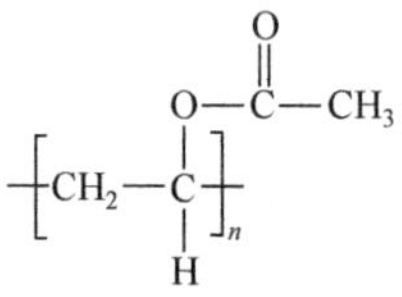 $\left[CH_2-CH(O-CO-CH_3)\right]_n$
聚氯乙烯	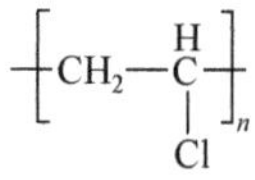 $\left[CH_2-CHCl\right]_n$
聚己内酰胺	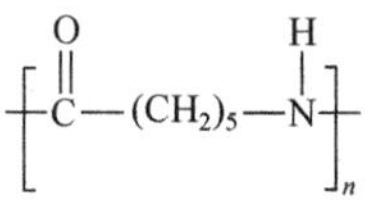 $\left[CO-(CH_2)_5-NH\right]_n$
聚苯醚	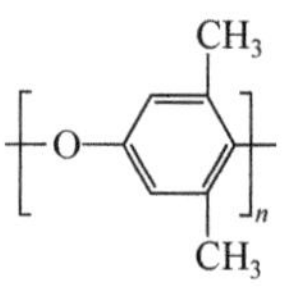 $\left[O-C_6H_2(CH_3)_2\right]_n$ (2,6-二甲基苯基)

3. 命名

高分子的命名方法很多，一种高分子可以有三种独立的名称：化学名称、商品名称或专利名称、习惯名称。现将一些常见高分子材料的名称及缩写列于表 7-3。

表 7-3　常见高分子材料的名称和缩写举例

高分子材料	化学名称	习惯或商品名称	缩写
塑料	聚乙烯	聚乙烯	PE
	聚丙烯	聚丙烯	PP
	聚氯乙烯	聚氯乙烯	PVC
	聚苯乙烯	聚苯乙烯	PS
	丙烯腈-丁二烯-苯乙烯共聚物	腈丁苯共聚物	ABS
纤维	聚对苯二甲酸乙二(醇)酯	涤纶	PET
	聚己二酰己二胺	锦纶 66 或尼龙 66	PA
	聚丙烯腈	腈纶	PAN
	聚乙烯醇缩甲醛	维纶	PVA
橡胶	丁二烯-苯乙烯共聚物	丁苯橡胶	SBR
	顺聚丁二烯	顺丁橡胶	BR
	顺聚异戊二烯	异戊橡胶	IR
	乙烯-丙烯共聚物	乙丙橡胶	EPR

7.2.2　通用高分子材料

20 世纪初，聚乙烯、尼龙 66 和氯丁橡胶这三大合成高分子材料开始蓬勃发展。高分子材料广泛应用于日常生活和国民经济的各个领域，如大规模集成电路、光纤通信、计算机、电视、人造卫星、航天飞机、巨型喷气客机等。三大合成高分子材料已成为人类社会文明的重要标志之一。

1. 塑料

(1) 聚乙烯(polyethylene，PE)：是由乙烯单体聚合而成的聚合物，其年产量可达几千万吨，是高分子材料的第一大品种。人们日常生活中使用的食品袋和塑料瓶都是聚乙烯制品，但二者所使用的聚乙烯原料却是不同的。食品袋的原料是低密度聚乙烯(LDPE)，即乙烯单体在微量氧的存在下通过高温高压聚合而成。通过这种高压工艺生产得到的聚乙烯透明度好、软化点低且易变形，因此主要用于药品和食品包装材料以及医疗器具等。而塑料瓶的原料是高密度聚乙烯(HDPE)，即用 $Al(C_2H_5)_3$-$TiCl_4$ 催化剂使乙烯在常压下聚合而成。该方法得到的聚合物分子链上无支链且密度较高，其刚性、硬度和软化点均优于低密度聚乙烯。

(2) 聚四氟乙烯(PTFE, 图 7-8)：是当今世界上耐腐蚀性能最佳的材料之一，故有“塑料之王”的美称。聚四氟乙烯具有优良的化学稳定性、耐腐蚀性、密封性、高润滑不黏性、电绝缘性和良好的抗老化能力。它的问世解决了化工、石油、制药等领域的许多问题。

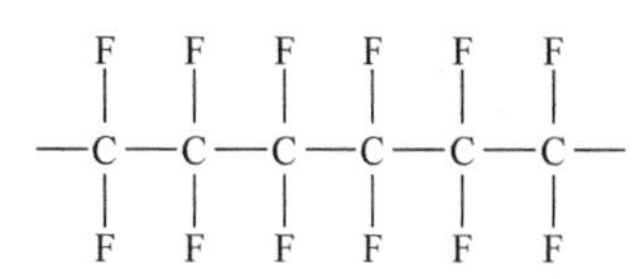

图 7-8　聚四氟乙烯结构式

聚四氟乙烯还可用作工程塑料，可制成聚四氟乙烯管、棒、带、板和薄膜等。一般应用于耐腐蚀性能要求较高的管道、容器、泵、阀，以及制造雷达、高频通信器材、无线电器材等。聚四氟乙烯圈、聚四氟乙烯垫片、聚四氟乙烯盘根等广泛用于各类防腐管道法兰密封。此外，也可以用于抽丝，如聚四氟乙烯纤维——氟纶(商品名为特氟纶)。由聚四氟乙烯制成的一些大型建筑，如运动场馆的屋顶，具有质轻、透光、耐腐蚀、易更换等优点。

ABS 树脂

工程塑料可以作为工程材料或金属替代物使用，具有优良的机械性能、耐热性和尺寸稳定性，主要包括聚酰胺、聚四氟乙烯、ABS 和聚碳酸酯等。其中，ABS 树脂是丙烯腈(A)、丁二烯(B)和苯乙烯(S)三种单体的共聚物(图 7-9)。

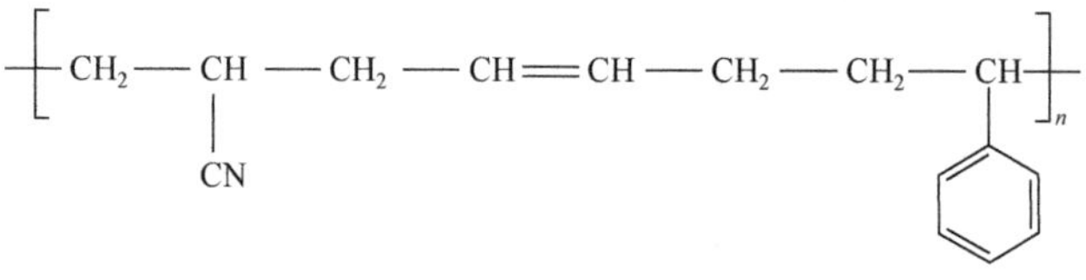

$$\left[CH_2-\underset{\displaystyle CN}{\underset{|}{CH}}-CH_2-CH{=}CH-CH_2-CH_2-\underset{\displaystyle C_6H_5}{\underset{|}{CH}} \right]_n$$

图 7-9　ABS 树脂

ABS 树脂既保持了聚苯乙烯的优良电性能、刚性及易加工成型性，又增加了聚丁二烯的弹性、韧性及聚丙烯腈的耐热、耐油、耐腐蚀性，因此强度大、综合性能优良，已广泛用于机械、电气、纺织、汽车和造船等工业，许多家电的外壳就是 ABS 塑料做的。

2. 橡胶

橡胶具有高弹性、绝缘性、不透气、不透水、抗冲击、吸震及阻尼性等性能，有些特种橡胶还具有耐化学腐蚀、耐高温、耐低温、耐油等特点，因而橡胶制品在工业、农业、国防和科技现代化中起着重要的作用。如今橡胶品种多达数万种，作为战略物资广泛地用于各种武器装备、汽车、坦克、大炮、飞机、导弹、火箭等。一个国家的橡胶消耗量通常被认为是衡量国民经济，特别是工业技术水平的重要指标之一。

全世界天然橡胶的产量一直在 300 万 t 左右，由于第二次世界大战对橡胶的迫切需要，开发出了合成橡胶。合成橡胶不仅性能优于天然橡胶，而且节省了大量的耕地，其成本更仅是天然橡胶的一半。天然橡胶的主要成分是异戊二烯。可以利用异戊二烯单体合成异戊橡胶，其结构和性能基本与天然橡胶相同。

$$nCH_2{=}CH{-}\underset{\underset{CH_3}{|}}{C}{=}CH_2 \longrightarrow {+}CH_2{-}CH{=}\underset{\underset{CH_3}{|}}{C}{-}CH_2{+}_n$$

异戊二烯　　　　异戊橡胶

但异戊二烯的原料来源受到限制，化学家发现丁二烯来源丰富，便以丁二烯为原料开发了一系列合成橡胶。

(1) 氯丁橡胶(CR)：由氯丁二烯(2-氯-1,3-丁二烯)为主要原料聚合而成，被广泛应用于抗风化产品、黏胶鞋底、涂料和火箭燃料。

(2) 丁苯橡胶(SBR)：通过乳液聚合法将丁二烯和苯乙烯聚合而成，反应式如下：

$$mCH_2{=}CH{-}CH{=}CH_2 + n\,C_6H_5{-}CH{=}CH_2 \longrightarrow$$

$$\left[\underset{\underset{C_6H_5}{|}}{CH}{-}CH_2\right]_n \cdots \left[CH_2{-}CH{=}CH{-}CH_2\right]_m$$

丁苯橡胶

丁苯橡胶是应用最广、产量最大的合成橡胶，其性能与天然橡胶接近，而耐热、耐磨、耐老化性能优于天然橡胶，可用来制作轮胎、皮带、密封材料和电绝缘材料，但它不耐油和有机溶剂。

(3) 丁腈橡胶(NBR)：由丁二烯与丙烯腈经乳液聚合法制得。这种橡胶的最大优点是耐油，其拉伸强度比丁苯橡胶好，但电绝缘性和耐寒性差，且可塑性差，加工困难，主要用于制作耐油制品，如机械上的垫圈和飞机、汽车上需要耐油的零件等。

(4) 硅橡胶：是 1944 年开始生产的一种特殊橡胶。硅橡胶分子很特别，主链上没有碳原子，因此称为元素有机高分子。它既耐低温又耐高温，能在−65～250℃保持弹性，并且有较好的耐油、防水、电绝缘性能，因此可用于各种高温电线、电缆的绝缘层等。硅橡胶无毒、无味、柔软、光滑，生理惰性及血液相容性均很优良，可用作医用高分子材料，如人工器官、人工关节、整形修复材料、药液载物等。

$$\left[\underset{\underset{CH_3}{|}}{\overset{\overset{CH_3}{|}}{Si}}{-}O\right]_m\left[\underset{\underset{C_6H_5}{|}}{\overset{\overset{C_6H_5}{|}}{Si}}{-}O\right]_n\left[\underset{\underset{CH{=}CH_2}{|}}{\overset{\overset{CH_3}{|}}{Si}}{-}O\right]_p$$

甲基乙烯基苯基硅橡胶(最好的耐低温硅橡胶)

天然橡胶和合成橡胶在未硫化前都称为生橡胶。生橡胶具有可塑性强、强度低、回弹力差、易变形等特点。这是因为生橡胶分子是线形结构且具有双键。硫化后，生橡胶由线形分子变为体形网状结构，增加了橡胶的强度和弹性。橡胶的硫化反应如下：

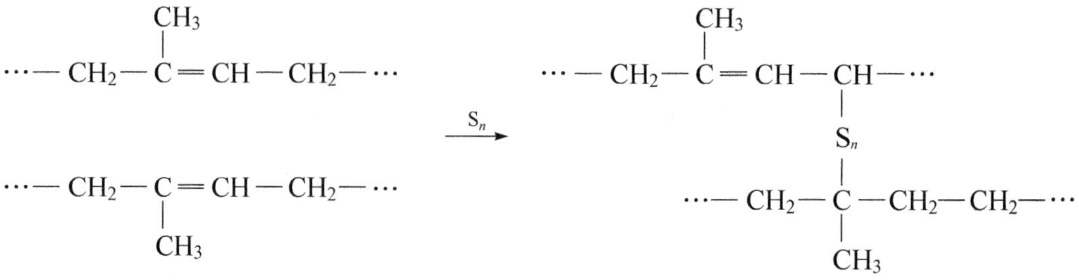

$$\begin{array}{c} \cdots-CH_2-\underset{}{\overset{CH_3}{\overset{|}{C}}}=CH-CH_2-\cdots \\ \\ \cdots-CH_2-\underset{\underset{CH_3}{|}}{C}=CH-CH_2-\cdots \end{array} \xrightarrow{S_n} \begin{array}{c} \cdots-CH_2-\overset{CH_3}{\overset{|}{C}}=CH-\underset{\underset{S_n}{|}}{CH}-\cdots \\ | \\ \cdots-CH_2-\underset{\underset{CH_3}{|}}{C}-CH_2-CH_2-\cdots \end{array}$$

生橡胶　　　　硫化后的橡胶

3. 纤维

棉、麻、丝、毛属于天然纤维。现在绚丽多彩的纺织品大部分是由化学纤维制成的。化学纤维又可分为人造纤维和合成纤维。宛如丝绸的人造棉(黏胶纤维)、质地柔软的人造毛和轻柔滑爽的人造丝(醋酸纤维)都是由天然纤维或蛋白质的原料经过化学改性而制成，属于人造纤维。抗皱免烫的涤纶、坚固耐磨的尼龙、胜似羊毛的腈纶、结实耐穿的维纶等则是合成纤维，如聚对苯二甲酸乙二醇酯(商品名为涤纶或的确良)就是由对苯二甲酸与乙二醇聚合而成的合成纤维。

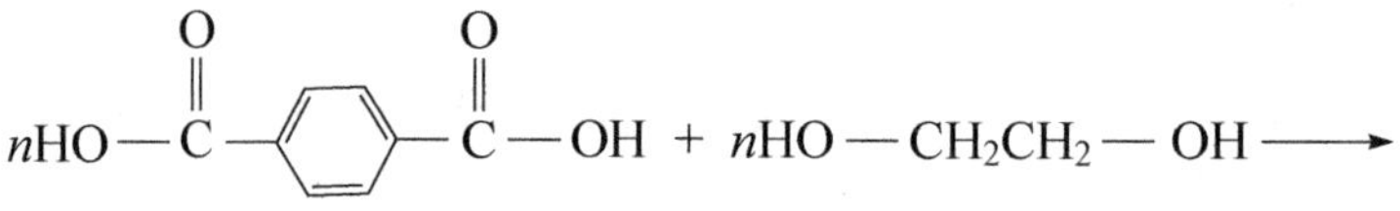

$$n\,HO-\overset{O}{\overset{\|}{C}}-C_6H_4-\overset{O}{\overset{\|}{C}}-OH + n\,HO-CH_2CH_2-OH \longrightarrow$$

对苯二甲酸　　　　乙二醇

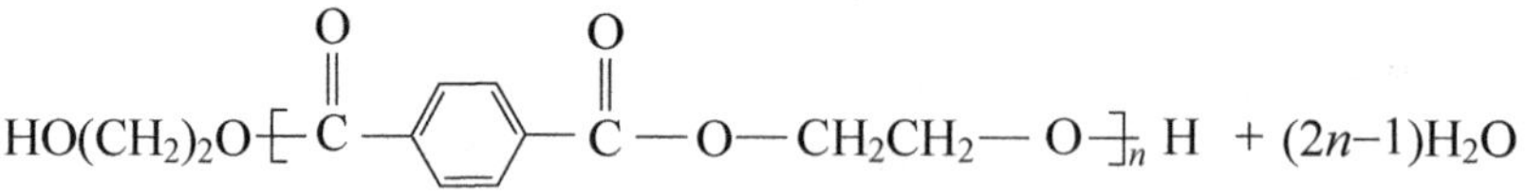

$$HO(CH_2)_2O{+}\overset{O}{\overset{\|}{C}}-C_6H_4-\overset{O}{\overset{\|}{C}}-O-CH_2CH_2-O{+}_n H + (2n-1)H_2O$$

聚对苯二甲酸乙二醇酯

这种含有酯基的高分子化合物称为聚酯，它可抽丝成纤维制成纺织品，也可作为塑料、涂料的原料。涤纶纤维由于分子排列规整、紧密，因此结晶度较高，不易变形，抗皱性较好，所制得的涤纶织物牢固、易洗、易干。涤纶纤维是全世界合成纤维中产量最高、发展最快的品种。

高分子化学发展中的一个重要突破是尼龙 66 的合成。美国化学家卡罗瑟斯(Carothers)从 1929 年开始研究一系列缩合反应。直到 1935 年，他利用己二酸与己二胺缩合，得到了一种具有优良性能的聚酰胺，这就是尼龙 66。

聚酰胺是一类性能优良的高聚物，它可以作为工程塑料，抽丝则可制成纤维，商品名为尼龙(nylon)，也称锦纶。最常见的聚酰胺是聚己内酰胺(尼龙 6)和聚己二酰己二胺(尼龙 66)，主要用于丝袜及针织内衣、渔网、降落伞、宇航服。尼龙织物的特点是强度大、弹性好、耐磨性好。这是由于分子链中有酰胺基，在长链分子中不仅有较大的范德华力，还有氢键的作用，因此强度特别大。

今天，人们在尽情享用三大高分子材料所带来的文明(图 7-10)时，请不要忘记发明三大合成材料的化学家及使其工业化的化学公司：开创高分子化学领域的施陶丁格(Staudinger)——1953 年诺贝尔化学奖获得者；第一个合成纤维——尼龙 66 的发明者美国化学家卡罗瑟斯以及使其工业化的美国杜邦公司；第一个合成橡胶——氯丁橡胶是由美国化学家纽兰(Nieuwland)和柯林斯(Collins)发明，并于 1931 年由杜邦公司实现工业化；塑料中产量最大的品种——聚乙烯和聚丙烯则是在齐格勒-纳塔催化剂[$Al(C_2H_5)_3$-$TiCl_4$]诞生后才获得高产率、高结晶度、耐高温的新品种，并在 1957 年由意大利蒙特卡蒂尼公司实现工业化。

图 7-10 生活中常见的合成高分子材料制品

7.2.3 功能高分子材料

功能高分子材料是近二三十年来发展最为迅速，与其他领域交叉最为广泛的学科。它以有机化学、无机化学、高分子化学、高分子物理、高分子材料学为基础，并与物理学、医学、生物学等多门学科紧密结合，为人们展示了一个丰富多彩的材料世界。

功能高分子材料，简称功能高分子(functional polymer)，又称特种高分子(speciality polymer)或精细高分子(fine polymer)。但究竟什么是功能高分子，如何界定功能高分子材料的范围，这一问题长期以来未能得到解决，目前仍是一个值得探讨的问题。

1. 导电高分子

导电高分子材料又称导电聚合物，是指同时具有明显聚合物特征和导电体性质的材料，包括结构型导电高分子、复合型导电高分子和高分子超导体，其特点见表 7-4。一般情况下，结构型导电高分子是由具有共轭 π 键的高分子经化学或电化学“掺杂”，使其由绝缘体转变为导体的一类高分子材料。而复合型导电高分子是由导电填料与通用高分子材料复合而成。从广义上讲，导电高分子属于功能高分子的范畴。导电高分子是一种性能优良的新型功能材料，相关研究在 20 世纪 80～90 年代进展迅速，成为材料科学的研究中心(用途见图 7-11)。

表 7-4　导电高分子的分类与特点

分类	特点	研究与应用现状	典型实例
结构型导电高分子	自身可提供载流子，经掺杂可大幅提高电导率。除聚苯胺外，多数在空气中不稳定，加工性差，可通过改进掺杂剂品种和掺杂技术、共聚或共混等方法改性	导电机理、结构与导电性关系等理论研究活跃。应用方面：大功率高分子蓄电池、高能量密度电容器、微波吸收材料及电致变色材料	聚乙炔、聚吡咯、聚噻吩、聚对苯硫醚、聚对苯撑、聚苯胺及 TCNQ 电荷转移配合高分子等
复合型导电高分子	在绝缘性通用高分子材料中掺入炭黑、金属粉或销等导电填料，通过分散(最常用)、层积、表面等方法制成复合材料。制备方便，成本较低，实用性强	有许多产品商业化，如导电橡胶、导电涂料、导电黏合剂、电磁波屏蔽材料和抗静电材料	用 40%的炭黑与通用橡胶填充可获得电导率达 10^{-2}S/cm 的导电橡胶
高分子超导体	在一定条件下，处于无电阻状态的高分子材料。超导态时没有电阻，电流流经导体时不发生热能损耗，超导临界温度(T_c)低于金属和合金	在远距离电力输送、制造超导磁体等高精尖技术应用方面有重要意义，研究目标是超导临界温度达到液氮温度(77K)以上，甚至是常温超导材料	无机高分子 聚氮硫(0.2K)

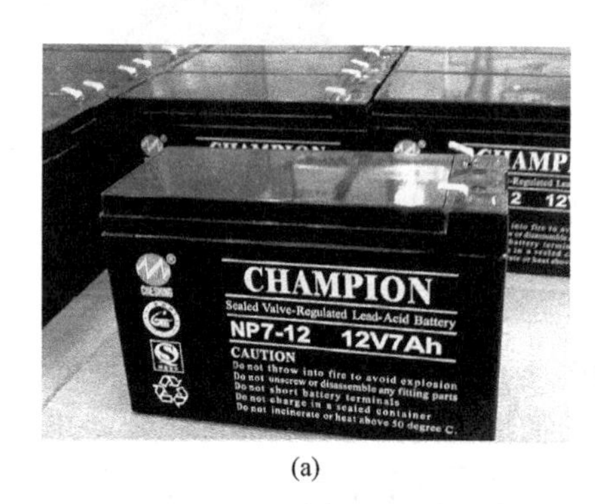

(a)

(b)

图 7-11　大功率高分子蓄电池(a)和导电橡胶(b)

2. 生物医用高分子

生物医用高分子包括医用高分子和药用高分子两大类。

(1)医用高分子材料主要用于制造人体内脏、体外器官及医疗器械等。医用高分子材料的基本要求包括：①对人体无刺激和过敏作用，不会引起异常变态反应；②与人体组织有良好的相容性，不会引起炎症和排异作用；③良好的血液相容性，不易引起血凝和血溶；④耐受生物老化性，物理和化学性质不易发生变化。医用功能高分子造福于人类，是有着良好发展前景的研究领域，目前医用高分子材料的年总产值已经超千亿美元。

(2)药用高分子材料是指具有生物相容性、经过安全评价，主要应用于药物制剂的一类高分子辅料。一般认为高分子药物可分成三大类：

第一类是本身就具有药理作用的高分子，如生物活性多肽、肝素($C_{26}H_{42}N_2O_{37}S_5$)、带阴离子或阳离子的聚合物，它们具有抗肿瘤、抗病毒作用。

第二类是与小分子药物复合而成的高分子，其利用高分子的某些特性，如选择透过性、缓慢分解性和低溶解性等，达到控制药物在体内释放速度的目的，从而延长药效，如改性纤维素、聚甲基丙烯酸($\left[CH_2C(CH_3)(COOH) \right]_n$)和聚乙烯醇($\left[C_2H_4O \right]_n$)等。

第三类是用于药物生产的高分子药物，主要包括高分子赋型剂、导向剂等。其中，导向剂是借助高分子化合物在体内的某些特性，实现定向、定点给药，达到提高药效、减小副作用的目的。此外，高分子药物在多功能日用品的开发方面也获得成功。例如，将某些具有抗菌消毒作用的小分子以某种方式与各种高分子材料结合，可以制成具有抗菌抗霉作用的衣物和玩具等。

什么是再生医学

再生医学是指利用生物学及工程学的理论方法创造丢失或功能损害的组织和器官，使其具备正常组织和器官的机构和功能。科学家正在探索再生人体器官的方法，下面介绍一个"小白鼠身上长出人耳"的案例(图 7-12)。

由于外伤或病变引起的五官缺损，临床医疗有 3 种治疗方法：第一种是自体移植，但这会给患者其他部位造成损伤；第二种是异体组织移植，但排异现象难以克服；第三种则是植入人工器官，但时间长了也会产生诸多问题。长期以来，人们期望能找到一种既不损害自体组织，又可修复器官缺损的方法。我国的医学专家采用体外细胞繁殖复制人体器官，已在动物实验中取得成功。他们将所需器官的细胞种植在一种特殊材料上，经过对细胞的培养和繁殖，使其形成所需要的人体器官。例如，他们成功培养出形同耳朵的软骨，又通过整形外科技术将软骨种植在小白鼠身上，使小白鼠身上长出耳朵。

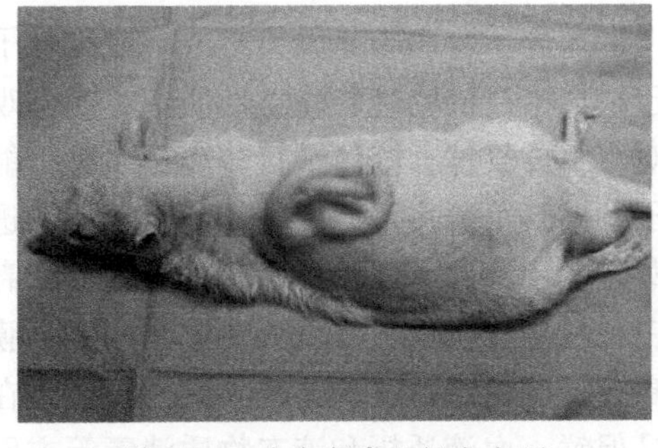

图 7-12　小白鼠身上长出人耳

3. 高吸水性高分子

高吸水性树脂是 20 世纪 60 年代末由美国农业部开发的一种功能高分子材料。它利用树脂结构的亲水性和交联结构的不溶性，以及结构中同种离子的相斥性，使树脂大量吸收水分，从而形成凝胶。因此，它具有非常强的吸水性和优异的保水性，吸水量可达自重的200～2000倍，而且在一般受压条件下，所吸的水不会被挤出来，烘干后可再吸水，反复使用。其吸水能力主要取决于树脂结构的亲水性基团和交联程度等因素。

高分子吸水材料的用途很广，在日常生活中广泛用于卫生用品(图7-13)、医疗保健用品等；在农业上用作保水剂；在工业上用作保湿剂、脱水剂、制作高性能电瓶、膨胀橡胶等；在环境治理中可用作有机污染物收集分析装置中的富集材料和水的净化材料等；在科学研究领域则广泛用作气相色谱、液相色谱、凝胶渗透色谱的固定相。

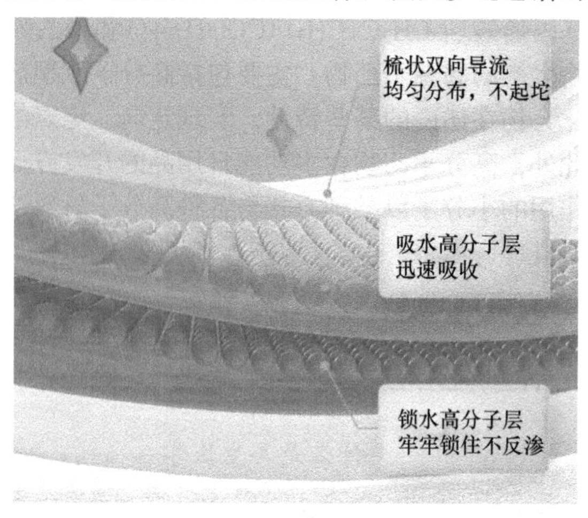

图7-13　某品牌纸尿裤的内部结构

4. 高分子分离膜

高分子分离膜是以天然或合成高分子为基材，经过特殊工艺制备的一种膜材料。由于材料本身的物理、化学性质和膜的微观结构特征，其具有选择性透过的能力，因此可对多组分气体、液体进行分离，并进行能量转化。根据膜结构和分离机理的不同，高分子分离膜可分为微滤膜、超滤膜、反渗透膜、透析膜、气体分离膜、离子交换膜、渗透蒸发膜和液膜等。从外观形式上区分，高分子分离膜可分为平面膜、管状膜和中空纤维三种类型。与其他常规分离方法相比，膜分离方法具有简便、快捷、节约能源的特点。高分子分离膜材料的这些独特性质已经在气体分离、海水和苦咸水淡化、污水净化、食品保鲜、血液透析和液态物质消毒等方面得到广泛应用。近年来，高分子分离膜在医学和药学方面的应用研究也取得了较大进展。膜材料的生产和膜分离装置的制备都已经实现大规模工业化，用于海水淡化的膜分离装置已达到超过10万t/d的水平，使缺水地区的淡水问题得到缓解。

5. 高分子染料

高分子染料是指将色素分子通过各种方式结合在高分子的主链或侧链上，用于各种染色过程的材料。由于高分子染料与高分子基体结合牢固，色素分子不易扩散，因此获得的染色品色泽稳定，不易产生混色污染，耐候性强。

与小分子染料相比，高分子染料具有以下明显特征：

(1) 耐迁移性良好。由于高分子染料在被染物中没有分子迁移现象，因此完全没有小分子染料容易迁移造成的混色污染现象。

(2) 耐溶剂性强。由于高分子染料在多数常见溶剂中不溶解或溶解性很低，因此用高分子染料染成的物料耐溶剂性能好，遇溶剂不易褪色。

(3) 耐热性好。高分子的非挥发性、高熔点和在较高温度下的低溶解度使被染物料耐高温性质得到提高。例如，蒽醌($C_{14}H_8O_2$)染料经高分子化后，使用温度上限可以提高几十度。

(4) 与被染物的相容性好。当被染物是高分子材料时，高分子染料的相容性显然比小分子染料好。染料与基体具有良好的相容性是制备透明有色材料所必需的。

(5) 安全性高。由于高分子染料对生物体的细胞膜几乎没有渗透性，也不易被细菌和酶所分解，因此误食后不会被人体吸收，可原封不动地排出体外，不会对肌体产生毒害作用。这类染料特别适合制造幼儿玩具。

高分子染料可以应用于各种印染场合，但是由于这类染料的成本较高，因此应用范围仍很有限。目前主要应用于食品包装材料、玩具、医疗用品、化妆品、食用色素、纤维织物、皮革和彩色胶片等产品的着色。如果能够进一步降低成本，相信会在更广阔的领域内获得应用。

7.3 极温世界的“生力军”——超导材料

1911 年，荷兰物理学家昂内斯(Onnes，图 7-14)做了一个实验，他把水银冷却到–40℃时，亮晶晶的液体水银像“结冰”一样变成了固体；他把水银拉成细丝，并继续降低温度，同时测量不同温度下固体水银的电阻。当温度降到热力学温度 4K(相当于–269℃)时，一个奇怪的现象出现了，即水银的电阻突然变成了零。这个奇怪的现象轰动了物理学界，后来科学家把这个现象称为超导现象。

图 7-14 物理学家昂内斯

超导是超导电性的简称，是指某些物体下降至一定温度时，电阻突然趋近于零的现象。具有超导电性的物质称为超导体。

从 1911 年发现超导电性至今已有 100 多年的历史。但直到 1986 年以前，已知的超导材料的最高临界温度只有 23.2K，大多数超导材料的临界温度还要低得多，这样低的温度基本上只有液氦才能达到。因此，尽管超导材料具有革命性的潜力，但由于其很难用于工程制造，所以几十年来，超导技术的实际应用一直停滞不前。当前，氧化物高温超导材料的发现与研究有助于超导技术进一步走向实用化，这极大地推动了超导材料的应用。

7.3.1 超导材料的“神奇”特性

超导材料与一般的导电材料在性能方面有较大的差异，其特性主要包括以下几方面。

1. 零电阻现象

零电阻现象是指当材料温度下降至某一数值 T_c 时，超导材料的电阻骤变为零的一种现象（电阻突然消失的温度称为超导材料的临界温度 T_c）。

所谓电阻消失，并不是指电阻完全为零，而是电阻小于仪表的最小可测电阻。也许有人会产生疑问：如果仪表的灵敏度进一步提高，则是否能测出电阻呢？有人曾在超导材料做成的环中使电流维持两年半而毫无衰减，即回路中没有电阻，自然就没有电能的损耗，一旦在回路中激起电流，则不需要任何电源向回路补充能量，电流仍然可以持续存在。

2. 迈斯纳效应

1933 年，德国物理学家迈斯纳（Meissner）和奥森菲尔德（Ochsenfeld）对锡单晶球超导材料做磁场分布测量时发现，在小磁场中，当金属冷却至超导态时，其体内的磁力线一下被排出，但磁力线不能穿过其体内，也就是说，当超导材料处于超导态时，体内的磁场恒等于零，这种现象称为“迈斯纳效应”，即完全抗磁性（图 7-15）。超导材料一旦进入超导状态，体内的磁通量将全部被排出体外，磁感应强度恒为零。

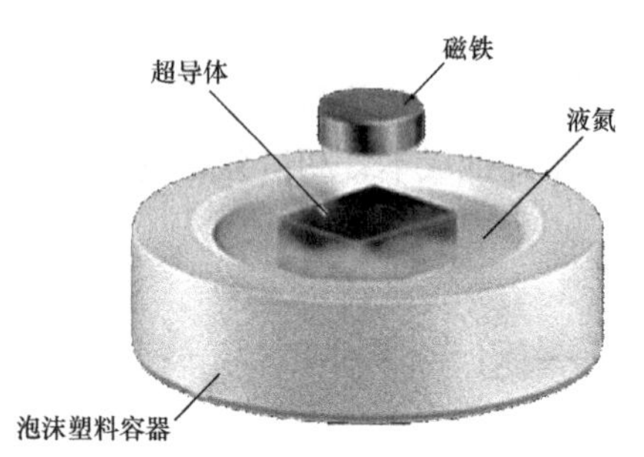

图 7-15 迈斯纳效应——磁悬浮演示

产生迈斯纳效应的原因是：当超导材料处于超导态时，在磁场作用下，表面产生无损耗感应电流，这种电流产生的磁场恰恰与外加磁场大小相等、方向相反，因而使得磁场为零。

3. 约瑟夫森效应

当两块超导体之间存在一块极薄的绝缘层而形成低电阻连接时，超导电子（对）能通过极薄的绝缘层形成电流，这种现象称为约瑟夫森效应。当电流超过一定值后，绝缘层两侧出现电压（也可加一定的电压），同时直流电流变成高频交流电，并向外辐射电磁波。该特性是超导材料在科学技术领域的各类应用的基础，如超导量子干涉仪（SQUID），又称超导量子干涉装置，是非常敏感的磁强计，在科学和工程中应用广泛。

临界温度

临界温度（T_c）是指超导材料从常导态转变为超导态的温度，即电阻突然变为零时的温度。目前已知的金属元素超导材料中，铑的临界温度最低，为 0.0002K。元素周期表中 26 种金属的临界温度如表 7-5 所示。

表 7-5　26 种金属的临界温度

金属	T_c/K	金属	T_c/K	金属	T_c/K
Ti	0.39	Re	1.698	In	3.4035
Zr	0.546	Ru	0.49	Tl	2.39
Hf	0.134	Os	0.655	Sn	3.722
V	5.30	Ir	0.140	Pb	7.193
Nb	9.25	Zn	0.75	La	4.92
Ta	4.4831	Cd	0.56	Th	1.368
Mo	0.92	Hg	4.153	Pa	1.4
W	0.012	Al	1.196	U	0.68
Tc	8.22	Ga	1.091		

7.3.2　超导材料的升温历程

超导材料拥有得天独厚的特性，但早期的超导材料只能存在于极低温度条件下，极大地限制了其发展和应用。因此，人们转而开始探索高温超导材料。

1986 年，高温超导材料的研究取得了重大突破，掀起了以研究金属氧化物陶瓷材料为对象、以寻找高临界温度超导材料为目标的“超导热”。1 月 16 日，瑞士苏黎世实验室的科学家柏诺兹和穆勒首先发现钡镧铜氧化物是高温超导材料，其可以将超导温度提高到 30K；紧接着，日本东京大学工学部将超导温度提高到 37K；12 月，美籍华裔科学家朱经武又将超导温度提高到 40.2K；1987 年 1 月初，日本川崎国立分子研究所将超导温度提高到 43K；紧接着，日本电子技术综合研究所又将超导温度提高到 46K 和 53K。

同年，由中国科学院物理研究所赵忠贤、陈立泉领导的研究组获得了 48.6K 的锶镧铜氧系超导材料，并发现这类物质在 70K 有发生转变的迹象；2 月，中国宣布发现 100K 以上的超导材料；3 月，美国华裔科学家又发现在氧化物超导材料中有转变温度为 240K 的超导迹象。之后，日本鹿儿岛大学工学部发现由镧、锶、铜、氧组成的陶瓷材料在 287K 存在超导迹象。高温超导材料的巨大突破，可以使液氮代替液氦作超导制冷剂获得超导材料，使超导技术走向大规模开发应用。氮是空气的主要成分，液氮制冷剂的效率比液氦至少高 10 倍，且液氮制冷设备简单，用液氮冷却制备高温超导材料被认为是 20 世纪最伟大的科学发现之一。

2008 年，日本和中国科学家相继发现了一类新的高温超导材料——铁基超导材料。日本科学家首先发现氟掺杂镧氧铁砷化合物在临界温度 26K(−247.15℃)时具有超导特性。3 月，中国科学技术大学陈仙辉领导的科研小组发现，氟掺杂钐氧铁砷化合物在临界温度 43K(−230.15℃)时变成超导材料。科学家认为，新的铁基超导材料将激发物理学界新一轮的高温超导研究热，下一步科学家将着眼于合成由单晶体构成的高品质铁基高温超导材料。

2012 年 9 月，德国莱比锡大学的研究人员宣布，石墨颗粒能在室温下表现出超导性。研究人员将石墨粉体浸入水中后滤除干燥，置于磁场中，结果发现一小部分(约 0.01%)样本表现出抗磁性，而抗磁性是超导材料的标志性特征之一。虽然表现出超导性的石墨颗粒很少，但这一发现仍然具有重要意义。迄今，超导材料只有在低于−110℃时才能表现出超导性。如果像石墨粉体这样便宜且容易获得的材料能在室温下实现超导，将引发新的现代工业革命。

7.3.3 超导材料的分类

由于超导材料应用的最大限制是其较低的临界温度，许多研究都是以提高其临界温度为手段展开的。下面将重点介绍以临界温度分类的超导材料，即低温超导材料和高温超导材料。

1. 低温超导材料

1）化学元素超导材料

研究发现，在常压下存在 28 种超导元素。其中，过渡元素 18 种，如 Ti（钛）、V（钒）、Zr（锆）、Nb（铌）、Mo（钼）、Ta（钽）、W（钨）、Re（铼）等；非过渡元素 10 种，如 Bi（铋）、Al（铝）、Sn（锡）、Cd（镉）、Pb（铅）等。按临界温度 T_c 排列，Nb 居首位，其临界温度为 9.25K；第二位是人造元素 Te（碲），其临界温度为 8.22K；第三位是 Pb，其临界温度为 7.193K；第四位是 V（5.30K）；然后是 La（镧）（4.92K）、Ta（4.4831K）、Hg（汞）（4.153K）；以下依次为 Sn、In（铟）、Tl（铊）。超导元素由于临界磁场很低，其超导状态很容易受磁场影响而被破坏，因此很难工业化，且实用价值不高（元素周期表中的超导元素如图 7-16 所示）。

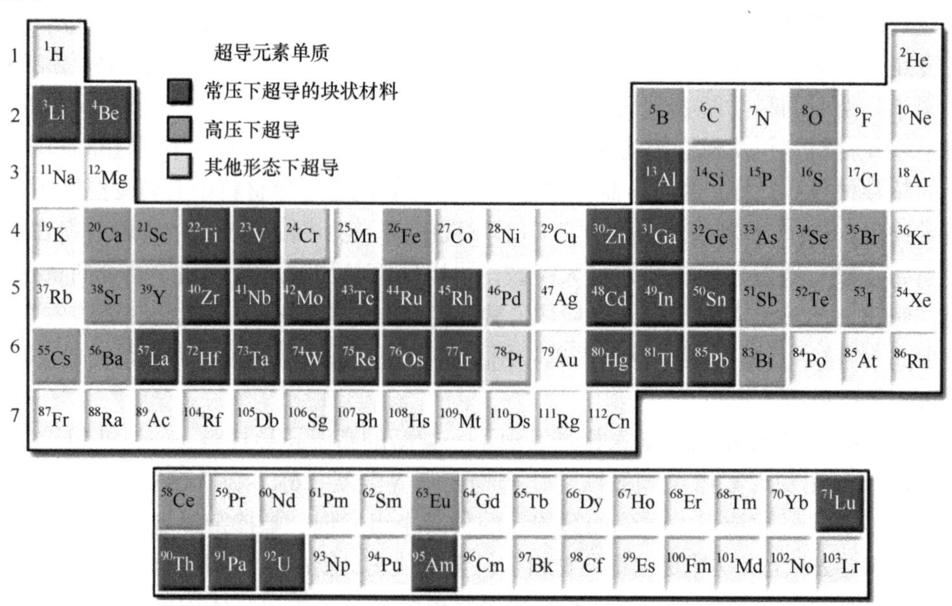

图 7-16　元素周期表中的超导元素

在常压下不表现超导电性的元素，在高压下有可能呈现超导电性，而原为超导材料的元素在高压下其超导电性也会改变。例如，Bi 在常压下不是超导材料，但在高压下呈现超导电性；而 La 虽然在常压下是超导材料，但其临界温度仅为 4.92K，若用 15GPa

高压处理，其产生的新相的临界温度可高达 12K。另外，有一部分元素在经过特殊工艺处理(如制备薄膜、电磁波辐照、离子注入等)后显示出超导电性。

2)合金超导材料

当在超导元素中加入某些其他元素时，其性能将得到大幅提升。与化学元素超导材料相比，合金超导材料具有较高的临界温度、临界磁场及临界电流密度，并且其机械强度高、应力应变较小、塑性好、成本低、易于大量生产，工业价值较高。

在目前的合金超导材料中，Nb-Ti(铌钛)合金实用线材的使用最为广泛，其制造技术比较成熟，性能稳定，生产成本低，是制造磁流体发电机大型磁体的理想材料(图 7-17)。而之前使用的 Nb-Zr(铌锆)合金虽然具有低磁场、高电流、延展性好、抗拉强度高等特点，但工艺复杂，制造成本高，所以被铌钛合金替代。

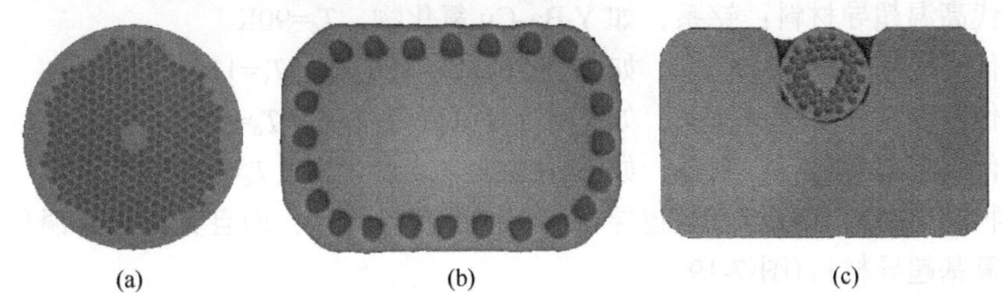

图 7-17　Nb-Ti 合金主要结构有三种，分别是圆线(a)、扁带(b)、镶嵌式扁带(c)

3)化合物超导材料

化合物超导材料一般为金属间化合物(过渡金属元素之间形成)，此类超导材料的临界温度与临界磁场一般比合金超导材料的高(Nb_3Sn 的临界温度可达 18K)，可用作强磁场超导材料，但其脆性大，不易直接加工成带状或线状材料(图 7-18)。

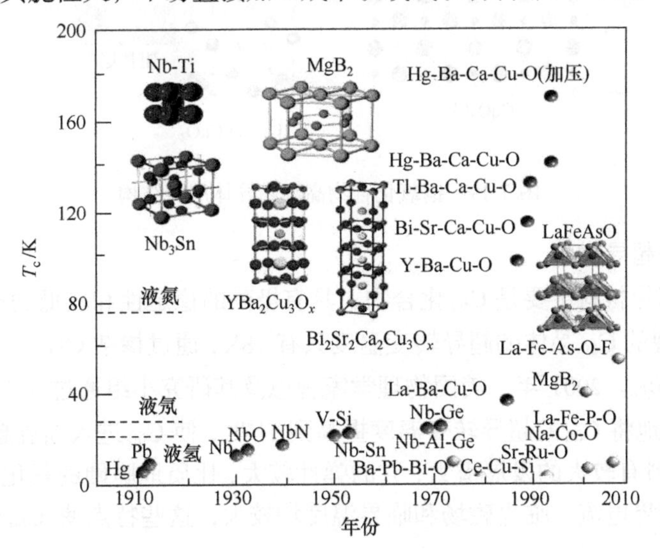

图 7-18　超导材料的发展

二硼化镁(MgB_2)超导材料的临界温度高达 39K，其结构简单，易于制作加工，有广阔的应用前景。迄今为止，二硼化镁的超导转变温度是简单金属化合物中最高的。但是，磁场会严重影响二硼化镁的超导性能，并大大降低其所能承载的最大电流。

2. 高温超导材料

高温超导是一种物理现象，是指一些具有比其他超导物质相对较高的临界温度的物质在液氮环境下产生的超导现象。高温超导材料是超导物质中的一类，具有一般超导材料的结构特征及相对适度间隔的铜氧化物平面，所以也被称为铜氧化物超导材料。此类超导材料中，有些物质的超导性出现的临界温度是已知超导材料中最高的。

1) 氧化物超导材料

1987 年起，超导材料临界温度 T_c 提高到 77K，高温超导材料经历了四代。

第一代高温超导材料：钇系，如 Y-Ba-Cu 氧化物，T_c=90K。

第二代高温超导材料：铋系，如 Bi-Sr-Ca-Cu 氧化物，T_c=114～120K。

第三代高温超导材料：铊系，如 Tl-Ca-Ba-Cu 氧化物，T_c=122～125K。

第四代高温超导材料：汞系，如 Hg-Ca-Ba-Cu 氧化物，T_c=135K。

氧化物超导材料具有与低温超导材料相同的超导特性，而且其都含有铜和氧，因此也称为铜氧基超导材料(图 7-19)。

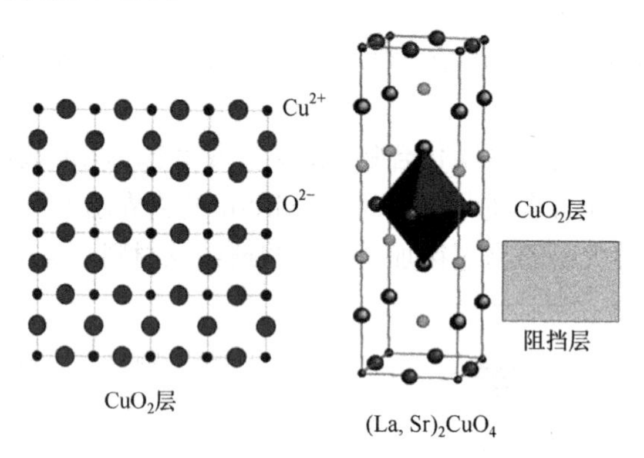

图 7-19　铜氧化合物高温超导体层状结构

2) 非氧化物超导材料

非氧化物超导材料主要是 C_{60} 化合物，具有极高的稳定性和较低的成本。

1991 年发现的 C_{60} 晶体的超导转变温度只有 18K，通过掺杂 $CHCl_3$ 后，C_{60} 的超导转变温度达到了 80K。2001 年，美国物理学家舍恩及其研究小组通过在 C_{60} 晶体中掺杂有机化合物，成功地将 C_{60} 的超导转变温度提高到 117K，使 C_{60} 进入高温超导材料的行列。

C_{60} 超导材料有较大的发展潜力，它的弹性较大，比质地脆硬的氧化物陶瓷更易于加工成型，而且临界电流、临界磁场和临界温度均较大，这些特点使 C_{60} 超导材料更具工业化价值。

但是，高温超导材料制备目前也面临着许多问题，如材料制造成本高、价格昂贵，高温超导材料的临界电流和临界磁场的提高仍是研究难题，以及长距离超导线材的制造仍然有很大的难度等。

7.3.4　超导材料的应用

超导材料具有的优异特性使它从被发现之日起就向人类展示了广阔的应用前景(图 7-20)。但超导材料的实际应用又受到临界参量和材料制作工艺等一系列因素的制约。例如，脆性超导陶瓷如何制成柔细的线材就面临着一系列工艺问题。

图 7-20　超导材料的主要应用领域

超导材料的应用主要有：①利用材料的超导电性制作的磁体可应用于电机、高能粒子加速器、磁悬浮运输、受控热核反应、储能等，制作的电力电缆可用于大容量输电(功率可达 10000MW)，制作的通信电缆和天线，其性能则优于常规材料；②利用材料的完全抗磁性制作无摩擦陀螺仪和轴承；③利用约瑟夫森效应制作精密测量仪表、辐射探测器、微波发生器及逻辑元件等，利用约瑟夫森结制作计算机的逻辑和存储元件，其运算速度比高性能集成电路快 10～20 倍，功耗只有其 1/4。下面分别介绍超导材料在各个领域的应用。

1. 超导材料在电力技术领域的应用

1) 电力输送

目前，有大约 15%的电能损耗出现在输电线路上，采用超导材料输电可大大减少损耗。将超导电缆(图 7-21)放在绝缘、绝热的冷却管中，管内盛放冷却介质(如液氮等)，冷却介质经过冷却泵站进行循环使用，保证整条输电线路都在超导状态下运行。这样的超导输电电缆比普通的地下电缆容量大 25 倍，可以传输几万安培的电流，电能消耗仅为所输送电能的万分之几。

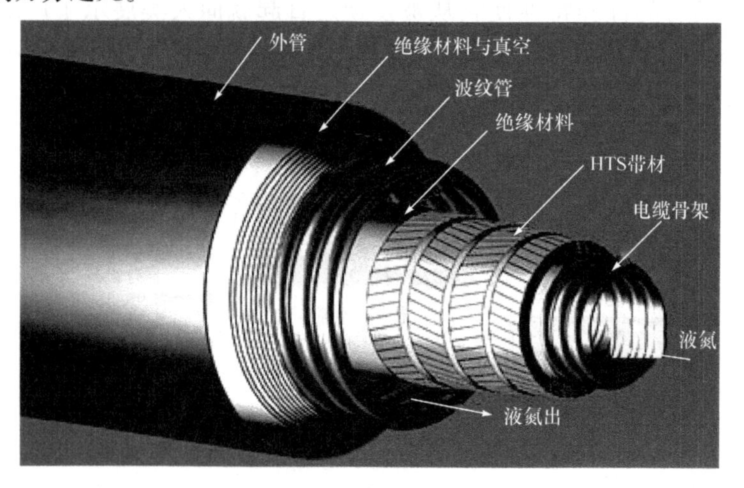

图 7-21　超导电缆剖视图

2）超导发电机

超导发电机是高效稳定的发电设备，它的工作原理与常规发电机相同，均是由转子内磁场线圈所产生的磁场在旋转过程中切割定子线圈，在定子线圈上发出交流电。不同之处在于超导发电机转子内的磁场线圈是用超导线材制成的，这大大减少了磁场线圈中的电能损耗，使功率密度大幅提高，同步电阻明显减小。利用超导线圈磁体可以使发电机的磁感应强度提高到 $5\times10^4\sim6\times10^4$Gs①（高斯，磁感应强度单位），并且几乎没有能量损失[图 7-22(a)]。

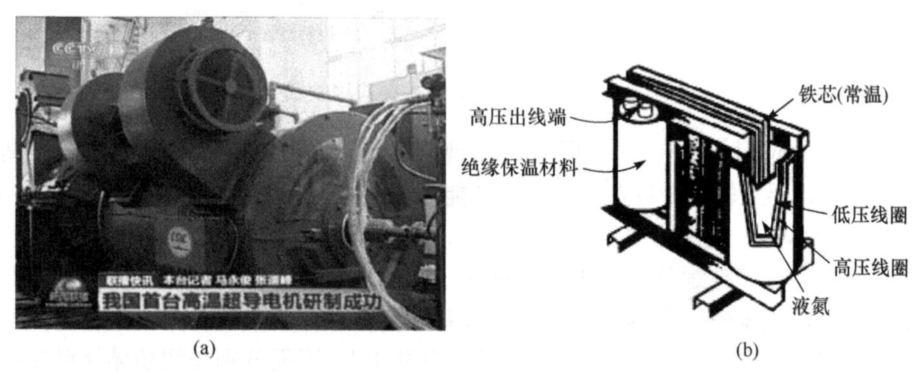

(a)　　(b)

图 7-22　超导发电机(a)、超导变压器示意图(b)

超导发电机的单机发电容量比常规发电机提高 5～10 倍，达到 1×10^4MW，而体积却减少 1/2，整机质量减轻 1/3，发电效率提高 50%。

3）超导变压器

超导变压器的基本结构和工作原理与常规浸油变压器相同，都是由一次、二次线圈

① Gs 为非法定单位，$1Gs=10^{-4}T$。

和铁芯等部分组成[图 7-22(b)]。超导变压器采用超导线圈代替常规变压器内铜线制作的一次、二次线圈，并且超导线圈浸在液氦或液氮中。与常规浸油变压器相比，超导变压器具有小型、轻量、高效率、无燃烧危险、限流效果好等优点。

4)超导磁流体发电

超导磁流体发电是一种靠燃料产生高温等离子体，并使这种气体通过磁场而产生电流的方式。它可以产生较大磁场，并且损耗小、体积质量小，适用于大功率的脉冲电源和舰艇电力推进。

5)超导磁性储能

超导磁性储能具有高载流能力和零电阻等特点。美国已设计出一种大型超导磁能存储系统，采用 Nb-Ti 电缆和液氦冷却，储能环的半径为 750m，将其埋在地下洞穴内，可储存 5000MW·h 的巨大电能，转换时间为几分之一秒，其效率达到 98%。

2. 超导材料在交通领域的应用

超导材料可以应用于超导磁悬浮列车，其时速高达 400～500km/h。超导磁悬浮列车上装有超导磁体，由于磁悬浮而在线圈上高速前进。这些线圈固定在铁路的底部，由于电磁感应，在线圈内产生电流，地面上线圈产生的磁场极性与列车上的电磁体极性总是保持相同，这样在线圈和电磁体之间就一直存在排斥力，从而使列车悬浮起来(图 7-23)。

图 7-23　磁悬浮列车

日本山梨县超导磁悬浮列车推进原理是：安装在轨道两旁墙上的推进线圈产生变换的磁场，使轨道两旁推进线圈的电流一正一反不断地流动，车上装设的超导磁铁(低温超导线圈)受到推进线圈产生的变换磁场作用，有连续的吸引力与推进力。

3. 超导材料在信息技术方面的应用

利用约瑟夫森效应已成功地制作了超导磁场计。此仪器能探测很微弱的磁场，侦察遥远的目标，如潜艇、坦克等。超导材料开关对一些辐射比较敏感，能探测微弱的红外线辐射，为远距离指挥做出正确判断提供了直接的依据，为探测航天器、卫星等提供了高灵敏度的信息系统。基于超导材料隧道效应的器件能够检测出相当于地球磁场几亿分之一的变化，并造出了世界上最快的模数转换器和最精密的陀螺仪。超导材料开关具有高速开关特性，是制作超高速计算机的重要元件。把超导数据处理器与外存储芯片组装成约瑟夫森超导计算机，能获得高速处理功能，1s 内可进行 10 亿次高速运算，是一般大型电子计算机运算速度的 15 倍。这是因为计算机有很多电子组件需要以导线连接，但一般导线有电阻会发热，所以连接不能太密，否则温度太高时计算机会由于过热而死机。若使用超导线连接组件，则无发热问题，所以可将计算机的运算速度提高。

4. 超导材料的其他应用

1) 低温超导除铁器

中国科学院高能物理研究所成功研制出我国第一台低温超导除铁器。该装置高 2m，重 7t 左右，通电后产生强大的磁力，可吸走煤炭等原料中的细小铁杂物。由于采用了低温超导技术，这一装置的耗电量仅是普通工业除铁器的 10%。

2) 核聚变反应堆“磁封闭体”

核聚变反应时，内部温度高达 2 亿摄氏度。用超导材料产生的强磁场可以作为“磁封闭体”，将热核反应堆中的超高温等离子体包围起来，然后慢慢释放。

3) 磁共振成像

超导电磁体没有电阻发热的问题，消耗能量少，可以产生非常巨大的磁场，因此可直接应用在要求强磁场的地方，如磁共振成像(magnetic resonance imagine，MRI)。对于磁共振成像，磁场越强，影像越清晰(图 7-24)。

图 7-24　磁共振成像

7.4　现代工业的“维生素”——稀土材料

1787 年，瑞典军官卡尔在瑞典的一个小村庄伊特比发现了一种新矿物(硅铍钇矿)。1794 年，芬兰化学家加多林从这种新矿物中发现了一种新元素，并将其命名为钇土(钇的氧化物)，自此拉开了研究稀土的新纪元。

7.4.1　稀土不稀也非土

1. 稀土元素大家族

“稀土”得名完全是历史原因。18 世纪末，稀土(rare earth，RE)元素才开始陆续被发现。当时人们习惯于把不溶于水的固体氧化物称为“土”，如氧化铝称为铝土，氧化镁称为苦土，氧化铝、二氧化硅的组合物称为陶土、瓷土等。由于提取这类元素比较困难，且获得的氧化物难以熔化，难溶于水，也很难分离，并且其外观酷似“土壤”，因而称为稀土。实际上，稀土既不稀也非土。17 种稀土元素共占地壳总质量的 0.0153%，其总量比铜在地壳中的含量还多 50%，比锡、钴、银、汞等元素则多得多。

稀土元素是元素周期表第ⅢB 族中原子序数 57～71 的 15 种镧系元素，即镧(La)、铈(Ce)、镨(Pr)、钕(Nd)、钷(Pm)、钐(Sm)、铕(Eu)、钆(Gd)、铽(Tb)、镝(Dy)、钬(Ho)、铒(Er)、铥(Tm)、镱(Yb)、镥(Lu)，再加上与其电子结构和化学性质相近的钪(Sc)和钇(Y)，共 17 种元素的总称。稀土硬度低，熔点高，具有可锻性、延展性及优良的光、电、磁等特性，化学性质活泼。稀土元素在元素周期表中的位置如图 7-25 所示。

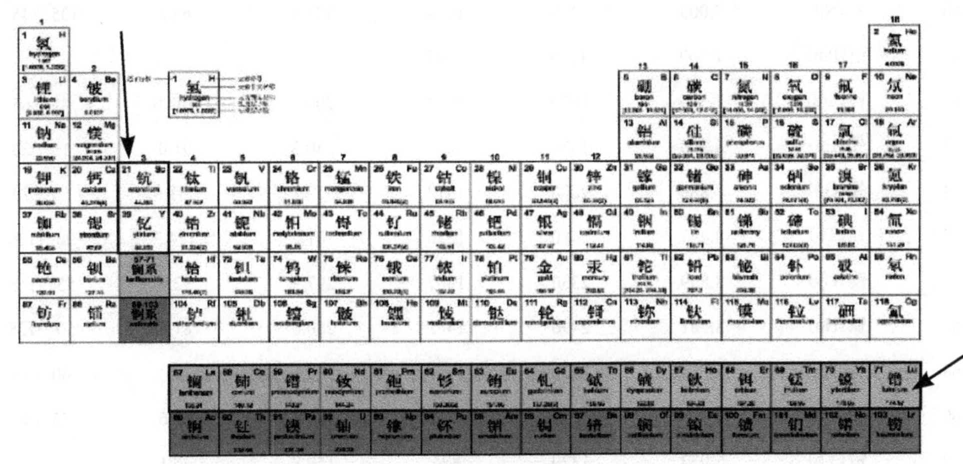

图 7-25　稀土元素在元素周期表中的位置

按照原子量大小和性质相近性，将稀土元素分为“轻稀土元素”和“重稀土元素”两类：①轻稀土元素又称铈组稀土元素，是指原子序数较小的镧、铈、镨、钕、钷、钐、铕；②重稀土元素又称钇组稀土元素，是指原子序数较大的钆、铽、镝、钬、铒、铥、镱、镥及钪、钇。

稀土元素的读音

以下是 17 种稀土元素的汉语名称及读音：镧(lán)、铈(shì)、镨(pǔ)、钕(nǚ)、钷(pǒ)、钐(shān)、铕(yǒu)、钆(gá)、铽(tè)、镝(dī)、钬(huǒ)、铒(ěr)、铥(diū)、镱(yì)、镥(lǔ)、钪(kàng)、钇(yǐ)。

2. 稀土金属的物理性质

稀土金属的颜色从铁灰色到银白色，其中镨和钕为淡黄色。其密度、沸点、熔点、升华热和电阻率等物理性质差别较大。稀土金属的物理性质见表 7-6。

表 7-6　稀土金属的物理性质

原子序数	元素名称	密度/(g/cm³)	沸点/℃	熔点/℃	升华热/(kJ/mol)	电阻率/(Ω·cm)	硬度(HB)
21	钪(Sc)	2.985	2730	1538	380.7	50.9	—
39	钇(Y)	4.472	2630	1502	389.1	59.6	80～85
57	镧(La)	6.166	3470	920	430.9	79.8	35～40
58	铈(Ce)	6.773	3468	793	466.9	75.3	25～30
59	镨(Pr)	6.475	3017	935	327.7	68.0	35～50
60	钕(Nd)	7.003	3210	1024	325.5	64.3	35～45
61	钷(Pm)	7.200	3200	1035	—	—	—
62	钐(Sm)	7.536	1670	1072	206.3	105.0	45～65
63	铕(Eu)	5.245	1430	826	180.3	91.0	15～20
64	钆(Gd)	7.886	2800	1312	339.8	131.0	55～70
65	铽(Tb)	8.253	2480	1356	301.2	114.5	90～120
66	镝(Dy)	8.559	2330	1407	297.9	92.6	55～105
67	钬(Ho)	8.781	2490	1461	280.0	81.4	50～125
68	铒(Er)	9.054	2420	1497	310.2	86	60～95
69	铥(Tm)	9.318	1720	1545	243.9	67.6	55～90
70	镱(Yb)	6.972	1320	824	159.8	25.1	20～30
71	镥(Lu)	9.840	3000	1652	427.6	58.2	120～130

1）力学性质

稀土金属一般较软，具有可锻性、延展性，可抽拉成丝，也可轧成薄板。

2）热学性质

稀土金属的熔点都较高，除铕和镱外，熔点随原子序数的增大而升高，如铈的熔点为 793℃，而镥的熔点为 1652℃。稀土金属的沸点和升华热与原子序数无明显规律关系。

3）电学性质

稀土金属的导电性较差，常温时电阻率都较高。另外，它们有正的温度系数，镧在接近 4.4K 时具有超导性能。

4）磁学性质

大多数稀土金属呈现顺磁性。钆在 0℃时比铁具有更强的铁磁性，铽、镝、钬、铒等在低温下也呈现铁磁性。此外，一些稀土金属还具有特殊的磁热效应，磁致冷、磁致伸缩和磁光效应。

5）光谱特性

与其他元素相比，稀土元素的电子能级和谱线更为多样。它们可以吸收和发射从紫外、可见到红外光区范围内各种波长的电磁辐射，可以作为优良的荧光、激光和电光源材料及玻璃、陶瓷的釉料等。

3. 稀土金属的化学性质

稀土金属是典型的金属元素，其金属活泼性仅次于碱金属和碱土金属，并且由钪→钇→镧递增，由镧→镥递减，即镧是最活泼的稀土金属。稀土金属在室温下就能与空气中的氧作用，继续氧化的程度因所生成的氧化物的结构和性质不同而不同。镧、铈、镨、钕氧化得较快，而钇、镝、钆、铽等氧化得较慢。

为了防止稀土金属被氧化，一般将其保存在煤油中，或置于真空并充以氩气的密封容器中(图 7-26)。

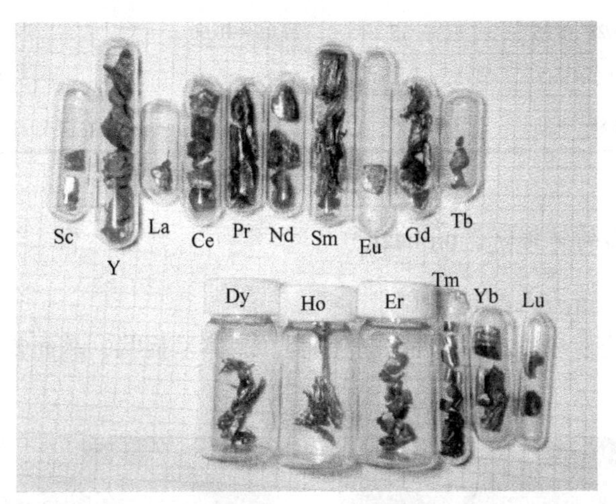

图 7-26　稀土金属单质

另外，稀土金属对氢、氮、硫和卤素同样具有极强的亲和力，在加热过程中可以生成多种氢化物、氮化物、硫化物和卤化物。在一定温度条件下，稀土金属甚至可以与碳、磷、氯气、硫等非金属直接反应，生成熔点高、密度小、化学性质稳定的二元化合物。

稀土金属易溶于稀的盐酸、硫酸和硝酸中，微溶于氢氟酸和磷酸，且与碱不发生反应。

7.4.2　稀土元素的主要矿物

稀土元素是性质活跃的亲石元素，在地壳中还没有发现它的天然金属或无水硫化物。最常见的是作为矿物的基本组成元素存在于矿物晶格中，其次是作为矿物的杂质元素以类质同象置换的形式分散于造岩矿物和稀有金属矿物中，或呈离子状态被吸附于某些矿物的表面或颗粒间。

目前已经发现的稀土矿物超过 250 种，但具有工业价值的稀土矿物只有五六十种，具有开采价值的则只有 10 种左右。当前用于工业提取稀土元素的矿物主要有氟碳铈矿、独居石和磷钇矿。其中，独居石和氟碳铈矿中轻稀土含量较高，磷钇矿中重稀土和钇含量较高。常见稀土矿物的物理性质见表 7-7。

表 7-7　常见稀土矿物的物理性质

名称	密度/(g/cm³)	硬度	比磁化系数/(×10⁻⁶cm³/g)	介电常数	晶系
独居石	4.83～5.42	5～5.5	12.75～10.58	4.45～6.69	单斜晶系
氟碳铈矿	4.72～5.12	4～4.5	12.59～10.19	5.65～6.90	三方晶系
磷钇矿	4.4～4.8	4～5	31.28～26.07	8.1	正方晶系
氟菱钙铈矿	4.2～4.5	4.2～4.6	14.37～11.56	—	三方晶系
硅铍钇矿	4.0～4.65	6.5～7	62.5～49.38	—	单斜晶系
易解石	5.0～5.4	4.5～6.5	18.04～12.92	4.4～4.8	斜方晶系
铈铌钙钛矿	4.58～4.89	5.8～6.3	6.54～5.23	5.56～7.84	等轴晶系
复稀金矿	4.28～5.05	4.5～5.5	21.05～18.00	—	斜方晶系
黑稀金矿	4.2～5.87	5.5～6.5	27.38～18.41	3.7～5.29	斜方晶系
褐钇铌矿	4.89～5.82	5.5～6.5	29.2～21.16	4.5～16	四方晶系

1. *独居石(又名磷铈镧矿，monazite)*

化学式：(Ce，La，Y，Th)[PO_4]

晶体结构及形态：单斜晶系，斜方柱晶类。晶体呈板状，晶面常有条纹，有时为柱、锥、粒状(图 7-27)。

图 7-27　磷铈镧矿晶体

物理性质：呈黄褐色、棕色、红色或绿色。具有玻璃光泽。硬度 5～5.5，性脆。密度 4.83～5.42g/cm³。电磁性中弱。在紫外线照射下发绿光，在阴极射线下不发光。

化学性质：成分变化很大。矿物成分中稀土氧化物含量可达 50%～68%。独居石可溶于 H_3PO_4、$HClO_4$、H_2SO_4。

用途：主要用来提取稀土元素。

注：独居石的产量近几年呈下降趋势，主要原因是矿石中的钍(Th)元素具有放射性，对环境有害。

2. *氟碳铈矿(bastnaesite)*

化学式：(Ce，La)[CO_3]F

晶体结构及形态：六方晶系，复三方双锥晶类。晶体呈六方柱状或板状，细粒状集合体(图 7-28)。

图 7-28　氟碳铈矿晶体

物理性质：呈黄色、红褐色、浅绿色或褐色。玻璃光泽、油脂光泽，条痕呈白色、黄色，透明至半透明。硬度 4～4.5，性脆，密度 4.72～5.12g/cm^3。具弱磁性，含铀、钍时具放射性。在薄片中透明，在透射光下呈无色或淡黄色，在阴极射线下不发光。

化学性质：成分中 REO 占 74.77%，CO_2 占 20.17%，F 占 8.73%。氟碳铈矿易溶于稀 HCl、HNO_3、H_2SO_4、H_3PO_4。

用途：它是提取铈组稀土元素的重要矿物原料。铈组稀土元素可用于制造合金，提高金属的弹性、韧性和强度；是制造喷气式飞机发动机、导弹及耐热机械的重要零件，也可用作辐射线的防护外壳等。此外，铈组稀土元素还用于制作各种有色玻璃。

3. *磷钇矿*(xenotime)

化学式：Y[PO_4]

晶体结构及形态：四方晶系，复四方双锥晶类，呈粒状及块状(图 7-29)。

图 7-29　磷钇矿晶体

物理性质：黄色、红褐色，有时呈黄绿色，也呈棕色或淡褐色。玻璃光泽、油脂光泽，条痕呈淡褐色。硬度 4～5，密度 4.4～4.8g/cm^3。具有弱的多色性和放射性。

化学性质：成分中 Y_2O_3 占 61.4%，P_2O_5 占 38.6%。有钇组稀土元素混入，其中以镱、铒、镝和钆为主。一般来说，磷钇矿中的铀含量大于钍含量。磷钇矿化学性质稳定。

用途：磷钇矿是提取钇的重要矿物原料。还可用于制造合成橡胶、人造纤维等。

"稀土王国"——赣州市

中国稀土行业协会第一届常务理事会第二次会议上,《关于授予赣州市为"稀土王国"的提案》顺利通过,标志着江西省赣州市被正式授予"稀土王国"称号。

赣州是离子型稀土的发现地和命名地,拥有丰富的离子型中重稀土资源,全市18个县(市、区)都有稀土资源分布,面积超过6000km^2,累计查明离子型稀土资源储量92万t,保有离子型稀土资源储量45.69万t,在国内外同类型矿种中位居第一。

赣州的离子型稀土是迄今国内外独具特色的优良稀土资源,包含15种稀土元素,富含的铽、镝、铕、钇等是发展尖端科技所需的重要元素。

7.4.3 "点石成金"的现代工业"维生素"

稀土不仅可以在工业生产中作为添加剂,如石油化工工业的催化剂、玻璃陶瓷业的添加剂,极大地改善产品性能、增加产品品种、提高生产效率;还可用于提高农作物产量、增强动植物的抗病能力、治疗烫伤和皮肤杀菌消炎等,因而被誉为"人类健康的保护神"或"种植业的丰产素"。

1. 金属、非金属材料的添加剂

稀土元素的原子半径和离子半径都特别大,较易填补铁或合金晶粒新相的表面缺陷,生成能阻碍晶粒继续生长的膜,从而使晶粒细化。晶粒细化后不但能提高金属或合金的塑性,消除热脆性,还能减少表面缺陷、裂纹,提高耐磨性和抗腐蚀性。这一特性被广泛用于制造行业。

稀土可以与钢材中的硫、氧等反应,细化晶粒,通过影响钢的相变点,提高钢的力学性能和淬透性等。因此,稀土特种钢被广泛用于坦克装甲钢和炮钢等;稀土高锰钢用于制造坦克履带板;稀土铸钢则用于制造高速脱壳穿甲弹的尾翼、炮口制退器和火炮结构件等(图7-30)。

图7-30 稀土元素在军工领域用途广泛

2. 石油化工工业的催化剂

科研人员发现，复合稀土氧化物可以用作内燃机尾气净化催化剂，在空气污染治理中起到关键的作用。以汽油车为例，主要采用三效催化净化技术，三效催化剂由催化剂涂层组成，催化剂涂层由稀土储氧材料(由氧化铈、氯化镧和氯化锆制备)、稀土稳定的氧化铝材料和贵金属组成。稀土储氧材料中的稀土元素铈为变价元素，其氧化物具有特殊的储存和放氧功能，与贵金属铂、钯等结合，贫燃时储存氧，富燃时提供氧，将汽车尾气排放的碳氢化合物(C_xH_y)、一氧化碳(CO)和氮氧化物(NO_x)等转化成氮气和水。

3. 玻璃、陶瓷的添加剂

现代建筑大量使用玻璃。普通的玻璃无色透明，若在玻璃中加入少量稀土，则可使玻璃呈现五颜六色。稀土不仅可以作为玻璃的着色剂，还可作为玻璃的脱色剂。用稀土抛光粉抛光玻璃，可以使玻璃变得更加晶莹透明，并提高玻璃的强度和耐热性，延长玻璃的使用寿命(图 7-31)。

图 7-31　稀土玻璃制品和陶瓷制品

在陶釉和瓷釉中添加稀土，可以减轻釉的易碎裂性，并使制品呈现不同的颜色和光泽。掺入稀土的陶瓷具有较高的耐热性。将稀土色剂加入陶瓷中制成变色陶瓷，可在不同光照下呈现不同色彩，增加其观赏性。

另外，稀土还能改变玻璃和陶瓷的性能。在熔制玻璃的过程中，添加不同类型的稀土元素可以制得不同用途的光学玻璃和特种玻璃，包括能通过红外线、吸收紫外线的玻璃，耐酸及耐热的玻璃，防 X 射线的玻璃等。在烧制陶瓷的过程中，加入硫化铈可以改善陶瓷的电学性能，加入二氧化铈则能提升瓷釉的消音性。

4. 人类健康的守护神

有关稀土在医学中的应用长期以来都是全世界很重视的研究方向。最早在医药中应用的是铈盐，如草酸铈[$Ce_2(C_2O_4)_3$]可用于治疗海洋性晕眩和妊娠呕吐；简单的无机铈盐可用作伤口消毒剂。

1）抗凝血作用

稀土化合物在抗凝血方面有特殊作用。它们用于体内外都能降低血液的凝固，特别是用于静脉注射，能立即产生抗凝作用，并持续 1 天左右。它作为抗凝剂的重要优点是作用迅速，这与直接作用的抗凝剂（如肝素）相当，并且具有长期效应。近年来，科学家还将稀土化合物与高分子材料结合，制得具有抗凝血作用的新型材料。

2）烧伤药物

稀土铈盐的消炎作用能有效提高治疗烧伤效果。使用含铈盐药物，如硝酸铈[$Ce(NO_3)_3 \cdot 6H_2O$]能迅速控制严重感染的创面使其转为阴性，使创面炎症减轻，加速愈合，为进一步治疗创造条件。

3）放射性核素与抗肿瘤

最早利用稀土诊断及治疗癌症的是其放射性同位素。科研人员对轻稀土抑瘤作用机理的研究表明，稀土元素除了可以清除机体内的有害自由基外，还可使癌细胞内的钙调素水平下降，抑癌基因的水平上升。稀土元素对肿瘤的防治具有不可限量的前景。

利用稀土永磁材料可制成各类磁疗产品，如磁疗项链、磁疗手表等（图 7-32），这些产品具有镇静、止痛、消炎、止痒、降压、止泻等作用。

图 7-32　磁疗项链、磁疗鞋垫、磁疗护膝、磁疗按摩器

5. 种植业的丰产素

稀土氧化物无毒，给农作物施用稀土化肥，既可获得良好的生产效果，又安全可靠。多年实验证明，施用适当浓度的稀土元素可以促进种子萌发，提高种子发芽率，促进幼苗生长；提高植物的叶绿素含量，增强光合作用，促进根系发育，增加根系对养分的吸收；促进植物对养分的吸收、转化和利用，对粮食、油料、水果、蔬菜等农作物有一定的增产作用。

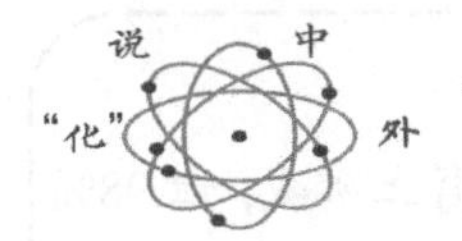

世界稀土储量及分布

世界稀土资源丰富，已知含稀土的矿物有 13 大类 250 种，目前已开采利用的仅十几种。但分布极不均匀，主要集中在中国、美国、澳大利亚、俄罗斯、印度、加拿大、巴西等国。重要稀土矿物及其分布见表 7-8。根据美国联邦地质调查局(USGS) 2014 年统计，截至 2013 年底，世界稀土储量总共 14000 万 t，其中中国稀土探明储量为 5500 万 t，居世界首位(图 7-33)。

表 7-8　重要稀土矿物及其分布

分类	名称	组成		分布
		化学成分	含量	
轻稀土矿物	氟碳铈矿	$(Ce, La)FCO_3$	95%～98%铈组稀土	中国、美国、俄罗斯
	独居石	$(Ce, La, Y, Th)PO_4$	90%～95%铈组稀土	中国、澳大利亚、印度、巴西、刚果、南非、美国、俄罗斯
重稀土矿物	离子吸附型稀土矿	$[Al_2Si_2O_2(OH)_4]_m \cdot REO$	富镧富钕轻稀土型：70%～80%铈组稀土	中国
			高钇重稀土型：55%～65%钇组稀土 中钇富铕型：45%～55%钇组稀土	中国
	磷钇矿	YPO_4	60%～80%钇组稀土	中国、澳大利亚、挪威、巴西
	黑稀金矿	$(Y, U)(Nb, Ti)_2O_6 \cdot H_2O$	13%～35%钇组稀土	澳大利亚、美国
	硅铍钇矿	$Y_2FeBe_2Si_2O_{10}$	35%～48%钇组稀土	瑞典、挪威、美国

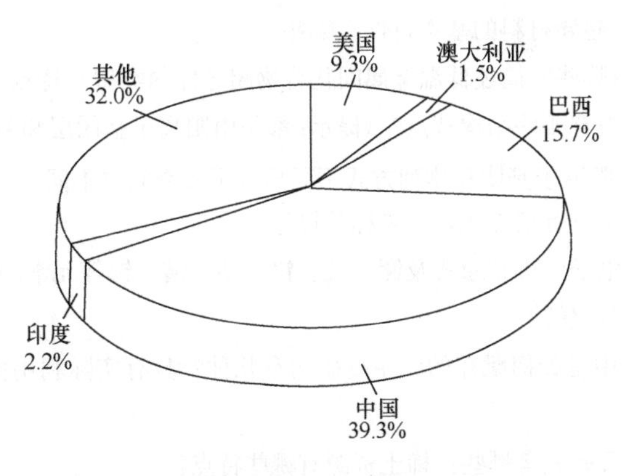

图 7-33　世界稀土储量分布

中国稀土资源的特点

(1) 储量大、分布广。全国有22个省(自治区、直辖市)都发现了稀土矿藏，但98%以上的稀土资源集中在内蒙古、江西、广东、四川和山东等地。

(2) 北轻南重。中国轻稀土资源主要分布于包头的白云鄂博地区；离子型中重稀土资源主要分布于南方省份，占世界中重稀土资源的90%。

(3) 矿物种类齐全、稀土元素配分好。中国稀土矿物种类多，主要稀土矿物如氟碳铈矿、独居石和离子吸附型稀土矿等储量大，尤其是独特的离子吸附型稀土矿中钕、镝、铕、钇等中重稀土元素配分比轻稀土矿高4～20倍，是发展国防工业和高技术产业不可缺少的原材料和战略资源。

(4) 稀土矿物开采成本低，价值高。南方离子吸附型稀土矿中高价值元素含量高，开采提取工艺简单且放射性低，是国外少见的优质稀土资源。白云鄂博稀土矿随铁矿大规模采选，成本低，同品级的稀土精矿成本比国外低大约60%。四川稀土矿和山东微山稀土矿矿物粒度粗、有害杂质少，选矿容易，稀土回收率高，且成本较低。

中国稀土资源的这些特点为中国稀土工业的发展提供了得天独厚的有利条件。

1. 什么是纳米材料的小尺寸效应？

2. 纳米颗粒的高表面活性有何优缺点？如何利用？

3. 纳米材料的热稳定性主要体现在哪些方面？

4. 写出聚丙烯、聚苯乙烯、尼龙6、聚丁二烯的分子式。

5. 写出合成下列聚合物的单体和反应式：①聚乙烯；②丁苯橡胶；③酚醛树脂；④聚四氟乙烯；⑤聚氨酯。

6. 导电高分子有哪些类型？各自的导电机理是什么？

7. 为什么在各种材料中，高分子材料最有可能用作医用材料？

8. 什么是超导现象？超导材料的基本特性有哪些？

9. 低温超导体主要有哪些？简述低温金属间化合物超导体的类型及特点。

10. 铁基高温超导材料有哪些结构特点？(提示：都是由阳离子基团层和FeAs层沿c轴方向交替排列形成，只是不同体系中阳离子基团和排列方式不同导致了其空间群不同)

11. 什么是稀土？写出所有稀土元素的名称及符号。

12. 写出稀土元素的电子层排布通式及镧、钪、钇、铥、镨、铈等元素的核外电子排布方式。

13. 稀土元素是如何分组的？

14. 稀土元素在矿物中是如何赋存的？主要矿物有几种？具有实际利用价值的矿物有几种？试列举三种著名的矿物名称。

15. 我国主要稀土资源矿藏有哪些？稀土资源有哪些特点？

第 8 章　传统文化中的化学

8.1　陶瓷术：化腐为奇的法宝

河流是人类文明的发祥地，一方水土养育一方人。火的出现使人类摆脱了茹毛饮血的困境。人类为了更加顺利地生存下去，将水、火、土相结合起来，化腐为奇，逐渐打造出了工具。人类会使用工具，是人类与动物最大的不同点。据史料记载，距今 180 万年前的旧石器时代主要以打制石器为主；距今约 1 万年，人类进入新石器时代，新石器时代的标志是打磨石器和发明陶器(图 8-1)。陶器、青铜器、铁器的相继创造促进了人类文明程度的提升，推动人类社会不断向前发展。

图 8-1　原始社会制陶

图片源自：www.huitu.com

8.1.1　贯穿古今的陶瓷术

陶、瓷并不是同一时期发明出来的。由陶过渡到瓷，劳动人民经过了长期的实践摸索。3000 多年前的商周时期开始出现釉陶和原始瓷器，此后的 1000 多年，原始瓷器的工艺逐渐成熟，至魏晋时期完成了由陶向瓷的过渡。我国是世界上最早发明瓷器的国家。

汉武帝以后，商人开始出海贸易，开辟了海上交通要道，逐步形成了“海上丝绸之路”。宋元时期，瓷器贸易以海上运输为主，瓷器占海上丝绸之路贸易商品的一半以上，“海上丝绸之路”因此又被称为“海上陶瓷之路”。带着中国传统文化的陶瓷输出国外，为世界人民所喜爱。

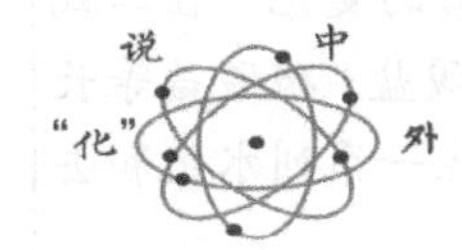

“China”的由来

18 世纪以前，欧洲人还不会制造瓷器，只能依靠进口。中国的瓷器广受欢迎，大量输出国外。中国昌南(今江西景德镇)的精美瓷器尤其出名，外国人以能获得一件昌南瓷器为荣。在国外渐渐地以“昌南”的译音作为瓷器(china)和生产瓷器的“中国”(China)的代称。

随着我国“一带一路”倡议的推广，越来越多的国家与我国开展贸易合作，实现互利共赢。这个倡议不仅是经济上的贸易往来，更是文化理念和艺术思想上的交流。而陶瓷艺术作为华夏文明的瑰宝，值得人们去分析和研究。

8.1.2　陶瓷的制作工艺

陶瓷的制作工艺如图 8-2 所示。

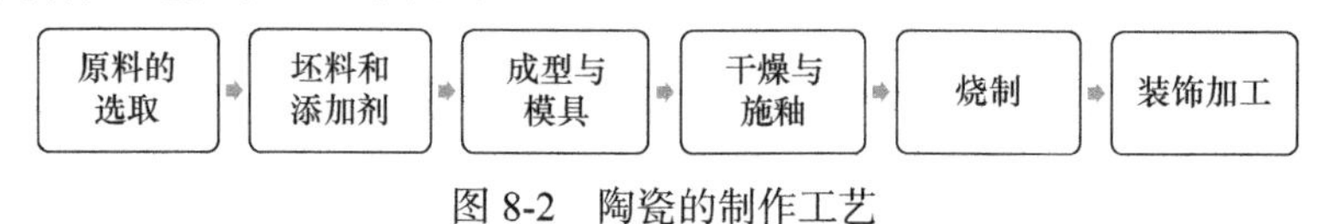

图 8-2　陶瓷的制作工艺

1. 原料的选取

普通陶瓷制品所用原料大部分是天然矿物或岩石，其中多为硅酸盐矿物，这些原料种类繁多，资源蕴藏丰富，分布极广。天然原料往往含有杂质矿物。随着陶瓷工业的发展，新型陶瓷制品不断涌现，对原料的要求也越来越高。

传统硅酸盐工业的主要原料是黏土，黏土具有优越的性能，是陶瓷生产的基础。黏土是多种微细矿物(粒径一般小于 2μm)的混合体，其主要成分是含水铝硅酸盐，是一种由硅氧四面体[SiO_4]组成的$(Si_2O_5)_n$层和由铝氧八面体组成的 $AlO(OH)_2$ 层相互以顶角连接起来的层状结构物质，这种结构在很大程度上决定了黏土矿物的性能。除了黏土，陶瓷还有其他原料，如硅酸盐类原料(滑石、蛇纹石、硅灰石、透辉石、透闪石、硅线石、锆英石)、碳酸盐类原料(方解石、石灰石、菱镁矿)、磷酸盐类原料(骨灰、磷灰石、长石代用品、风化长石)、高铝矾土、工业废渣(磷矿渣、高炉矿渣、萤石矿渣、粉煤灰、煤矸石)等。

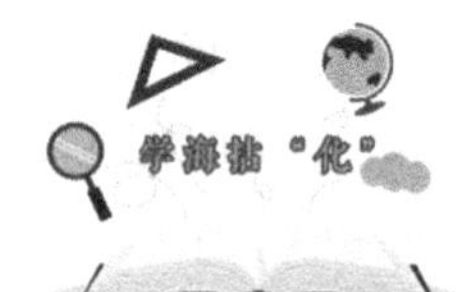

黏土的成因

图 8-3　长石
图片源自：www.paixin.com

化学风化作用能使组成岩石的矿物发生质的变化。在二氧化碳、日光、雨水、河水、海水及氯化物、硝酸盐、硫酸盐等长时间的共同作用下，长石(图 8-3)类矿物会发生一系列水化和去硅作用，最终形成黏土矿物。

长石及绢云母转化为高岭石的反应大致如下：

$$2KAlSi_3O_8(\text{钾长石}) + H_2O + H_2CO_3 = Al_2Si_2O_5(OH)_4(\text{高岭石}) + 4SiO_2 + K_2CO_3$$

$$CaAl_2Si_2O_8(\text{钙长石}) + H_2O + H_2CO_3 = Al_2Si_2O_5(OH)_4(\text{高岭石}) + CaCO_3$$

$$2KAl_3Si_3O_{10}(OH)_2(\text{绢云母}) + 3H_2O + H_2CO_3 = 3Al_2Si_2O_5(OH)_4(\text{高岭石}) + K_2CO_3$$

$$Al_2Si_2O_5(OH)_4 + (2n-2)H_2O = Al_2O_3 \cdot nH_2O(\text{水铝石}) + 2SiO_2 \cdot nH_2O(\text{蛋白石})$$

2. 坯料和添加剂

将陶瓷原料经过配料和加工后，即可得到具有成型性的多组分混合物坯料。坯料一般由几种不同的原料配制而成。性能不同的陶瓷产品，其所用原料的种类和配比也不同，即坯料组成或配方不同。根据陶瓷品性能的要求，还需在坯料中添加一定种类的陶瓷添加剂。陶瓷添加剂的作用主要有：一是作为过程性添加剂，主要是改善加工条件，加快设备运行速率，简化制备工艺等，如分散剂、助烧剂等；二是作为功能性添加剂，主要是加入后使产品具有某些特殊的功能。

3. 成型与模具

将已制备好的坯料通过一定的方法或手段使其发生形变，制成具有一定形状大小坯体的工艺过程称为成型。成型对坯料细度、含水率、可塑性及流动性等都有一定的要求。

陶瓷制品的成型方法按照坯料含水率的不同分为可塑成型、注浆成型和压制成型。

可塑成型既是最古老的成型方法，也是形式变化最多的成型方法，包括不需要模具的拉坯法(图 8-4)和雕塑法，采用滚头(或型刀)和石膏模的滚压法和旋压法，使用钢模的挤压法(或挤出法)，以及使用各式样板刀的车坯法等。

图 8-4　拉坯法
图片源自：www.news.cn

注浆成型可进一步分为冷法和热法，冷法又分常压注浆、加压注浆及抽真空注浆，使用石膏模或多孔模。

压制成型可分为干压法和等静压法。干压法是机械力作用在钢模后再传至坯料，达到成型目的；等静压法是机械力通过液体介质施于软模，再均匀传至坯料而成型。

4. 干燥与施釉

成型后的各种坯体通常都含有较高的水分，尤其是可塑成型和注浆成型的坯体，还处于塑性状态，强度很低，不利于后续工序的加工和运输。因此，在坯体进入烧成前必须根据各工序的操作要求，分段进行干燥，直至符合要求(图 8-5)。坯体干燥的目的在于降低坯体的含水率，使坯体缩短烧成周期，降低燃料消耗，且具有足够的吸附釉浆的能力；并提高坯体的机械强度，减少在搬运和加工过程中的破损。

下一步在成型的陶瓷坯体表面施以釉浆，即施釉。主要方法有蘸釉、淋釉、刷釉、荡釉、浇釉、吹釉、轮釉等多种。可按坯体的不同形状、厚薄，采用相应的施釉方法(图 8-6)。

(1)蘸釉。又称“浸釉”，是最基本的施釉技法之一。将坯体浸入釉浆中片刻后取出，利用坯体的吸水性，使釉浆均匀地附着于坯体表面。一般适用于厚胎坯体及杯、碗类制品。战国时的原始青瓷就是采用这种方法上釉。

(2)淋釉。如果瓷器坯体较大，又希望在短时间内以不费事的方法得到釉层均匀的效果，则可以采用淋釉法上釉。同时，淋釉法更能制造出具有流动感的特殊效果。

图 8-5　干燥

图片源自：www.paixin.com

图 8-6　施釉过程

(3) 刷釉。又称“涂釉”，即用毛笔或刷子蘸取釉浆涂在坯体表面。该方法多用于长方有棱角的器物或局部上釉、补釉、同一坯体上施不同釉料等情况。

(4) 荡釉。又称“荡内釉”，即把釉浆注入坯体内部，然后将坯体上下左右旋荡，使釉浆满布坯体，再倾倒出多余的釉浆，随后将坯体继续回转，使器口不留残釉。荡釉法适用于口小而腹深的制品，如壶、瓶等内部上釉。

施釉的作用

(1) 使坯体对液体和气体具有不渗透性，提高其化学稳定性。

(2) 覆盖于坯体表面给制品以美感，如将颜色釉(大红釉、榄绿釉等)与艺术釉(铜红釉、铁红釉、油滴、闪光等)施于坯体表面，增加了制品的艺术价值与观赏价值。

(3) 防止沾污坯体。平整光滑的面即使有沾污也容易洗涤干净。

(4) 使制品具有特定的物理和化学性能，如电性能(压电、介电绝缘等)、抗菌性能、红外辐射性能等。

(5) 改善制品的性能。釉与坯体在高温下反应，冷却后成为一个整体。正确选择釉料配方，可以使釉面产生均匀的压应力，从而改善制品的力学性能、热性能、电性能等。

5. 烧制

陶瓷制作工艺中最关键的一道工序是入窑烧制(图 8-7)。在陶窑中，木质燃料产生的高温使陶土发生化学反应，从而使坯体的成分、性能和颜色发生改变。坯体烧成需要经过四个阶段。

(1)低温阶段(室温～300℃)：排出残余水分。

(2)中温阶段(300～950℃)：排出结构水，碳素和硫化物氧化，碳酸盐分解，石英发生晶形转变。

(3)高温阶段(950℃～烧成温度)：氧化分解继续，生成液相，固相熔化，形成新晶相和晶体长大，釉熔融。

(4)冷却阶段(烧成温度～室温)：液相析晶，液相过冷凝固，晶形转变。

图 8-7　烧制

图片源自：blog.sina.com

在这一系列过程中，涉及的化学反应有：

高岭石脱水：

$$Al_2O_3 \cdot 2SiO_2 \cdot 2H_2O(\text{高岭石}) \longrightarrow Al_2O_3 \cdot 2SiO_2(\text{偏高岭石}) + 2H_2O$$

碳酸盐分解：

$$MgCO_3 \longrightarrow MgO + CO_2 \uparrow$$

$$CaCO_3 \longrightarrow CaO + CO_2 \uparrow$$

$$MgCO_3 \cdot CaCO_3 \longrightarrow CaO + MgO + 2CO_2 \uparrow$$

6. 装饰加工

装饰是对陶瓷制品进行艺术加工的重要手段，是技术和艺术的统一。陶瓷的装饰方法很多，根据陶瓷类型、工艺特点及装饰技法可分为以下几种。

(1)彩绘装饰：包括釉上彩装饰，如新彩、广彩等釉上手工彩绘和釉上贴花、印花刷花、喷彩等；釉下彩装饰，如釉下青花釉里红、釉下贴花等；釉中彩装饰，如低温釉中彩、中高温釉中彩等。

(2)艺术釉装饰：包括颜色釉、花釉、结晶釉、无光釉、裂纹釉、变色釉、荧光釉等。

(3)雕塑装饰：包括捏花、堆花、剔花、刻花、镂空、浮雕、暗雕、圆雕及塑造等。

(4)综合装饰：包括青花玲珑晶雕堆花色釉刻瓷、青花斗彩有色艺术釉等。

(5)其他装饰方法：包括色坯、化妆土、色粒坯、渗花、磨光和抛光、丝网印花拼花装饰等。

8.1.3　陶瓷工业的发展现状

改革开放以来，随着经济的复苏，我国陶瓷工业得到迅猛发展，在国民经济中居重要地位，并且陶瓷材料的应用及发展非常迅速。陶瓷材料是继金属材料、高分子材料后最有潜力的发展材料之一，它在各方面的综合性能明显优于现在使用的金属材料和高分子材料。因此，它的应用前景相当广阔，尤其是现代国防工业。先进陶瓷材料的制备技术日新月异，陶瓷材料的发展已经取得惊人的成绩。相信在不久的将来，陶瓷材料会有更好、更快的发展，展示出其重要的应用价值。

唐三彩、秘色瓷、珐琅彩

唐三彩(图 8-8)是一种低温铅釉的彩釉陶器。本属精陶的一种，因为它经常采用黄、绿、褐等色釉，在器皿上构成花朵、斑点或几何纹等各种彩色斑斓的色釉装饰，所以称为三彩。

图 8-8　唐三彩

图片源自：故宫博物院网站

五代虽然历史短暂，但是陶瓷工艺仍取得一定的成就，其中最有特色的是钱越的越窑。当时中原政权不断更替动乱，而钱越地区则处于比较安定的局面。为了维持这种局面，钱越统治者不得不将其地区特产的瓷器进贡给中原各主。这种精美的“越器”禁止在民间使用，因而又通称“秘色窑”（图 8-9）。

用珐琅料装饰器物能取得如油画般和谐的色泽效果。清朝康熙晚期出现的珐琅彩瓷器(图 8-10)是在康熙皇帝授意下创烧的。珐琅彩瓷器由景德镇官窑瓷场烧制上好素胎，然后送往京城皇宫内造办处选胎，再经如意馆画师绘画填彩，最后入宫内彩炉烘烧。

图 8-9　秘色窑

图片源自：中国古代名窑系列丛书《越窑》

图 8-10　珐琅彩瓷器

图片源自：故宫博物院网站

8.2　酿酒术：“蝶化庄周”的奥秘

8.2.1　酒的起源

中国是最早掌握酿酒技术的国家之一，酿酒历史悠久，可追溯到远古时代。据考证，酿酒在我国原始社会已经盛行。我国民间有许多关于酒起源的传说，先民在创造酒的同时，也给后人留下了一段段令人心驰神往的美丽传说，“上天造酒说”“杜康造酒说”等流传至今。

那么，有具体的考古资料对酿酒起源佐证吗？在《黄帝内经 · 素问 · 汤液醪醴论》中有：“作汤液醪醴者，以为备耳……邪气时至，服之万全”，记载了黄帝与岐伯谈论关于酿酒的问题。根据原材料分类，酒可分为粮食酒、果酒和代粮酒。酿酒就是以原料为基础，利用微生物发酵产生含有一定浓度酒精饮料的过程。农耕文明为谷物酿酒提供了基础。谷物酿酒的两个先决条件是酿酒原料和酿酒容器。以下几个新石器时代物质情况的调查考证对酿酒的起源研究有一定的参考价值(图 8-11)。

图 8-11　出土的酒器
图片源自：www.weibo.com

三星堆遗址地处四川省广汉市，距今已有 3000～5000 年历史。该遗址出土了大量陶器和青铜酒器，其器形有杯、觚、壶等。

1979 年，考古工学者在山东莒县陵阳河大汶口文化墓葬中发掘到大量酒器。尤其引人注意的是其中的组合酒器，包括酿造发酵所用的大陶尊、滤酒所用的漏缸、储酒所用的陶瓮、用于煮熟物料所用的炊具陶鼎，以及其他各类饮酒器具 100 多件。

8.2.2　酿酒的基本原理和过程

酿酒基本过程主要包括酒精发酵、淀粉糖化、制曲、原料处理、蒸馏取酒、老熟陈酿、勾兑调味等。

古法烧酒的“蒸馏器”与现代“蒸馏”设备的碰撞

1975 年 12 月，在承德地区的青龙县西山嘴村新开河道中出土了一套铜制烧酒锅。从文化地属和出土的器物判断，这是一处金代酿酒遗址，烧酒锅应是金代遗物。器内液体经加热后，蒸气垂直上升，被上部盛冷水的容器内壁所冷却，从内壁冷凝，沿壁流下被收集，这便是古法烧酒的“蒸馏器”。

蒸馏原理即利用酒精的沸点(78.5℃)和水的沸点(100℃)之间的差异，将原发酵液加热至两者沸点之间，就可从中收集到高浓度的酒精和芳香成分。现代蒸馏设备由蒸锅、可调锅盖、导气管和冷却器组成，其主要功能在锅盖部分。锅盖内有多个夹层和多层阻隔，有预冷系统、过滤系统和回流系统，通过仪表显示达到自由控温的目的。酒蒸气通过锅盖时，经多层阻隔、过滤、预冷后，温度逐步下降至 80℃左右。现代蒸馏设备实现了调高酒度、提高酒质和出酒率的良好效果。

1. 酒精发酵

发酵是所有酿造原料变成酒最核心的步骤。发酵所需要的最基本原料是糖分。糖分包括葡萄糖和麦芽糖，果汁中通常含有大量的葡萄糖，可以直接发酵。谷物中含有大量的淀粉，淀粉进行处理后可以转化为麦芽糖。

发酵分为两种，一种是乳酸发酵，是糖分转化为乳酸的过程；另一种是酒精发酵。

酒精发酵是在无氧条件下，微生物(如酵母菌)分解葡萄糖等有机物，产生酒精、二氧化碳等不彻底氧化产物，同时释放出少量能量的过程。

酒精发酵的总化学方程式为

$$C_6H_{12}O_6 \xrightarrow{\text{酶}} 2C_2H_5OH + 2CO_2$$

酒精发酵主要经过以下 3 个阶段。

第一阶段：腺苷二磷酸(ADP)转化成腺苷三磷酸(ADP)，2 分子 NAD 与 NADH 产生变换，即葡萄糖的磷酸化过程。

$$C_6H_{12}O_6 + 2ADP + 2H_3PO_4 + 2NAD \longrightarrow$$

$$2CH_3COCOOH + 2ATP + 2NADH + 2H_2O + 2[H]$$

第二阶段：发生糖的裂解，丙酮酸分解为乙醛和二氧化碳。

$$CH_3COCOOH \longrightarrow CH_3CHO + CO_2$$

第三阶段：使用还原剂 NADH。

$$CH_3CHO + NADH + [H] \longrightarrow C_2H_5OH + NAD$$

酒精发酵过程中产生的二氧化碳会使发酵温度升高，当发酵温度高于 34℃，酵母菌会被杀死而停止发酵，因此必须合理控制发酵的温度。同时，发酵罐中氧压力不能高于 6.67kPa，pH 为 3.0～6.0。除糖质原料本身含有的酵母外，还可以使用人工培养的酵母发酵。值得一提的是，酒的品质因使用酵母的不同而各具特色。

2. 淀粉糖化

酒精发酵是利用酵母菌进行厌氧代谢的过程。酵母菌在厌氧代谢中分解 1mol 葡萄糖，生成 2mol 酒精。酒精发酵所需的原材料为糖质原料而不能直接使用淀粉质的谷物原料。这是因为酵母本身不含糖化酶，而淀粉是由多个葡萄糖分子聚合而成的高分子化合物，为了将淀粉水解为葡萄糖分子，还需多加一步将淀粉糖化，即加入使其变为糊精、低聚糖和可发酵性糖的糖化剂。糖化剂中不仅含有能分解淀粉的酶类，还含有能分解原料中脂肪、蛋白质、果胶等的其他酶类。

淀粉糖化的化学方程式如下(多糖水解为单糖)：

$$(C_6H_{10}O_5)_n + nH_2O \longrightarrow nC_6H_{12}O_6$$

3. 制曲

培养有益微生物进行食品发酵的过程称为制曲。酒曲也称酒母，多以含淀粉的谷类(大麦、小麦、麸皮)、豆类、薯类和含葡萄糖的果类为原料和培养基，经粉碎加水成块或饼状，在一定温度下培育而成。酒曲中含有丰富的微生物和培养基成分，如曲霉菌、酵母菌、乳酸菌等，能产生淀粉酶、糖化酶等，将淀粉水解成单糖或二糖，完成酿酒过程中的第二步淀粉糖化，进而被酵母水解产生酒精。

酒曲的分类

1)按形态分(通俗分类)

大曲：以高粱及豌豆为原料，经过粉碎加水、踩曲制坯发酵制成的多菌类糖化发酵剂，形如砖块(图8-12)。

小曲：以米粉或米糠为原料，添加中草药或辣蓼粉为辅料，加入少量白土作填充物，球状，形如鸡蛋(图8-13)。

图8-12　大曲

图片源自：www.lssxsw.com

图8-13　小曲

图片源自：blog.sina.com

2)按接酒时间分类

按照接酒时间可分为：特曲、头曲、二曲、三曲。头曲、二曲、三曲等称谓是根据接酒时间的不同而产生的区别叫法，也就是按发酵、储存时间长短而命名的。酒蒸馏之后，出的第一段酒为特曲，随后的酒就叫头曲、二曲。这种名称也称为量质定级，其中规定特曲储存三年，头曲储存一年，二曲储存半年。从酒质上来说，特曲好于头曲，头曲好于二曲，这种评价方法一直沿用至今。

4. 原料处理

无论是酿造酒还是蒸馏酒，抑或是两者的派生酒，制酒用的主要原料均为糖质或淀粉质。为了充分利用原料，提高糖化能力和出酒率，形成特有的酒品风格，酿酒的原料一般都要经过特定工艺的处理，主要包括原料配比的选择及其状态的改变等。此外，环境因素的控制也是关键的环节。

糖质原料以水果为主，原料处理主要包括根据成酒的特点选择原料品种、采摘分类、除去腐烂果品和杂质、破碎果实、榨汁去梗、澄清抗氧、杀菌等程序。

淀粉质原料以麦芽、米类、薯类、杂粮等为主，采用复式发酵法，先糖化、后发酵或糖化发酵同时进行。原料品种及发酵方式不同，原料处理的过程和工艺也有差异。我国广泛使用酒曲酿酒，其原料处理的基本工艺流程为精碾或粉碎、润料(浸米)、蒸煮(蒸饭)、摊凉(淋水冷却)、翻料、入缸或入窖发酵等。

下面介绍酿酒的 3 种原料(图 8-14)。

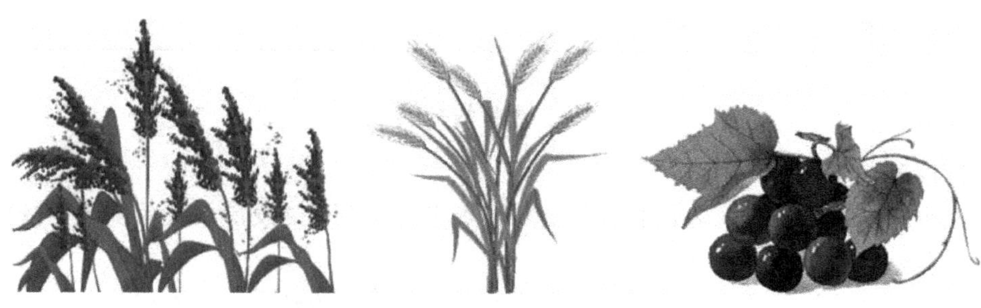

图 8-14　高粱、小麦、葡萄(自左至右)

(1)高粱。经过长期的生产实践，人们发现高粱是酿造白酒的最佳原料。从配料上讲，高粱有成本低、淀粉含量高、食疗价值高等优点。

(2)小麦。啤酒是以小麦为主要原料，经过液态糊化和糖化，再经过液态发酵酿制而成。其酒精含量较低，含有二氧化碳，富有营养。

(3)葡萄。干红葡萄酒应选用单宁含量低、糖含量高的优良酿造葡萄作为生产原料。

单宁为何物

单宁是英文 tannins 的音译，是葡萄酒含有的酚类化合物中的一种(图 8-15)。

图 8-15　单宁结构式

单宁的来源主要有两方面：一方面是葡萄籽、葡萄皮、葡萄梗在浸泡发酵过程中通过酒精而萃取溶入酒液中的；另一方面是在熟化过程中橡木桶和酒液的交换中获得的。单宁在葡萄酒中起到的作用主要有：防腐、稳定酒体结构、聚合色素、增加葡萄酒复杂性。同时，葡萄酒中的单宁除了涩，还有一丝苦的感觉。单宁含量比较丰富的食物还有茶叶、核桃、杏仁、巧克力等。

5. 蒸馏取酒

蒸馏取酒是指通过加热，利用沸点的差异使酒精从原汁酒液中浓缩分离，冷却后获得高酒精含量酒品的工艺。在正常的大气压下，水的沸点是 100℃，酒精的沸点是 78.3℃。将原汁酒液加热至两个温度之间时，产生大量含酒精的蒸气，将这种蒸气收入管道并进行冷凝，与原来的溶液分开，从而形成高酒精含量的酒品。在蒸馏的过程中，原汁酒液中的酒精被蒸馏并收集，以控制酒精的浓度。此外，原汁酒液中的味素也将一起被蒸馏，这就使得蒸馏的酒品中带有独特的芳香。

6. 老熟陈酿

通常将新酿制成的酒品窖香储存的过程称为老熟和陈酿。经过一段时间的储存后，醇香和美的酒质才最终形成并得以深化。以白酒为例，从酿酒车间刚出产的白酒多呈燥、辛辣味，不醇厚柔和，通常称为“新酒味”，但经过一段时间的储存后，酒的燥辣味明显减少，酒味柔和，香味增加。白酒老熟的原理如下：

(1)挥发作用：新蒸馏的酒之所以呈现辛辣味以及不醇厚柔和，主要是由新酒中含有某些刺激性大、挥发性强的化学物质所引起的。刚蒸出的新酒常含有硫化氢、硫醇等挥发性硫化物，同时含有醛类等刺激性强的挥发性物质。上述物质在储存期间能够自然挥发，一般经过半年的储存后，几乎检查不出酒中硫化物的存在，刺激味也大大减轻。

(2)分子间的缔合：酒精和水都是极性分子，经储存后，酒精分子与水分子的排列逐步理顺，从而加强了酒精分子的束缚力，降低了酒精分子的活度，使白酒口感变得柔和。与此同时，白酒中的其他香味物质分子也会产生上述缔合作用。当酒中缔合的大分子群增加，受到束缚的极性分子越多，酒质就越绵软、柔和。

(3)化学变化：白酒在储存中还可以产生缓慢的化学变化。例如，在醇酸酯化过程中生成新的产物酯，可以赋予白酒的酯香。

7. 勾兑调味

酒品的勾兑调味被视为酿酒的最高工艺。勾兑调味工艺是指将不同种类、陈年和产地的原酒液半成品(白兰地、威士忌等)或选取不同档次的原酒液半成品(中国白酒、黄酒等)按照一定的比例，参照成品酒的酒质标准进行混合、调整和校对的工艺。

看花摘酒

“产香靠发酵，提香靠蒸馏，摘出好酒靠摘酒工”，由此可见量质摘酒工作的重要性。量质摘酒就是把酒头摘出后，边摘边尝，准确分级。原酒流出后，先掐去酒头，然后通过一闻、二看、三品，将原酒分为特优、优、优一级、优二级四个等级。只要香气浓郁、酒花较大、入口香甜，均为优质酒。对于所摘酒酒度高低，主要凭经验观察。从感观上来说，直接的方法是“看花摘酒”。“看花”即看酒花。中国酿酒行业把在白酒蒸馏过程中，蒸馏液流入锡壶，水、酒精由于表面张力的作用而溅起的气泡称为“酒花”。

看花摘酒(看花量度)是基于不同浓度的酒精和水的混合液，在一定的压力和温度下其表面张力不同，摇动酒瓶时形成的泡沫(酒花)大小、持留时间(站花)都不同的原理。酒精产生的泡沫由于张力小而容易消散；在蒸馏过程中，酒精浓度逐渐降低，而酒精产生的泡沫(酒花)的消散速度不断减慢，同时混溶于酒精中的水的含量逐渐增多，水的相对密度大于酒精，张力大，水泡沫(水花)的消散速度就慢。

8.3　炼丹术：“羽化成仙”的玄机

8.3.1　炼丹术的起源和发展

春秋时期，百家争鸣，道教兴起，有信徒从《道德经》中悟出，潜心修道可以长生不老。战国时期，就已经有了“不死之药”的记载，加之受到嫦娥奔月等神话传说的影响，求仙问道之风盛行，炼丹术也开始兴起。

汉代汉武帝沉迷于寻求长生不老之术，崇尚道教，使得民间也形成了求仙问道的风气。唐朝，炼丹术进入了黄金时期，此时的炼丹术经过长期发展，相较于汉代其加工技艺更加复杂。服食丹药的风气在唐朝盛行。唐朝帝王因服食丹药中毒身亡的数量乃历史之冠。

宋朝时期，因为唐朝多位帝王死于服食丹药，宋代帝王虽重视道教，但不再大兴炼丹之术，炼丹术自此走向衰落。

马王堆汉墓古尸千年不腐之谜

1972年，湖南省长沙市东郊一座汉朝下葬墓地中发现一具女尸，经专家鉴定是长沙国丞相利苍的妻子——辛追夫人。考古学家发现她的时候，她的尸身完好无损，可以说是世界上保存最完好的古尸。经过专家的研究，已经揭开尸身千年不腐的神秘面纱。一方面是墓室的真空密闭条件。另一方面，棺椁内有80多升红色液体，经检测，液体中含有大量汞、朱砂及其他含汞化合物，这些物质虽然有毒，但有很好的杀菌防腐作用。同时，专家还在尸体的肝和肾中检测到了氯化汞($HgCl_2$)和大量铅元素。因此，有专家认为辛追夫人生前已经开始长期服食丹药。

8.3.2　揭开炼丹术的神秘面纱

1. 炼丹常见原料

1) 丹砂

中国古代炼丹最早使用的原料就是丹砂，丹砂又称为朱砂、辰砂。它是一种色彩鲜艳的棕红色彩石，其主要成分是硫化汞(HgS，图 8-16)。古人在炼丹过程中发现，丹砂一经加热就会分解出水银(汞)。汞是色泽闪亮的液体金属，有很强的流动性。炼丹术士将汞加热得到红色的氧化汞(HgO)，但受当时的技术限制，并不能正确区分氧化汞和硫化汞，因此误认为汞经加热也能生成丹砂。

图 8-16　丹砂

图片源自：www.gucn.com

$$2Hg + O_2 \overset{\triangle}{=\!=} 2HgO$$

直至隋朝时期，炼丹术士偶然将汞和硫共热，得到黑色固体硫化汞，但因为色彩不显眼，没能引起炼丹术士的注意。后来有术士将黑色硫化汞置于密闭的丹釜中加热，其升华凝结为鲜红色的硫化汞，才引起了炼丹界的注意。自此，开始人工合成硫化汞。

$$HgS \overset{\triangle}{=\!=} Hg + S$$

$$Hg + S = HgS(\text{黑色})$$

$$HgS(\text{黑色}) \xrightarrow{\text{密闭加热}} HgS(\text{红色})$$

炼丹术士还以丹砂为原料制出了氯化汞($HgCl_2$)和氯化亚汞(Hg_2Cl_2)。氯化汞又称为升汞或粉霜，氯化亚汞又称为甘汞或轻粉。升汞和甘汞制作工艺复杂，原料繁多。制备升汞最主要的流程为丹砂→矾(明矾或绿矾)→盐。制备甘汞最主要的流程为汞→硫黄→盐→硝石；在炼制甘汞的基础上加入焰硝，焰硝能氧化甘汞得到升汞。

可逆反应

在同一条件下，既能向正反应方向进行，同时又能向逆反应方向进行的反应称为可逆反应。绝大部分反应都不能进行到底，即存在可逆性。还有一些反应在一般条件下并非可逆反应，但是改变反应条件(如加热、加压等)会变成可逆反应。

可逆反应有以下特点：

(1) 无论可逆反应进行多长时间，其反应物都不会完全转化为生成物。

(2) 可逆反应中，对同一物质来说，其正反应速率和逆反应速率相等，且不为零。

(3) 可逆反应的两个反应是在同一条件下进行的两个相反的反应。在不同条件下进行的两个相反的反应不能称为可逆反应。

(4) 当可逆反应的正反应速率与逆反应速率相等且不为零时，反应达到化学平衡。此时，各组成成分含量保持不变。

图 8-17　硝石
图片源自：www.baike.so.com

2) 硝石

自炼丹术兴起，硝石一直都是最常用的原料。硝石又称为焰硝，呈无色、白色或灰色结晶状，有玻璃光泽(图 8-17)。古人多在乙酸中加入硝石用于溶解金属。硝石的主要成分是硝酸钾(KNO_3)，在酸性溶液中生成硝酸，从而可用于溶解金属。

硝酸根在酸性环境下显强氧化性。例如

(1) 硝酸和铜反应

$$Cu + 4HNO_3(浓) = Cu(NO_3)_2 + 2NO_2\uparrow + 2H_2O$$

$$3Cu + 8HNO_3(稀) = 3Cu(NO_3)_2 + 2NO\uparrow + 4H_2O$$

(2) 硝酸与非金属反应

$$C + 4HNO_3(浓) = CO_2\uparrow + 4NO_2\uparrow + 2H_2O$$

$$S + 4HNO_3(浓) = SO_2\uparrow + 4NO_2\uparrow + 2H_2O$$

炼丹中最常见的是用磺硝法制铅丹。先把铅熔化为液态，加入硫黄制成硫化铅(PbS)，最后加入硝石不断搅炒，就能制成红色的铅丹。

3) 硫黄

硫黄是炼丹的重要原料，为黄色粉末状或块状固体，有特殊臭味。硫黄能腐蚀多种金属。在炼丹时硫黄经常与硝石一并加热，硫黄称为“阳侯”，硝石则为“阴君”。当然，也正是因为方士常把硫黄与硝石放在一起，后来才会在偶然的情况下发现火药。唐代以后，方士多利用硫黄制取人工丹砂，其反应为：$Hg + S = HgS$。硫化汞是世界上较早用化学合成法制得的产品之一。

2. 炼丹过程

古代的炼丹方法大致可分为火法和水法两种。

1) 火法炼丹

火法炼丹是最常见也是最基本的炼丹法。主要包括以下 3 种方法。

(1) 煅：对药剂持续高温加热。例如，制“还丹”时要持续加热氧化汞。目的是除去其中的水分。但要注意的是，若加热温度过高，氧化汞会分解为汞单质和氧气。

$$2HgO \xrightarrow{\triangle} 2Hg + O_2\uparrow \text{(加热温度大于 500℃时分解)}$$

(2) 熔：将金属熔为液态。例如，制“铅丹”将金属铅熔为液态。金属铅的延展性极佳，熔点为 327.5℃，因此只要在密闭的丹釜中加热就能使固体铅熔化为液态铅。

(3) 飞：物质的升华。例如，术士在制取丹药时发现将黑色硫化汞置于密闭的丹釜中加热，会转变为鲜红色硫化汞。这其实就是硫化汞受热后升华。

最常见的“还丹”便是由火法炼制而成。将铅和汞用炭火加热可以制成铅汞齐。再高温加热铅汞齐，使其中的汞挥发，即可得到铅丹。将铅丹与汞共热，铅丹受热分解出氧气，氧气与汞反应生成红色的氧化汞。氧化汞即为“还丹”。

2) 水法炼丹

水法炼丹就是利用溶液溶解不同的矿物或金属炼制丹药的方法。水法炼丹最常用的有以下两种方法。

(1) 化：溶解。例如，将硝石溶于乙酸中溶解金属铁。

$$2Fe + 8HNO_3 = 2Fe(NO_3)_3 + 2NO\uparrow + 4H_2O$$

(2) 淋：利用大部分固体物质可以溶于水的性质，用水溶解出固体物质的一部分。

溶解度

在一定温度下，某固态物质在 100g 溶剂中达到饱和状态时所溶解的溶质的质量称为这种物质在这种溶剂中的溶解度。

水法炼丹时，首先要准备“华池”(装满浓醋的池子)，再放入硝石，用来溶解金属。硝石的主要成分是硝酸钾(KNO_3)。华池中浓醋的主要成分是乙酸，也称醋酸(化学式为 CH_3COOH)，是一种有机一元酸。华池中的液体呈酸性，其中的硝石会溶解生成硝酸，而硝酸是一种具有强氧化性、腐蚀性的强酸，能溶解多种金属。

3. 炼丹设备

在中国，最早使用的炼丹设备称为丹釜(图 8-18)，由上釜和下釜组成，上下釜均由泥土烧制而成。炼丹时，把配制好的药剂置于下釜中，再将上釜紧紧倒扣于下釜之上。用炭火加热下釜，使药剂受热升华或挥发至上釜，因上釜温度较低，药剂便会冷凝于上釜。方士取上釜冷凝后的药剂制成丹药。后来，方士发现泥土烧制的丹釜容易损坏，便将下釜改换成铁制品。无论是土制丹釜还是上瓦下铁的丹釜，其原理都是空气冷凝。利用该设备虽能炼制丹药，但效果却不尽如人意。于是，方士又发明了丹鼎。

丹鼎是利用水来冷凝药剂。丹鼎又分为水鼎和火鼎，水鼎放水，用于冷凝药剂。火鼎放置药剂，用于炼丹时加热。水鼎和丹鼎分开制造，然后组合成丹鼎。一种是上水下火的丹鼎，称为既济炉；另一种是上火下水的丹鼎，称为未济炉(图 8-19)。

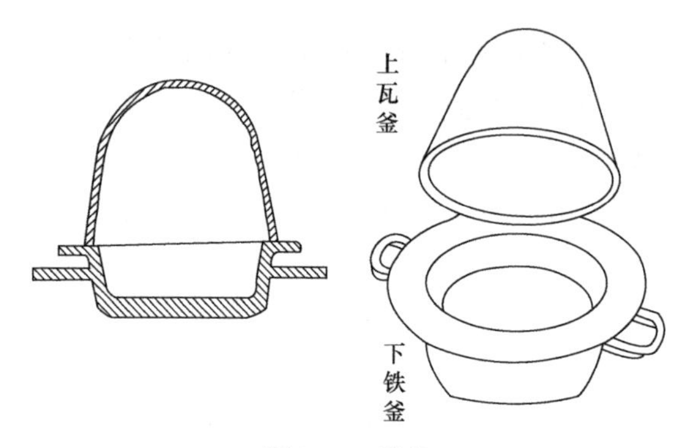

图 8-18　丹釜

图片源自：《中国炼丹术与丹药》

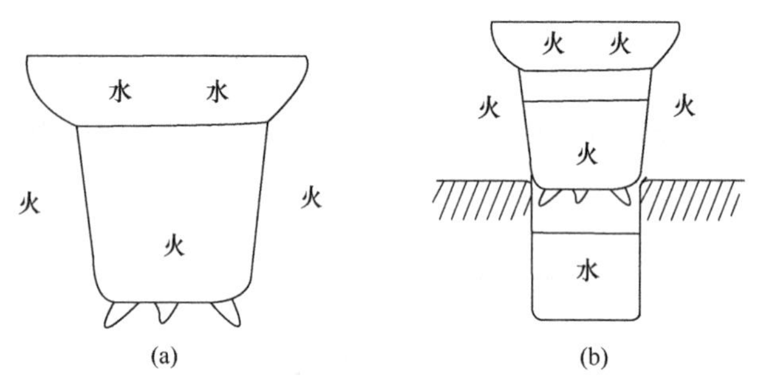

图 8-19　既济炉(a)和未济炉(b)

图片源自：《中国炼丹术与丹药》

8.3.3　炼丹过程中产生的副产品

1. 铅

铅是在古代炼丹过程中发现的金属，当时方士发现将胡粉[主要成分是碱式碳酸铅，$PbCO_3 \cdot Pb(OH)_2$]投入火中，会被还原成铅。其反应的实质是碱式碳酸铅先受热分解生成水、氧化铅和二氧化碳，然后氧化铅被还原为铅单质。

$$2PbCO_3 \cdot Pb(OH)_2 = 3PbO + 2CO_2\uparrow + H_2O$$

$$2PbO + C \xlongequal{\triangle} 2Pb + CO_2\uparrow$$

方士还用铅制备铅丹(四氧化三铅，Pb_3O_4)：

$$2Pb + O_2 \xlongequal{\triangle} 2PbO$$

$$6PbO + O_2 \xlongequal{\triangle} 2Pb_3O_4$$

2. 黑火药

黑火药是我国古代四大发明之一，距今已有 1000 多年的历史。其主要成分是硝酸钾(KNO_3)、木炭(C)和硫黄(S)。其中，硝石和硫黄是炼丹中最常见的药剂，方士炼丹总喜欢把硝石和硫黄放在一起加热炼制丹药。后来发现硝石与硫黄加热容易起大火，更甚者还会“炸鼎”。其实，这就是黑火药的前身。为了避免在炼丹过程中出现更大损失或伤亡，方士还研究出了“伏硝石”“伏硫黄”，将硝石和硫黄转变为其他物质，以抑制其易燃易爆的属性。而有识之士则看到了硝石和硫黄反应易爆的特点在军事上的应用前景，于是大胆进行研究，便产生了黑火药。

黑火药爆炸原理

硝石的主要成分硝酸钾在不同温度下受热会分解出不同产物，但只要受热都会分解放出大量的氧气。

$$2KNO_3 = 2KNO_2 + O_2\uparrow$$

$$4KNO_3 = 2K_2O + 4NO\uparrow + 3O_2\uparrow$$

硝酸钾分解释放的氧气使硫黄和木炭剧烈燃烧，释放出大量的热。反应生成氮气和二氧化碳，气体受热体积急剧膨胀，压力增大，便会发生爆炸。

8.4　冶金术：变化无穷的利器

8.4.1　中国冶金术和西方冶金术

中国冶金术与炼丹术有着莫大的联系。严格来说，炼丹术分为金丹术和黄白术。金丹术的目的是炼制长生不老药。方士发现黄金入火，百炼不消，埋入土也百年不变，因此认为服食金丹能使人长生不老。方士将不同的金属一起炼制，最后得到金色的金属化合物，称之为金丹。与此同时，有很多追求财富的方士开始尝试炼金，他们试图找到一种方法，能将锡、铅等低贱金属转化成黄金，故又称之为黄白术。财富的巨大诱惑使冶金术得到了不少达官显贵的青睐，冶金术风靡一时(图 8-20)。

图 8-20　古代冶铜
图片源自：张潜《浸铜要略》

西方冶金术起源于古希腊时期，那时的炼金士将锡、铁、铅、铜熔化在一起制成合金，再将这种合金与硫化钙(CaS)反应，使合金表面覆盖一层二硫化锡(SnS_2)，此时合金表面金黄，看起来极像黄金，炼金士就认定其为黄金。

在中国，炼金术士认为可以用“仙丹”点金，同样在西方，炼金士也认为“贤者之石”能够点金。虽然冶金术中一直包含迷信色彩，但它也为后世医学、化学等方面的发展做出了巨大贡献。

二硫化锡

二硫化锡(SnS_2)是一种难溶于水的无机化合物，为黄色六角片状体，俗称“金粉”，因其色泽金黄，极像黄金，所以经常用作金色涂料或仿造镀金。二硫化锡的制备较为简单，可由锡和硫直接化合制得：

$$Sn + 2S \longrightarrow SnS_2$$

8.4.2 西方冶金术中的化学之光

1. 神圣三元素

冶金术中的三元素理论是由炼金术大师帕拉塞尔苏斯在16世纪提出的。三元素指的是汞、硫黄和盐。由于汞具有极强的流动性，而且色泽闪亮，所以在炼金士眼中，汞是一种非常神奇的金属，他们认为汞是所有金属的本源。而硫黄则被认为是所有可燃物共有的组成部分。同时，汞和硫黄都可以用盐制备。因此，汞、硫黄和盐是冶金术中最基本的三种原料。汞常用于制备汞齐，利用汞齐冶金。

汞齐冶金

汞齐是指汞与一种或多种金属形成的合金，又称为汞合金。由于汞具有溶解多种金属的性质，因此汞齐的制备较为简单。只要利用汞溶解金属，便能形成不同的汞合金。汞是液态金属，汞齐中若含汞量较少时是固体，若含汞量较多时是液体。

汞齐冶金就是指对汞齐中除汞以外的金属进行提取或提纯的过程。步骤如下：

(1)利用欲提取的金属能溶于汞这一特点，将要提取的金属原料溶解于汞中，实现该金属与其他杂质的分离。

(2)利用汞齐受热易分解且汞的沸点低(358℃)，加热汞齐使汞挥发，便可提纯金属。但是一般情况下汞齐冶金得到的金属纯度不高，还需进一步精制提纯。

2. 西方冶金术的设备

1)三臂蒸馏器

三臂蒸馏器是犹太炼金女术士玛利亚发明的。它的最下方是盛放被加热物质的陶器，由一根铜管在上方连接一个用铜或青铜制成的蒸馏头，蒸馏头上接三根铜管或青铜管作为排水管，管下方连接接收器。当陶器中的物质被加热达到沸点时变成气态，通过青铜管往上到达蒸馏头，在蒸馏头遇冷凝结成液态。液态物质沿三根排水管流入接收器，以此实现物质的分离。

2) 水浴锅

由于当时没有温度控制技术，玛利亚发明了能够控制温度的冶金装置——水浴锅。水浴锅由一个较大的锅与一个被固定住的细颈玻璃瓶构成。

现代蒸馏技术

蒸馏是指利用液体混合物中各组分沸点的差异而将组分分离的过程。混合液体中组分沸点差异越大，分离的效果越好。将液体加热至沸腾，沸点低的物质变为气态从液体中分离出来，将产生的蒸气导入冷凝管，使其冷却凝结成液体，再将液体收集起来，以此实现物质的分离。

8.4.3　中国古代冶金术中的化学之火

1. 点铜成银

在中国古代历史上，曾出现过两种独特的银白色铜合金。因为这两种合金外观与银极其相似，方士便认为自己成功“点铜成银”。这两种铜合金分别是砷白铜和镍白铜。

早在晋代时就已经出现了砷白铜的相关记载(图 8-21)。那时的方士利用雄黄点化红铜炼制成砷黄铜，并将之称为“雄黄金”。隋代方士苏元明利用富含硝酸钾(KNO_3)的草木灰与雄黄(四硫化四砷，As_4S_4)一起加热制成砷酸钾(KH_2AsO_4)，即冶金术中的精髓所在——“点化药”。将这种“点化药”与木炭、红铜一起炼制，可得“雄黄金”。在唐代，这一炼制技艺得到了进一步发展。

图 8-21　白铜钱币“宣和通宝”

图片源自：www.gucn.com

由于雄黄在氧气中加热分解成砒霜：$As_4S_4 + 7O_2 = 2As_2O_3 + 4SO_2\uparrow$，后有方士直接用砒霜制备砷白铜。

另一种合金镍白铜是世界上最早使用的镍的铜合金。近年有人对镍白铜炼制工艺做了进一步考察，了解到镍白铜的炼制原料是镍铁矿和黄铜矿。炼制工艺是先将两种矿石一起置于炉中炼成“冰铜镍”(主要成分是 FeS、Cu_2S、Ni_2S_3)，再放入炉中反复煅烧除去其中的硫成分，然后用木炭将其还原为粗制铜镍合金，最后将精铜与粗制合金在高温下合炼，就得到镍白铜。

2. 胆水冶铜

唐代，从事炼金活动的方士开始利用置换反应冶铜。胆水是指含有硫酸铜($CuSO_4$)

的泉水。含有硫酸铜的矿物常年与氧气接触，慢慢被氧化，同时经年累月被风化，生成可溶性硫酸铜。这部分可溶性硫酸铜被雨水冲刷后，溶解进入地下水，汇入泉水。只要泉水中硫酸铜的浓度足够高，就能作为胆水冶铜的原料(图 8-21)。

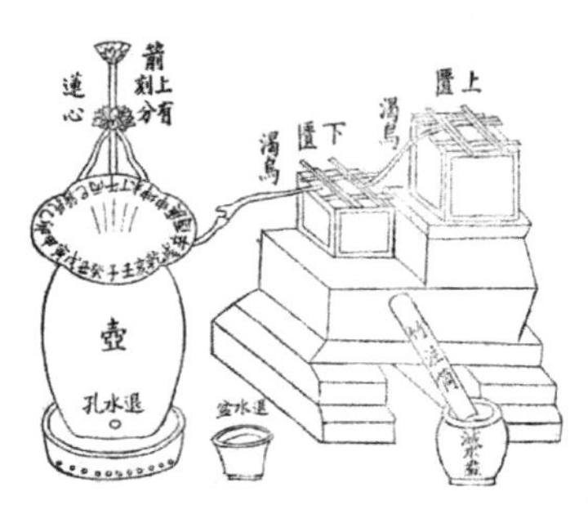

图 8-22　胆水冶铜设备

图片源自：张潜《浸铜要略》

具体生产方法有三种。第一种方法是将生铁锻造成薄片状，置于装满胆水的槽中浸泡数日。可以看到铁片变薄，铁片上覆盖了赤色金属，取铁片上的赤色金属置于炉中反复煅烧，最后得到铜。

第二种方法是在胆水的源头附近就地势之便挖掘沟槽，于槽底铺垫茅草席。将生铁击碎置于槽中，引胆水入槽浸泡生铁，用木板隔断。数日之后，待颜色发生改变，收集沉积于茅草席上的铜。

第三种方法是煎熬法。将胆水置于铁制容器中，用炭火煎熬。煎熬一定时间后，就能在铁容器内壁得到铜。这种方法的好处在于，加热使水蒸发，胆水浓度升高，加快了置换反应的发生。加热也提高了置换反应的速率。但这种方法需要用到燃料，并且需要人工操作，成本相较于前两种过高，应用不普遍。

胆水冶铜的原理：$CuSO_4 + Fe = Cu + FeSO_4$

现代冶铜的主要方式是火法炼铜，产量占铜产量的 80%～90%。

火法炼铜的原理：$Cu_2S + O_2 = 2Cu + SO_2\uparrow$

置换反应

置换反应是单质与化合物反应生成另外的单质与化合物的化学反应。反应式为

$$AB + C \longrightarrow A + BC$$

置换反应包括金属与金属盐的反应、金属与酸的反应等。必须注意的是，无论哪种形式的置换都服从金属活动性顺序表。

3. 金属锌的冶炼

相较于用铁矿石将红铜点化为黄铜的技艺，冶炼金属锌的工艺出现得很晚。锌是最难冶炼的金属之一，主要原因有以下几点：自然界中金属锌一般以氧化锌的形式存在，想要获取金属锌，就必须将氧化锌还原。用木炭将氧化锌还原所需温度为 904℃，而单质锌的沸点为 906℃，沸点和还原温度十分接近。通常还原之后得到的是气态的锌，如果不能及时将其冷凝，气态锌会逸出到空气中，难以捕获。或是气态锌与空气中的氧气接触，又迅速被氧化为氧化锌。但若冷凝时温度过低，只能得到粉末状的锌，而不能得到锌锭。

氧化锌的还原：　$2ZnO + C = 2Zn + CO_2\uparrow$(所需温度为 904℃)

锌与氧气反应：　$2Zn + O_2 = 2ZnO$

整个冶炼锌的过程对温度的要求非常严格。但是古人没有温度计，也并不懂得金属沸点、熔点等。为了解决这些问题，古人特制了冶炼锌的泥罐。据明末宋应星所著的《天工开物》记载，冶炼锌时先将锌矿石和煤敲碎一起置于特制的泥罐中，用黄泥把泥罐密封，然后逐层用煤炭饼铺垫，在罐底放上柴火。煅烧后锌矿熔于罐内，最后将泥罐打碎即可得到锌锭。气态锌在罐顶冷凝后是如何收集的呢？后来相关研究表明，古人在特制的罐口用黄泥做了一个冷凝窝来封闭反应罐，并且用黄泥做了一根约 10cm 长的空腔，上面连接冷凝盖形成冷凝区。气态锌通过冷凝窝上升至冷凝区冷却，得到金属锌结晶。

湿法炼锌工艺

炼锌主要有火法炼锌和湿法炼锌两种工艺。目前主要以湿法炼锌为主。湿法炼锌是指将锌焙砂或其他硫化锌物料和硫化锌精矿中的锌溶解在水溶液中，从中提取金属锌或锌化合物的过程。原理如下：

焙烧硫化锌精矿：　$2ZnS + 3O_2 = 2SO_2 + 2ZnO$

焙烧矿溶于 NH_3-NH_4Cl 溶液，得到含$[Zn(NH_3)_4]^{2+}$的溶液，电解含$[Zn(NH_3)_4]^{2+}$的溶液：

$$[Zn(NH_3)_4]^{2+} + 2e^- = Zn + 4NH_3\uparrow$$

1. 按照坯料的性能可将陶瓷成型方法分为哪几类？
2. 陶瓷的制作工艺有哪些？涉及哪些化学反应？
3. 在硅酸盐铝质耐火材料中，提高 Al_2O_3 含量，材料的耐火度会发生什么变化？
4. 氧化铝陶瓷有哪三种晶形？
5. 通过本节课的学习谈谈你对酒的认识，酒精是如何产生的？
6. 充分利用电子、纸质等资源，查阅你感兴趣的世界六大蒸馏酒，为其中一种写一篇产品说明书。
7. 通过本节课的学习，谈谈古代炼丹主要涉及哪些元素的反应。
8. 你还知道哪些用于炼丹的原料？
9. 通过对本章内容的学习，试述蒸馏技术在冶金中的运用。
10. 查阅资料，了解现代工艺中的“点金石”是什么。
11. 冶炼金属锌的最大难题是什么？

第9章　奔跑中的化学

9.1　安全气囊：汽车的卫士

1886年，本茨发明了世界上第一辆汽车。经过一个多世纪的发展，汽车已经成为人们出行的主要交通工具。汽车的年生产量及销量不断攀升，同时也带动了汽车安全气囊市场需求量持续大幅增长。汽车安全气囊自面世以来，挽救了许多人的性命。装有气囊装置的轿车发生正面碰撞，驾驶者的死亡率会大大降低，大型轿车降低了30%，中型轿车降低了11%，小型轿车降低了14%。为什么小小的安全气囊能够发挥那么大的作用呢？

9.1.1　安全气囊的组成及制备材料

1. 安全气囊的组成

安全气囊的主要作用是防止汽车碰撞时车内乘客和车内部件发生碰撞而造成伤害，通常作为辅助保护设备出现。安全气囊由传感器、电子控制单元(ECU)、点火器、气体发生器和气囊等部件组成。传感器和ECU用来判断撞车程度，传递及发送信号；气体发生器根据信号指示点火，点燃固态燃料并产生气体向气囊内部充气，使气囊迅速膨胀，气囊的容量为50～90L。同时气囊设有安全阀，当充气过量或囊内压力超过一定值时会自动泄放部分气体，以避免将乘客挤压受伤。

2. 安全气囊的制备材料

安全气囊使用率比汽车其他配件使用率低，长期储存在安全气囊盒中。当汽车发生强烈碰撞时，安全气囊会迅速充气弹出以达到保护乘客的目的。基于这种特性，人们对安全气囊的制备材料提出了严格的要求：①良好的物理机械性能，强度高、质量轻，良好的摩擦性能，弹性好；②适宜的热学性能，高熔点、阻燃；③高化学稳定性、抗老化性；④折叠体积小，织物柔软，气囊迅速膨胀时，不易擦伤乘客的脸部皮肤。

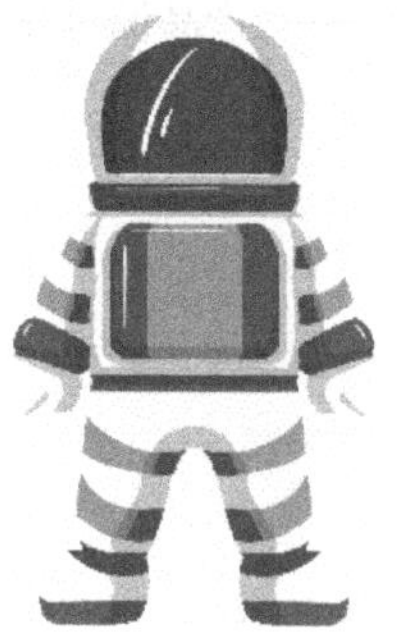

图9-1　宇航飞行服

1)织物材料

一般织物的原材料可分为涤纶、锦纶、腈纶、丙纶、维纶和氯纶六大类，每种材料都有其自身的特点和用途。涤纶具有抗皱性和保形性，但其抗熔性差、吸湿性差，适合做外套服装、箱包等户外用品；锦纶也称尼龙，具有耐磨性、耐化学腐蚀、耐湿性、弹性好等特点，该类产品用途广泛，适用于制作耐磨零件、宇航飞行服(图9-1)等；腈纶有“人造羊毛”之称，具有柔软、蓬松等特点，广泛应用于服装领域；丙纶具有强度高、相对密度小等优点，在工业上常用作建筑增强材料，在民用方面常用于制作各种衣料；维纶最大的特点是吸湿性强、化学稳定性好，但不耐强酸、强碱且弹性最差，常用于制作外衣和棉毛衫裤等；氯纶具有良好的耐磨性、耐水性和耐化学性，但其耐热性极差，一般用作仿皮革面料、室内装饰材料等。

目前安全气囊多是由锦纶(尼龙 66)织物编织而成，其价格便宜、强度高、弹性好，具有优良的力学性能，有一定的延展性和吸湿性(可吸收 2%～4%的水，这相当于提供了附加的冷却性能)，这是其成为安全气囊织物材料的主要原因。

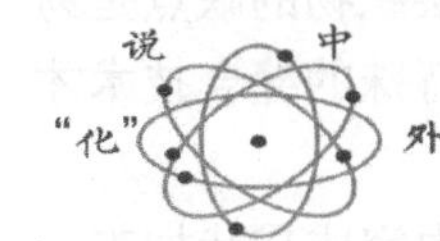

尼龙材料

尼龙是美国杰出科学家卡罗瑟斯及其领导的科研小组研制出来的，是世界上出现的第一种合成纤维。尼龙是聚酰胺纤维(锦纶)的一种说法。用作安全气囊织物材料的尼龙 66(聚己二酰己二胺)由己二胺和己二酸缩聚制得。

$$n\mathrm{HOOC(CH_2)_4COOH} + n\mathrm{H_2N(CH_2)_6NH_2} =\!=\!= \mathrm{HO}\!\left[\mathrm{OC(CH_2)_4COHN(CH_2)_6NH}\right]_n\!\mathrm{H} + (2n-1)\mathrm{H_2O}$$

尼龙 66 分子中的亚甲基呈锯齿状平面排列，酰胺基取反式平面结构，相邻的分子以氢键连成平面的片状。

近年来，由涤纶作为织物材料的安全气囊开始出现在人们的视野中。涤纶，即聚对苯二甲酸乙二醇酯(PET)，是以聚对苯二甲酸(PTA)或对苯二甲酸二甲酯(DMT)与乙二醇(MEG)为原料经酯化或酯交换与缩聚反应制得，结构式如图 9-2 所示。涤纶的耐磨性仅次于锦纶，且弹性接近羊毛，因此涤纶也可以作为制备安全气囊织物的又一材料。

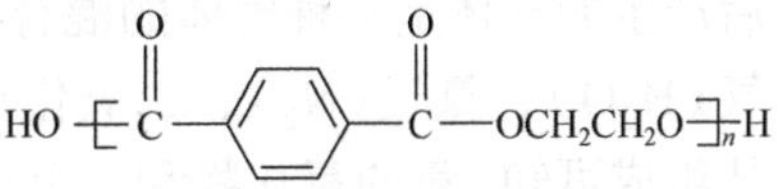

$$\mathrm{HO}\!\left[\overset{\mathrm{O}}{\overset{\|}{\mathrm{C}}}-\bigcirc-\overset{\mathrm{O}}{\overset{\|}{\mathrm{C}}}-\mathrm{OCH_2CH_2O}\right]_n\!\mathrm{H}$$

图 9-2　涤纶结构式

2)涂层材料

安全气囊织物可分为有涂层织物和无涂层织物，其中涂层材料又可分为氯丁橡胶和有机硅两种。按照这种分类，可以将汽车安全气囊分为四代。

第一代安全气囊是以氯丁橡胶为涂层材料的尼龙 66 织物。氯丁橡胶是由氯丁二烯(C_4H_5Cl，结构式如图 9-3 所示)为主要原料进行 α-聚合而生成的合成橡胶，被广泛应用于涂料、抗风化产品等。氯丁橡胶涂膜的密封性好，具有较强的抗燃性，且成本较低，因此长期以来被用作安全气囊的涂层材料。然而，氯丁橡胶的涂膜耐用性差，涂层较厚，织物的柔软性能变化大，涂层织物易变质，不便于回收。为了解决这一系列问题，迫切需要开发一种新型涂料。

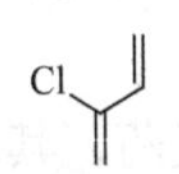

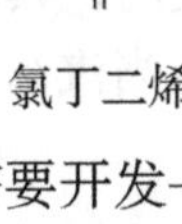

图 9-3　氯丁二烯结构式

20 世纪 80 年代末期，日本成功将有机硅代替氯丁橡胶涂层应用于安全气囊，从而产生了第二代安全气囊。硅橡胶具有以下优点，使得它更适合用作安全气囊的涂层材料：①具有较高的环境稳定性，当环境变化时，可保持其特性不变，甚至在高温时其性能仍然很稳定；②具有较高的耐久性和耐磨性，在耐久性实验中，硅橡胶涂层织物的强力损失率为 9%，比氯丁橡胶的涂层织物少 5%，在磨损性实验中，硅橡胶涂层织物的质量损失为 6mg，氯丁橡胶涂层织物的质量损失为 27mg；③硅橡胶涂层具有较低的摩擦系数及良好的耐热阻力，使硅橡胶涂膜具有润滑性，织物柔软。

第三代安全气囊是非涂层织物。20 世纪 90 年代中期，为降低安全气囊的生产成本，人们开始将研究方向聚焦在非涂层织物上。非涂层气囊通过织物的微透气性达到缓冲效果，织物本身对排放的废气进行过滤，可使车厢污染程度降低。非涂层织物的缺点是易变形、脱丝，这给裁剪和缝纫都带来困难，必须采用激光切割技术及特殊的缝合技术才能完成安全气囊的后期加工，这一缺点阻碍了非涂层织物的发展。

第四代安全气囊是一次全成型安全气囊。在安全气囊的生产过程中完成袋状加工，不但可以圆满解决非涂层织物后期加工困难的问题，而且可以缩短加工流程，节省设备投资，更有效地降低成本。另外，由于采用了一次全成型安全气囊，避免了缝边给折叠带来的影响，对缩小折叠后的体积具有显著意义。

9.1.2　安全气囊中的气体

当汽车发生强烈碰撞时，车内的安全气囊迅速充气弹出，以保护乘客安全。安全气囊中的气体是如何产生的呢？从安全气囊的组成来看，气体发生器承担了这一“重任”。安全气囊气体发生器的性能和结构主要取决于其中产气药的性能，产气药的先进与否直接影响气体发生器，进而影响安全气囊系统的先进性。

安全气囊用的产气药是一种多元混合物，包括燃料(一般为还原剂或氮气发生剂)、氧化剂、黏合剂和添加剂(如催化剂、冷却剂、分散剂等)。产气药在气体发生器内爆燃后产生的气体是多种气体的混合物，其组成取决于产气药配方。混合气体一般包含水蒸气(H_2O)、氮气(N_2)、二氧化碳(CO_2)、氮的氧化物和极少量的一氧化碳(CO)等。从组成可知，氮的氧化物和一氧化碳等有毒气体含量是鉴定产气药是否合格的重要指标之一。

安全气囊产气药的发展经历了从叠氮化物向非叠氮化物转变的过程。

1. 叠氮化物产气药

在无机化学中，叠氮化物是指含有叠氮根离子(N_3^-)的化合物；在有机化学中，则指含有叠氮基($—N_3$)的化合物。无论是哪种叠氮化物，它们的化学性质均不稳定，容易发生爆炸，储存时需避光、避高温和防碰撞。

目前，汽车安全气囊中的填充物主要为含有叠氮化钠(NaN_3)的产气药，其氧化剂主要为硝酸钾(KNO_3)等，此外还含有二氧化硅(SiO_2)等非金属氧化物。当汽车发生猛烈碰撞时，叠氮化钠分解生成钠(Na)和氮气(N_2)：

$$2NaN_3 = 2Na + 3N_2\uparrow$$

叠氮化钠的结构之谜

叠氮化钠（NaN_3）又称“三氮化钠”，是白色六方晶体，无味无臭，有毒。在常态下，叠氮化钠较稳定，当在点火或剧烈撞击的条件下极易发生爆炸，分解生成氮气。这是由于该物质中 3 个氮原子的价键为三中心四电子键，如图 9-4 所示，其整体晶格能较低，因此在受到撞击时可以发生分解反应。

$$Na^+\left[:N-N-N:\right]^-$$

图 9-4　叠氮化钠电子式

上述过程中除了生成氮气外，还会产生可能对人体造成伤害的单质钠，此时安全气囊中的硝酸钾（KNO_3）可以与钠反应，生成氧化钾（K_2O）、氧化钠（Na_2O）和氮气（N_2），具体原理如下：

$$10Na + 2KNO_3 \xlongequal{} K_2O + 5Na_2O + N_2\uparrow$$

此时，二氧化硅（SiO_2）与生成的氧化钾（K_2O）和氧化钠（Na_2O）两种有害的金属氧化物反应，分别生成两种硅酸盐：

$$K_2O + SiO_2 \xlongequal{} K_2SiO_3$$
$$Na_2O + SiO_2 \xlongequal{} Na_2SiO_3$$

通过以上反应可知，汽车安全气囊中的气体为氮气，当发生安全事故时，迅速弹出的安全气囊可以保护人身安全。

2. 黑索今(RDX)型产气药

黑索今(Hexogen)，即环三亚甲基三硝胺（$C_3H_6N_6O_6$），结构式如图 9-5 所示，是一种性能优良的单质炸药，它在产气药中作为高能添加剂组分。该类型产气药的特点是燃烧后无烟、无固体残渣，气体发生器不需设置过滤网。装有该产气药的气体发生器是目前体积最小的，一般采用挤出工艺做成 ϕ2mm×5mm 的小药柱或 ϕ13mm×78mm 的药棒装入气体发生器。

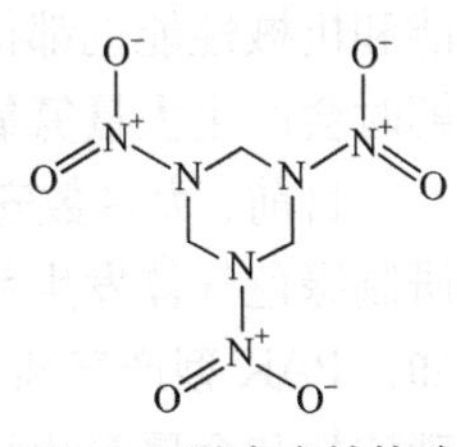

图 9-5　黑索今结构式

黑索今

1899 年，德国药物学家亨宁将福尔马林与氨水作用，得到一种弱碱性白色固体。它与硝酸反应生成一种白色的六边形粉状晶体，水溶性极差，被命名为黑索今。在原子弹出现以前，它是威力最大的炸药，又称为“旋风炸药”。第二次世界大战后，它取代三硝基甲苯(TNT)坐上了“炸药之王”的宝座。

黑索今型产气药适用于带有储气罐的乘客侧气体发生器中，其产气量比叠氮化钠型产气药高，不足之处在于气体产物的温度较高。

3. 硝基胍(GDN)型产气药

硝基胍($CH_4N_4O_2$)为白色针状晶体，结构式如图 9-6 所示，是一种单质炸药。硝基胍的含氮量高、含碳量低，化学稳定性好，燃烧速度快，产物中有毒气体一氧化碳(CO)含量低，因此被广泛应用于产气药。

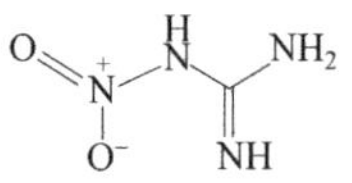

图 9-6　硝基胍结构式

将硝基胍用作产气药有两大优点：一是其毒性很低；二是其气体产物的温度较低。这种产气药一般采用挤出工艺做成表面积较大的空心小药柱(ϕ2.5mm×3mm)装入气体发生器，其氧化剂一般选用硝酸铵(NH_4NO_3)及高氯酸铵(NH_4ClO_4)，这样可以减少烟雾，提高产气效率。硝基胍型产气药的产气量比叠氮化钠型产气药高，以驾驶员侧气体发生器为例，硝基胍型产气药需装药 35g，而叠氮化钠型产气药需装药 65g。

4. 聚叠氮缩水甘油醚(GAP)型产气药

GAP 型产气药是 20 世纪 80 年代后期才开始研制的一种新型产气药。GAP 可作为黏合剂及燃料或含能包覆层应用于安全气囊中，还可以用 NH_4NO_3 作氧化剂。GAP 是一种高分子有机物，该物质中起作用的官能团为醚键和叠氮基，其中醚键由一个氧原子连接两个烃基、叠氮基由三个氮原子连接组成，结构式如图 9-7 所示。

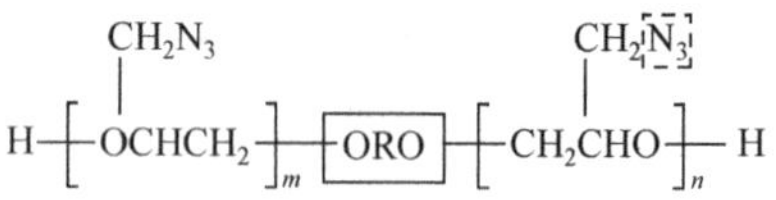

这种产气药燃烧时清洁、无烟，但是燃烧速度慢，且点火性能差。因此，科学家对其进行了改进，将 GAP 用丙烯酸酯进行熟化，可提高该种产气药的燃烧速度与点火性能。另外，熟化后的 GAP 其物理性能和机械性能也都得到了一定的提高，但它仍具有分解时会产生大量氮氧化物(NO_x)及比冲高和压力指数高的缺点。

图 9-7　聚叠氮缩水甘油醚结构式

目前，大多数安全气囊气体发生器仍使用叠氮化钠型产气药，但由于其本身有剧毒，研制绿色气体发生剂变得势在必行。南京理工大学曾研制过几种非叠氮化物产气药。例如，PAK 型产气药，将 PAK ($C_9H_8N_9O_{10}K$)与各种混合氧化剂配合使用，混合氧化剂由硝酸盐和金属氧化物组成，其优点是燃烧速度快、燃烧温度低、产气量适中、有毒气体含量小等。

安全气囊工作原理

安全气囊(图 9-8)的工作原理如下：在汽车行驶过程中，传感器系统不断向控制装置发送速度变化信息，由控制装置对这些信息加以分析判断。如果所测的加速度、速度变化量或其他指标超过预定值(真正发生了碰撞)，则控制装置向气体发生器发出点火命令或传感器直接控制点火，点火后发生爆炸反应产生 N_2，或将储气罐中压缩氮气释放出来充满碰撞气袋。乘客与气袋接触时，通过气袋上排气孔的阻力吸收碰撞能量，达到保护乘客的目的。经研究发现，汽车安全气囊可使头部受伤率减少 25%，面部受伤率减少 80%左右。

图 9-8　安全气囊

9.2　车用汽油：汽车的粮食

车用汽油是常见的能源物质，设置在城市各个角落的加油站为汽车提供了充足的动力源泉。车用汽油究竟有什么特别之处呢？车用汽油是一种由石油炼制成的液体燃料，主要供汽车、摩托车使用。车用汽油是由石油经过直馏馏分和二次加工馏分调合精制并加入必要添加剂制成的，沸点范围为 30～205℃。车用汽油应在任何工作条件下都能形成均匀的混合气，在任何负荷下都能正常燃烧，燃烧过程中不会生成积炭和结胶。

9.2.1　车用汽油标号的秘密

1. 什么是汽油标号

汽油标号代表的是辛烷值，即实际汽油抗爆性与标准汽油抗爆性的比值，标号越高，抗爆性越强。标准汽油由异辛烷[$(CH_3)_2CHCH_2C(CH_3)_3$]和正庚烷(C_7H_{16})组成。

何为辛烷值

辛烷值是代表汽油抗爆震燃烧能力的数值，辛烷值越高，汽油抗爆性越好。这是将实际的汽油与一种人工混合而成的标准燃料相比较得出的数值。标准燃料有两种成分，一种是抗爆性非常好的异辛烷，另一种是抗爆性非常差的正庚烷，把异辛烷的数值设定为 100，而正庚烷的数值设定为 0，通过实验调节标准燃料中两种成分的比例，达到与实际汽油相同的抗爆性，这个比例就是辛烷值。例如，常用的 93 号汽油的辛烷值为 93，代表与含异辛烷 93%、正庚烷 7%的标准汽油具有相同的抗爆性。

过去，人们常在低辛烷值汽油中加入四乙基铅($C_8H_{20}Pb$)，结构式如图 9-9 所示，以提高燃料的辛烷值，防止汽车发动机内发生爆震，从而延长各零件的寿命。四乙基铅燃烧产生固体氧化铅：

$$2Pb(C_2H_5)_4 + 27O_2 = 2PbO + 16CO_2 + 20H_2O$$

固体氧化铅会在发动机内迅速积聚，损害发动机内各个零件。可以加入 1,2-二溴乙

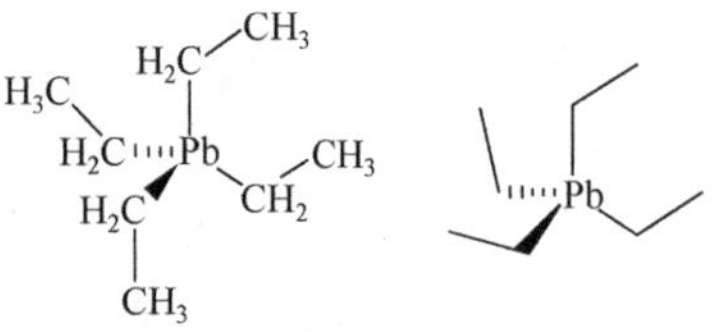

图 9-9　四乙基铅结构式

烷($C_2H_4Br_2$)或 1,2-二氯乙烷($C_2H_4Cl_2$)，令氧化铅(PbO)转化为可蒸发的溴化铅($PbBr_2$)或氯化铅($PbCl_2$)。但这些物质会造成空气污染，对儿童脑部造成损害，因此汽油公司开始推出无铅汽油。此外，这种添加剂也会造成催化转换器内的催化剂受到污染，导致催化剂失效，从而使汽车的催化转换器失去其功能。

随着对环境保护的重视，人们逐渐把目光聚焦到甲基叔丁基醚($C_5H_{12}O$)这种高辛烷值汽油添加剂上。甲基叔丁基醚有很高的辛烷值，且无毒无害，掺入汽油后还可以改善汽油的馏程，特别是 50%的馏出温度，同时能减少汽车废气中 CO 和 NO_x 的含量，减少环境污染。

2. 不同标号的汽油可以换用吗

对于开车的人来说，经常会面临这样一个问题：加油站没有匹配标号的汽油，是否可以加其他标号的汽油？要弄清楚这个问题，首先需要了解汽车的压缩比。

压缩比就是汽缸内活塞处于下止点时汽缸的最大容积与活塞处于上止点时汽缸容积的比值。发动机的压缩比越大，则意味着油气混合物被压缩的压力越大，温度也相对越高，混合物中的汽油汽化得更加完全，更易于燃烧，当完全压缩之后火花塞点火的刹那能够在极短的时间内释放出更多的能量，这些燃烧产生的能量通过活塞、曲轴等最终传递到车轮，成为汽车前进的动力。而压缩比较低的发动机，汽油的汽化不够完全，火花塞点火之后燃烧速度相对较慢，一部分能量转化成热能，造成发动机温度上升，而并非完全转化为汽车的动能。因此，在汽缸体积相同的情况下，压缩比高则意味着更大的动力输出。高压缩比设定比较容易引起爆震，需要使用高辛烷值的汽油避免爆震。因此，选择哪一标号的汽油需要根据发动机的压缩比决定，压缩比越高则应选择更高标号的汽油，因为其抗爆性更好，可以承受更高的汽缸压力，避免发生爆震的现象。

换用不同标号的汽油，短时间内不会对汽车造成较大伤害，但长期换用将会影响汽车点火系统、喷油嘴等的使用寿命。

9.2.2　车用汽油有保质期吗

不少人都对汽油是否具有保质期感到疑惑，不清楚汽油放久了会不会变质。实际上，汽油中含有大量的不饱和烃，特别是二烯烃(结构通式：C_nH_{2n-2})。在汽油储存和使用时，这些不饱和烃与空气中的氧气作用，很容易被氧化成胶质。因此，汽油是有保质期的，正常情况下汽油的保质期约为 3 个月，但汽油在密封情况下不存在变质问题。使用金属或玻璃容器密封汽油可永久保存，用塑胶容器密封最多可储存 2～5 年，因为塑胶容器会发生渗漏。

影响汽油保质期的因素一般有三个：辛烷值减小，燃烧物质挥发，氧化。汽油的主要成分为 C_5～C_{12} 脂肪烃和环烷烃类，以及一定量的芳香烃，这类有机物易挥发，因此在非密封条件下易变质。

若在油箱中加了过期的汽油，最直接的表现就是汽车动力不足，继而引起引擎运作粗糙，时间久了会造成阻塞、积炭等情况，对发动机产生不良影响。有什么方法可以防止汽油变质呢？从汽油本身出发，可以将汽油进行加氢精制，其原理在于加氢精制可以去掉汽油中不饱和烃中的碳碳双键，降低其不饱和度，减少该物质的挥发；此外，还可以添加少量抗氧化剂，如叔丁基-4-羟基苯甲醚($C_{11}H_{16}O_2$)等，以减少氧气对汽油的氧化作用。从汽油储存出发，在储存时应保持低温、避光和密闭隔氧，同时采用铁器或玻璃容器储存汽油，避免使用塑胶容器。

9.2.3 汽车尾气——环境“杀手”

汽油虽然给汽车带来了源源不断的能量，但也给环境带来了越来越严重的影响。汽车尾气(图 9-10)中含有大量的污染物，如一氧化碳(CO)、碳氢化合物(C_xH_y)、氮氧化物(NO_x)、二氧化硫(SO_2)、光化学烟雾等。据统计，每千辆汽车每天排出一氧化碳约 3000kg，碳氢化合物 200～400kg，氮氧化物 50～150kg。

图 9-10　汽车尾气

1. 一氧化碳

一氧化碳是汽油中烃燃料燃烧的中间产物，主要是在局部缺氧或低温条件下，由于烃不能完全燃烧而产生，混在内燃机废气中排出。当汽车负重过大、慢速行驶或空挡运转时，燃料不能充分燃烧，废气中一氧化碳含量会明显增加。

一氧化碳在汽车尾气中含量最高，其本身是无色、无味、无臭的有毒气体。一氧化碳可经人体呼吸道进入肺泡，被血液吸收，同时与血红蛋白结合生成碳氧血红蛋白，降低血液的载氧能力，削弱血液对人体组织的供氧量，导致组织缺氧，从而引起头痛、恶心、呕吐等症状，重者窒息死亡。

2. 碳氢化合物

汽车尾气中的碳氢化合物有 200 多种，其中部分碳氢化合物不能完全燃烧而被直接排放到大气中。例如，当乙烯(C_2H_4)在大气中的浓度达到 0.5ppm(1ppm=10^{-6})时，将使一些植物发育异常。此外，在汽车尾气中还发现 32 种多环芳烃，包括 3, 4-苯并芘等致癌物质。当苯并芘在空气中的浓度达到 0.012μg/m^3 时，居民中得肺癌的人数会明显增加，离公路越近，公路上车流量越大，肺癌死亡率越高。

苯并芘

苯并芘是一类具有明显致癌作用的有机化合物，它是由一个苯环和一个芘分子结合而成的多环芳烃类化合物。目前已经查明的 400 多种主要致癌物中，一半以上属于多环芳烃类化合物。除了汽车尾气中含有苯并芘外，香烟烟雾、煮焦的食物中都有苯并芘。研究证明，生活环境中的苯并芘含量每增加 1%，肺癌死亡率就上升 5%。

对于苯并芘，日本人曾在兔子身上做过实验。实验表明，将苯并芘涂在兔子的耳朵上，涂到第 40 天，兔子耳朵上便长出了肿瘤。

3. 氮氧化物

汽车尾气中的氮氧化物一部分是由汽油经燃烧生成，另一部分是吸进汽缸中的氮气和氧气发生反应生成：

$$N_2 + O_2 = 2NO$$

汽车尾气中的氮氧化物含量较少，但毒性很大，其毒性是含硫氧化物的 3 倍。氮氧化物进入肺泡后，能形成亚硝酸（HNO_2）和硝酸（HNO_3），对肺组织产生剧烈的刺激作用，增加肺毛细管的通透性，最后造成肺气肿。

亚硝酸盐还与血红蛋白结合，将二价铁离子氧化成三价铁离子，形成高铁血红蛋白。高铁血红蛋白为血红蛋白的氧化物，在弱酸性条件下具有 60nm 长的特异吸收而呈现微绿色（又称酸性高铁血红蛋白）。在碱性环境下，这种特异吸收消失，呈现较深的红色（又称碱性高铁血红蛋白）。与血红蛋白不同，高铁血红蛋白不能与氧气结合，从而引起组织缺氧，对人体造成伤害。

$$Fe^{2+} + NO_2^- + 2H^+ = Fe^{3+} + NO\uparrow + H_2O$$

4. 二氧化硫和悬浮颗粒物

汽油中含有硫化合物，在燃烧时产生二氧化硫气体。人体吸入过多二氧化硫会增加慢性呼吸道疾病的发病率，损害肺功能。二氧化硫还可被吸收进入血液中，对全身产生毒害作用。此外，二氧化硫与悬浮颗粒物一起被吸入人体，悬浮颗粒物可以将二氧化硫带入肺部，使其毒性增加 3～4 倍。当大气中的二氧化硫含量过高时，会随降水形成“酸雨”，酸雨可导致土壤酸化、植物死亡、建筑物被腐蚀等。

5. 光化学烟雾

光化学烟雾是汽车尾气中的碳氢化合物和氮氧化物等一次污染物在阳光的作用下发生光化学反应生成的二次污染物。光化学烟雾的主要成分为过氧乙酰硝酸酯（PAN）。它是一种强氧化剂，常温下为气体，易分解生成硝酸甲酯（CH_3ONO_2）、二氧化氮（NO_2）和硝酸（HNO_3）等。

光化学烟雾可随气流漂移数百千米，使远离城市的农作物也受到损害。光化学烟雾会对大气造成严重的污染，对动植物、建筑材料也会产生影响。对人体健康的危害主要表现为刺激眼睛，引起红眼病；刺激鼻、咽喉、气管和肺部，引起慢性呼吸系统疾病。光化学烟雾能使树木枯死，导致农作物大量减产，会降低大气的能见度，妨碍交通。

6. 铅化合物

含铅汽油，即加入一定量四乙基铅（$C_8H_{20}Pb$）的汽油。汽油燃烧后，汽车尾气中的铅化合物可随呼吸进入血液，并迅速蓄积在人体的骨骼和牙齿中，它们干扰血红素的合成，侵袭红细胞，引起贫血；损害神经系统，严重时损害脑细胞，引起脑损伤。当儿童血液中的铅浓度达 0.6～0.8ppm 时，会影响儿童的生长和智力发育，甚至出现痴呆症状。

四乙基铅本身有剧毒，且含铅汽油燃烧后产生的尾气对环境污染严重，因此我国于

2000 年 7 月 1 日起全面停止使用含铅汽油。

9.2.4　新能源汽车的开发

为了解决日趋严重的大气环境污染问题，世界各国开始将目光聚焦到新能源汽车的开发上。新能源汽车是采用非常规的车用燃料作为动力来源的汽车，主要包括燃料电池电动汽车、混合动力汽车、纯电动汽车、氢内燃汽车等。

1. 燃料电池电动汽车

燃料电池电动汽车(fuel cell electric vehicle，FCEV)是一种以氢气和氧气作为燃料的电动汽车。在汽车的燃料电池中，氢气和空气中的氧气在催化剂的作用下发生电化学反应，从而将化学能转化为电能，为汽车提供动力。

与普通汽车相比，燃料电池电动汽车有很多优点。例如，没有尾气排放，可以减少汽油燃烧带来的环境污染；运行平稳、无噪声；充电时间短、续航里程长等。氢燃料电池利用氢和氧发生化学反应释放的化学能转化为电能，无须燃烧，具有高能量转换效率和零排放。但氢燃料电池的发展仍面临许多挑战，其中一个亟待解决的难题就是燃料电池铂电极的一氧化碳“排放”问题。当下，氢气主要来源于甲醇(CH_3OH)和天然气等碳氢化合物的蒸气重整和水煤气变换反应，由此产生的氢通常含有 0.5%～2%的一氧化碳。作为燃料电池电动汽车的核心零部件，氢燃料电池铂电极容易被一氧化碳杂质气体影响，导致电池性能下降和寿命缩短。

2. 混合动力汽车

随着对汽油价格、可用量及汽油动力车排放污染物关注度的增加，更多车主开始考虑选择混合动力汽车(hybrid electric vehicle，HEV)。混合动力汽车的驱动系统由两个或多个能同时运转的单个驱动体系联合组成，包括传统的汽油发动机和电池带动的电动马达。混合动力汽车一般使用的蓄电池有铅酸蓄电池(电极主要由铅及其氧化物制成，电解液为硫酸溶液)、镍氢蓄电池(正极活性物质主要由镍制成，负极活性物质主要由储氢合金制成)、锂蓄电池(正极材料主要由锂的活性化合物制成，负极由特殊分子结构的碳制成)等，汽车蓄电池在工作时主要依靠其内部的化学反应储存电能或向用电设备供电。

相较于普通汽车，混合动力汽车采用混合动力后可按平均需要的功率确定内燃机的最大功率，此时处于油耗低、污染少的最优工况下工作。由于内燃机可持续工作，电池又可以不断充电，故其行程和普通汽车一样；在拥挤的市区，可关闭内燃机，换成电池单独驱动，实现尾气“零排放”。

3. 纯电动汽车

纯电动汽车(battery electric vehicle，BEV)的动力完全来自于可充电电池，如镍镉蓄电池、镍氢蓄电池、锂蓄电池、铅酸蓄电池等。目前应用最广泛的电源是铅酸蓄电池，但随着该技术的发展、成熟，铅酸蓄电池正逐渐被其他蓄电池所取代。纯电动汽车工作时，电源为其驱动电动机提供电能，电动机再将电源的电能转化为机械能。

纯电动汽车的核心技术即电池，主要难点在于低成本要求、高容量要求、高安全要求这三方面。相比于铅酸蓄电池，镍氢蓄电池的单位储存能量增加了一倍，但价格远高于前者，目前研究者正在大力攻关价格难题。锂蓄电池的单位储存能量为铅酸蓄电池的3倍，且锂是最轻、化学特性十分活泼的金属，资源较为丰富、价格也不贵，因此很有希望被广泛应用于纯电动汽车。

4. 氢内燃汽车

氢内燃汽车以氢气作为燃料，即在内燃机中燃烧氢气和空气中的氧气以产生动力。氢气一般通过分解甲烷（CH_4）或电解水制得：

$$CH_4 \xrightarrow{\text{加热}} C + 2H_2$$

$$2H_2O \xrightarrow{\text{通电}} O_2\uparrow + 2H_2\uparrow$$

相比于其他新能源汽车，氢内燃汽车真正实现了零排放。因为氢气和氧气燃烧后的产物为水，具有无污染的特性：

$$2H_2 + O_2 \xrightarrow{\text{点燃}} 2H_2O$$

氢内燃汽车虽然在环境友好方面有绝对的优势，但是由于氢燃料成本过高，而且氢燃料的储存和运输等的技术条件十分严苛，所以目前还处于研制阶段。作为氢内燃汽车动力之一的氢气，其分子非常小，极易穿过储存装置的外壳逃逸，这就为氢燃料的储存带来了极大的不便。同时，氢气的制取需要通过电解水或利用天然气生成，同样需要消耗大量的能源。

9.3 车用材料：汽车的“盔甲”

正如人体正常运行需要成千上万个细胞一样，汽车生产及运行过程也需要多种多样的零部件。组装一辆完整的汽车通常会用到上万个零部件，这些零部件由几百个品种、上千个规格的材料加工制成，可以说汽车的发展是以材料及其加工工艺的发展为前提条件的。

用于汽车生产的材料种类很多，如有色金属、钢铁、橡胶、玻璃、陶瓷等。目前，金属材料仍是使用最多的，但无机非金属材料和高分子材料的使用比例日益增长，并逐渐取代了部分金属材料，如复合材料、高技术合成材料等越来越多地用于生产汽车。

9.3.1 汽车车身材料

汽车车身材料可分为金属材料和非金属材料。在车用金属材料中，钢铁是使用数量最多的，数据统计显示，全世界钢材产量的 1/4 都用于汽车生产。此外，有色金属和非金属材料因具有钢铁材料所没有的特性，所以在汽车生产中也得到了广泛的应用。

1. 汽车车身金属材料

汽车车身金属材料可分为黑色金属材料和有色金属材料两大类。黑色金属材料包括钢和铸铁，即钢铁材料。按照化学成分来分，钢又可细分为碳素钢和合金钢。有色金属材料包括铝及其合金、铜及其合金等。

1）碳素钢

碳素钢，即碳钢，主要含有铁和碳两种元素，其碳含量小于 2.11%，此外还含有少量锰、硅、硫、氧、氮、磷等杂质元素。碳素钢的价格低廉、容易冶炼且具有较好的机械性能，因此在汽车制造中有着广泛的应用。例如，汽车的变速操纵杆、制动盘、齿轮、轴等零件一般使用的就是碳素钢。

碳素钢为什么会具有这种优良的机械性能呢？其中的奥秘就是碳的含量。在含碳量小于 0.77%的碳素钢中，随着碳含量的增加，钢的强度和硬度升高，塑性和韧性则降低。当含碳量高于 0.9%之后，碳素钢的强度达到最大值。

除碳元素之外，碳素钢中的其他元素同样对其性能产生影响，这些影响时而互相抵消、时而互相加强。例如，硅和锰两种元素在钢中都是有益元素，而硫和磷则是有害杂质。硅在碳素钢中充当强脱氧剂的角色，它可与钢液中的氧化合生成二氧化硅，再与氧化亚铁、氧化铝等氧化物结合生成硅酸盐，以降低钢的含氧量，使钢结构致密。锰在炼钢时可作为脱氧除硫剂，既可以与钢中的氧反应，也可以与硫化合生成硫化锰以消除硫对碳素钢的有害影响。硫在碳素钢中是有害元素，主要以硫化亚铁的形式存在，在对钢铁材料进行轧制和锻造热加工时，硫化物熔化会引起钢材开裂，即“热脆”。磷对于碳素钢来说也是有害元素，会降低碳素钢的塑性、韧性、冷弯性能和焊接性能，尤其是在温度较低时促使钢材变脆，即“冷脆”。

2）合金钢

汽车的变速齿轮、半轴、气门等受力复杂的零件，如果采用碳素钢作为原材料，则其性能得不到满足。因此，这类零件的原材料使用另一种金属，即合金钢。合金钢就是冶炼时为了改善钢的性能，在碳素钢的基础上加入一些元素制得的钢。常添加的元素有硅、锰、铬、镍、钨、钛、稀土元素等。这些元素对钢的性能产生了很大的影响。例如，铬有助于硬化及渗铝，增加钢的磨耗抵抗力；镍可增加钢的韧性及冲击强度等。

3）铸铁

铸铁是一种由铁、碳、硅等元素组成的合金，其碳含量一般为 2.5%～4.0%。与钢相比，铸铁的含碳、硅量较高，杂质元素硫、磷较多，因此其抗拉强度低，塑性和韧性差，不能锻压。但铸铁具有良好的铸造性能、耐磨性、减震性等，因此在汽车制造中使用非常广泛。一辆完整的汽车，铸铁的用量占汽车全部金属材料的一半以上。例如，发动机汽缸、变速器壳和后桥壳等都是采用铸铁铸造。

4）铝及其合金

铝及其合金在工业生产上的用量仅次于钢铁，位于有色金属的首位。纯铝具有银白色光泽，质量轻、密度小，其导热性、导电性、塑性良好，易于锻压加工成板材、箔材、线材等型材。但是，纯铝的强度、硬度较低，焊接性能较差。纯铝的化学活泼性高，易被空气中的氧气氧化，其表面会生成一层牢固、致密的氧化膜，从而阻止铝进一步氧化。因此，铝具有良好的抗腐蚀能力。

纯铝的强度、硬度很低，因此在汽车制造过程中使用的铝为其合金。在铝中加入一定量的硅、铜、锰等元素制成铝合金，以改变铝的物理性能，增加其强度、硬度。

5) 铜及其合金

纯铜为紫红色，具有优良的导电性、导热性、延展性和耐腐蚀性，其塑性较好，但硬度和强度较低。在汽车生产中，纯铜主要应用于两方面：一是制造电线、电缆和电路接头等电器元件；二是制造散热器等导热元件。此外，还可以用于制造汽缸垫、各种管接头等。

纯铜的价格较高且强度较低，不适合用作结构材料。为了解决这个问题，常在纯铜中加入适量的元素制成铜合金。按照加入元素的不同，可将铜合金分为黄铜、青铜和白铜。黄铜中锌元素添加的量较多，具有良好的耐腐蚀性和压力加工性能，主要用于制造汽车的散热器管、汽缸水套等零件。青铜又称锡青铜，是一种铜锡合金，其塑性良好，适合冷热加工变形，一般用于制造汽车的阀、泵壳等。白铜是一种以铜、镍为主要添加元素的合金，其冷热加工性能优良，主要用于制造冷凝器和热交换器。

2. 汽车车身非金属材料

金属材料虽然具有很多优良的物理、化学性能，在汽车生产工业中用途十分广泛，但是也存在密度大、绝缘性差等缺点。此时，非金属材料起到了重要的作用。非金属材料一般包括三大类，即高分子材料(塑料、橡胶等)、陶瓷材料(陶瓷、玻璃等)和复合材料。

1) 塑料

塑料是一种以有机合成树脂为主要成分，并加入部分添加剂，经过高温、加压而合成的高分子材料。其中，合成树脂是从煤、石油、天然气中提炼出的高分子化合物，工程上常用的有酚醛树脂、环氧树脂、氨基树脂等。加入添加剂的目的则是改善塑料的性能，如加入二氧化硅可提高其耐磨性和硬度。塑料的种类很多，分类方法也各不相同，常见的分类方法有两种：一是按照合成树脂性能分为热塑性塑料和热固性塑料；二是按照使用范围分为通用塑料和工程塑料。

塑料具有许多优良的性能，主要包括：质量轻、化学稳定性好、耐磨和具有良好的绝缘性等，因此其在汽车生产中的用途十分广泛，具体用途如表 9-1 所示。国内一辆汽车塑料的使用质量占全部质量的 7%～10%。

表 9-1　部分车用塑料举例

塑料名称	用途举例
聚乙烯(PE)	燃油箱、方向盘
聚酰胺(PA)	发动机上盖、进气管、车轮罩、插头
苯乙烯-丁二烯-丙烯腈(ABS)	内饰车轮罩、灯壳
聚碳酸酯(PC)	前大灯散光玻璃、保险杠外包皮
聚丙烯(PP)	保险杠、空气滤清器、导管、侧遮光板
聚甲醛(POM)	万向节轴承、汽油泵壳、各种阀门、杆塞连接件
聚氯乙烯泡沫塑料	密封条、垫条、驾驶室地垫

2) 胶黏剂

胶黏剂是一种高分子材料，可分为天然胶黏剂、合成胶黏剂和无机胶黏剂。目前在汽车生产中使用最多的是合成胶黏剂。合成胶黏剂由基料(环氧树脂、酚醛树脂、聚氨酯、氯丁树脂等)、固化剂、增塑剂、填料、稳定剂等配料合制而成。

在汽车制造过程中，常需要胶黏剂连接各种金属、陶瓷、玻璃、塑料、橡胶等材料。例如，利用热固化乙烯基塑料溶胶粘接发动机罩内外挡板、丙烯酸酯压敏胶加工车身外的贴花等。

3) 橡胶

橡胶是一种具有高弹性的有机高分子材料，在汽车工业中的应用十分广泛，如生产轮胎、胶管和缓冲垫等。橡胶分为天然橡胶和合成橡胶，前者是从橡胶树上采集的乳胶经加工制成，后者是以石油、天然气、煤等为原料经化学合成的方法制得。

与其他材料相比，橡胶具有极高的弹性，良好的热可塑性、黏着性和绝缘性。现代汽车中橡胶质量占整车质量的4%～5%，其中用量最大的是汽车轮胎(图 9-11)，约为使用橡胶总质量的 70%。

图 9-11　汽车轮胎

4) 陶瓷

陶瓷是利用天然或人工合成的无机粉状物料，经过高温煅烧、成型等一系列步骤制成的无机非金属材料。陶瓷按组成可分为普通陶瓷和特种陶瓷。普通陶瓷主要以天然酸盐矿物质(黏土、石英等)为原料。特种陶瓷又称为新型陶瓷，是以不同类型的氧化物、氮化物、碳化物等为原料制得。特种陶瓷被广泛用作耐高温材料和绝缘材料。

陶瓷在汽车生产中发挥了金属材料不具备的优良特性，因此被广泛使用。例如，氮化硅(Si_3N_4)陶瓷具有耐高温性，可以替代合金钢制造陶瓷发动机；氧化铝(Al_2O_3)陶瓷具有良好的绝缘性，可以用于生产汽车基板；四氧化三铁(Fe_3O_4)陶瓷具有磁性，可以用于生产汽车马达；硫化锌(ZnS)陶瓷具有发光性，可以用作液晶计时器、光电开关；碳化硅(SiC)陶瓷具有导电性，可以用于生产汽车点火器。

9.3.2　汽车轮胎材料

根据性质的差异，生产汽车轮胎的原料可分为主体材料和骨架材料。主体材料是橡胶和添加剂，骨架材料主要是尼龙帘线、聚酯帘线、人造丝帘线等。

1. 橡胶

橡胶是轮胎中的重要原料，天然橡胶、丁苯橡胶等都可用于制造汽车轮胎，丁基橡胶一般用于制造汽车轮胎内胎。

天然橡胶的主要成分为聚异戊二烯[$(C_5H_8)_n$]，结构式如图 9-12 所示，还含有少量蛋白质、脂肪酸、灰分、糖类等非橡胶物质。天然橡胶具有极高的规则立体结构性和极均匀的分子量分布，特点是弹性好、耐屈挠、耐磨耗。但是天然橡胶不耐老化，因此常在天然橡胶中加入一些添加剂以改善其性能。

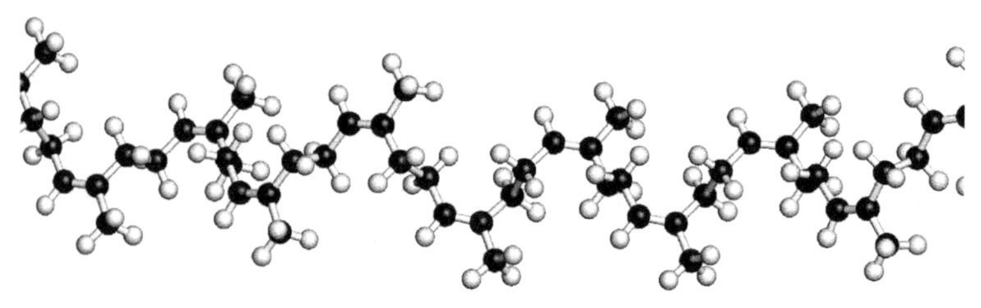

图 9-12 聚异戊二烯结构式

丁苯橡胶（SBR）是丁二烯（C_4H_6）和苯乙烯（C_8H_8）的共聚物，其结构中支链少，分子量高，因此总体性能较为稳定，且具有耐磨、耐热等特性，可与天然橡胶并用，广泛用于轮胎、胶带等领域。不同种类的丁苯橡胶具有不同的特点，如溶聚型丁苯橡胶耐磨性好，抗湿滑性差；乳聚型丁苯橡胶抗湿滑性好，耐磨性差。

2. 添加剂

橡胶制品或多或少具有一些缺点，因此在汽车轮胎生产过程中常在橡胶中加入一些添加剂，如补强剂、硫化剂及防护剂。

补强剂是一种能提高橡胶制品强度的配合剂。按照其性能可分为活性补强剂(炭黑)和惰性补强剂(陶土)。炭黑是一种无定形碳，是含碳物质(如煤炭、天然气、重油等)在空气不足的条件下经不完全燃烧或受热分解得到的产物。在橡胶中加入炭黑可以防止紫外线老化，这是因为炭黑有较高的吸光性，能有效地防止橡胶受阳光照射而产生光氧化降解。陶土的主要成分为含水硅酸钠，作为补强剂添加到橡胶中，可以显著改善橡胶性能，增加橡胶制品黏性、挺性，降低橡胶制品原料成本。

硫化剂（PDM）是一种多功能橡胶助剂。硫化剂中含有硫（S）、硒（Se）、碲（Te）元素，在橡胶加工过程中既可作硫化剂，也可用作过氧化物体系的助硫化剂，还可作为防焦剂和增黏剂。

防护剂的主要作用是防止橡胶制品被氧气、臭氧等氧化，同时防止在微生物的作用下橡胶的分子结构改变。防护剂可分为物理防护剂和化学防护剂。前者为打蜡，在橡胶制品表面形成保护膜；后者主要有酮胺和对苯二胺（$C_6H_8N_2$），可以减缓橡胶材料的氧化速度。

3. 骨架材料

1)尼龙

20 世纪 70 年代后，汽车轮胎骨架材料主要使用的是尼龙(尼龙 66 和尼龙 6)帘线。尼龙帘线强力高、耐疲劳性好、耐冲击性好。尼龙 66 的耐疲劳性和与橡胶的黏合性能非常好，可广泛用于高性能轿车轮胎的冠带层、带束层及载重斜交轮胎的增强层中。尼龙 6 则用于除航空轮胎外的其他轮胎中。

2)聚酯

聚酯是一种由多元醇和多元酸缩聚而得的聚合物。聚酯帘线(图 9-13)的热收缩率低，尺寸稳定性好，其强度比尼龙低20%～30%，一直作为轿车子午线轮胎的胎体。它的弹性模量比尼龙高30%～50%，可设计出驾驶安全性更好的轮胎，其玻璃化温度高，不仅能减少轮胎接地扁平化问题，而且可以避免轮胎胎侧部位出现凹凸不平的现象。但是聚酯帘线在加工过程中强力损失较大，与橡胶的黏结力远不如尼龙帘线，且在轮胎生产过程中容易出现胺解，使轮胎内帘线强力下降，故对轮胎的原材料要求严格，硫化后需要充气。

图9-13　汽车轮胎使用的聚酯帘线
图片源自：china.makepolo.com

3）人造丝

人造丝是一种强度和耐磨性能良好的丝质人造纤维，由纤维素构成，来源有石油和生物，其许多性能与其他纤维（如棉、亚麻纤维等）的性能相同。除尼龙、聚酯外，人造丝由于其优异的尺寸稳定性，还能用于生产轮胎帘子布。

9.3.3　汽车玻璃材料

玻璃是指熔融物通过一定方式冷却后，因黏度增加而具有固体的力学性质与一定结构特征的非晶体物质。玻璃的主要成分为二氧化硅（图9-14）和各种金属氧化物。根据金属氧化物的种类，玻璃又可分为石英玻璃（100%为SiO_2）、硅酸盐玻璃（基本结构为SiO_2）、硼酸盐玻璃（基本结构为B_2O_3）、磷酸盐玻璃（基本结构为P_2O_5）等。

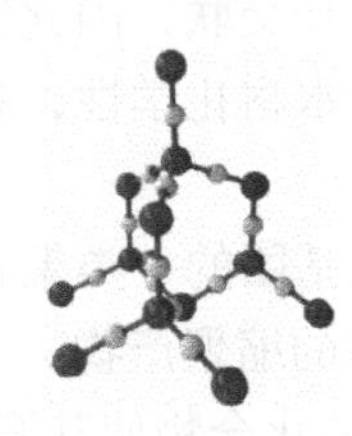

图9-14　二氧化硅晶体结构

随着汽车工业的发展，车速不断提高，玻璃的重要性逐渐被人们意识到。直至今日，汽车玻璃被要求具有良好的耐磨性、耐热性、耐光性和较高的刚度。现代汽车玻璃的发展趋势是安全、美观、轻量化和多功能化。汽车玻璃均属于安全玻璃类别，如钢化玻璃、区域钢化玻璃、夹层玻璃和特殊功能玻璃。

钢化玻璃是将玻璃加热到软化点附近后用骤冷的方法制成的玻璃，提高了玻璃的强度和热稳定性。一旦玻璃破碎，碎片无尖锐棱角，但会引起整体破碎，严重影响驾驶员的视线。

区域钢化玻璃突然受到外力作用而破碎时，有的部分碎片大，有的部分碎片小。这样既保证了驾驶员和乘客的安全，又提供了一个不妨碍驾驶的视区，可以将车及时开到修理站进行修理。

夹层玻璃是指两片或两片以上的玻璃用一层或数层胶粘接在一起的玻璃制品，当玻璃破碎时，碎片不易伤人。

9.4　车用油漆和镀膜：汽车的“美妆”

当一辆汽车组装完成后，就进入下一个阶段，即为新车“穿上”五颜六色的外衣。这一环节使用的涂料是一种能牢固地覆盖在车体表面并形成连续薄膜的工程性材料，对车身起到一定的保护及美化作用。

9.4.1 汽车油漆

汽车油漆由成膜物质(树脂)、颜料(体质颜料、防腐颜料、着色颜料)、溶剂和助剂组成。其分类方法有很多种，按照功能可分为汽车用底漆、汽车用中间层油漆、汽车用面漆；按照涂装对象可分为新车原装漆、汽车修补漆；按照溶剂构成情况可分为无溶剂油漆、溶剂油漆和水性油漆；按照油漆的组成中是否含有颜料可分为清漆、色漆和腻子等。

1. 树脂

树脂是油漆中的成膜物质，也称基料。它的功能是将颜料、填料结合在一起，并在底材上形成均匀致密的涂膜，经固化后形成涂层。树脂是涂料的基础，它决定了涂料的韧性、对底材的附着力等。树脂按照来源可分为天然树脂和合成树脂。天然树脂是由自然界中动植物分泌物所得的无定形有机物质，如松香、琥珀、虫胶等；合成树脂是指由简单有机物经化学合成或某些天然产物经化学反应而得到的树脂产物，如酚醛树脂、聚氯乙烯树脂等。在汽车油漆工艺中使用的树脂一般有丙烯酸树脂、环氧树脂等。

丙烯酸树脂色浅、水白透明，一般分为溶剂型热塑性和溶剂型热固性，结构式如图 9-15 所示。其涂膜性能优异，且耐光、耐热、耐化学腐蚀，因此常用于制造涂料。热塑性丙烯酸树脂在成膜过程中不发生进一步交联，因此它的分子量较大，具有良好的保光保色性、耐水耐化学性，在汽车、电器、机械等领域应用广泛。

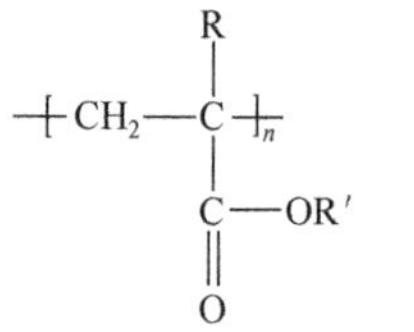

$$\left[CH_2 - \underset{\underset{\underset{O}{\|}}{C - OR'}}{\overset{R}{\overset{|}{C}}} \right]_n$$

R=H、CH_3、CN；

R′=H、烷基、羟烷基等

图 9-15　丙烯酸树脂结构式

环氧树脂是分子中含有两个以上环氧基团的一类聚合物的总称，是环氧氯丙烷与双酚 A 或多元醇的缩聚产物。由于环氧基的化学活性，可用多种含有活泼氢的化合物使其开环，固化交联生成网状结构，因此它是一种热固性树脂。一般环氧树脂可用作汽车底漆，使用方便，可以为严重损坏的车身提供良好的防腐蚀保护。

2. 颜料

颜料(又称着色剂)是一种不溶于涂料基料或溶剂的粉末状固体物质，均匀地分散在这些介质中并能使介质着色，又具有一定的遮盖力，可以增加涂料色彩和机械强度，对金属底材具有防腐蚀作用。从化学组成上来说，颜料可分为无机颜料和有机颜料两大类。其中，无机颜料包括氧化物、铬酸盐、硫酸盐、硅酸盐、硼酸盐、钼酸盐等；有机颜料包括偶氮颜料、酞菁颜料、靛族、芳甲烷系颜料等。从来源上来说，颜料可分为天然颜料和合成颜料。天然颜料中以矿物为来源的有朱砂、红土、雄黄及重质碳酸钙等；以生物为来源的有胭脂虫红、天然鱼鳞粉、藤黄、茜素红等。合成颜料是经由人工合成的，如钛白、锌钡白等无机颜料，大红粉、偶氮黄、酞菁蓝等有机颜料。部分颜料组成成分如表 9-2 所示。

表 9-2　部分颜料组成成分

颜色	组分
白色颜料	钛白（TiO_2）、锌钡白（$ZnS+BaSO_4$）
黑色颜料	炭黑（C）、铁黑（Fe_3O_4）
红色颜料	氧化铁（Fe_2O_3）、甲苯胺红
黄色颜料	铅铬黄（$PbCrO_4$）

3. 溶剂

溶剂的功能是溶解、稀释固体或高黏度的成膜物质，使其成为有适宜黏度的液体，便于施工。溶剂在液体涂料中占有很大的比例，一般在 50%以上。涂料对溶剂的要求比较严苛，考虑到挥发速率、溶解性及成本等多种因素，单一溶剂很难满足涂料的使用要求。因此，溶剂一般为混合溶剂，由真溶剂、助溶剂和稀释剂构成。

溶剂在涂料中的作用往往不被人们重视，认为它是挥发组分，最后不会留在涂膜中，所以对涂膜的质量不会产生很大的影响，其实这种观点是错误的。溶剂在涂料中所起的作用有：①溶解并稀释涂料中的成膜物质，降低涂料的黏度，便于涂刷或喷、浸、淋等工艺；②增加涂料储存的稳定性，防止成膜物质发生胶结，同时，加入溶剂会使桶内充满蒸气，可减少油漆表面结皮；③使涂膜流平性良好，可避免漆膜过厚、过薄或涂刷性能不好而产生的刷痕和起皱等缺点；④可提高涂料对被涂物表面的润湿性和渗透性，增强涂层的附着力。此外，溶剂的使用还可以在一定程度上降低涂料的成本。

4. 助剂

助剂在油漆中的用量较少（一般不超过 5%），但是它们在油漆储存、施工成膜、漆膜性能和颜色调整等方面起着重要的作用，是生产油漆不可或缺的物质。在油漆工业中，常用的助剂有交联剂、流平剂、防结皮剂、增光剂和防沉淀剂等。

交联剂是多官能团化合物，可以与大分子链上的官能团发生化学反应，从而形成热固性或三维结构的高分子材料。交联剂能将热塑性物质转变为热固性物质，它可以是低分子量的化合物，也可以是高分子量的聚合物。例如，三聚氰胺交联剂中含有六甲氧基三聚氰胺、三聚氰二胺树脂和其他氨基塑料、异氰酸酯等。含有环氧官能团的硅烷交联剂在碱性条件下可作为水性油漆的固化剂，其主要作用是充当含有羧基或氨基的丙烯酸酯乳胶漆或聚氨酯分散液的交联剂。该作用的机理涉及环氧硅氧烷的双重化学反应，烷氧基硅烷水解缩聚形成硅氧键，它还可以与界面发生反应，从而提高涂层湿态黏结性，或与油漆中的填料反应以提高颜料的附着。常用的交联剂为有机过氧化物，如过氧化二异丙苯（DCP，结构式如图 9-16 所示）、过氧化苯甲酰（BPO，结构式如图 9-17 所示）、二叔丁基过氧化物（DTBP，结构式如图 9-18 所示）等。

流平剂的主要作用是促使涂料在干燥成膜过程中形成平整、光滑、均匀的涂膜，有效降低涂饰液的表面张力，提高其流平性和均匀性。一般在油漆中使用的流平剂主要有：丙烯酸类（如丙烯酸正丁酯）、有机硅类（如聚二甲基硅氧烷）。

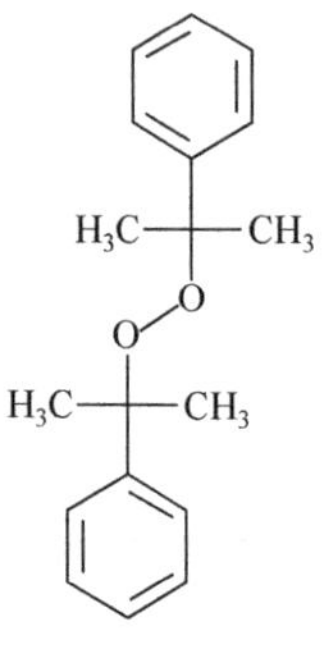

图 9-16　过氧化二异丙苯

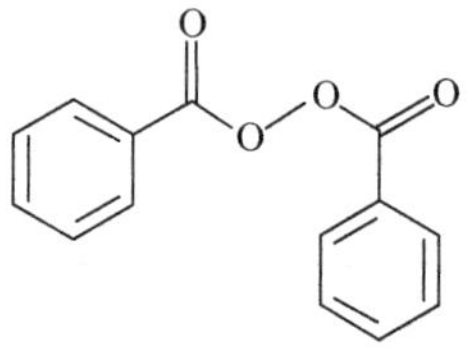

图 9-17　过氧化苯甲酰

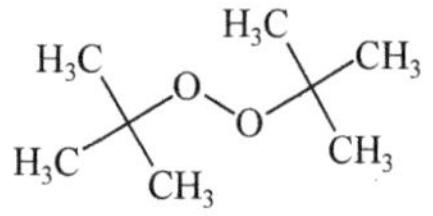

图 9-18　二叔丁基过氧化物

防结皮剂可以防止涂料结皮。涂料在储存及使用过程中，由于溶剂的挥发和表层与空气接触，会在表层发生氧化聚合作用形成凝胶，早期生成的软凝胶体通过搅拌可使油漆恢复至原来的流体状态，随着时间的延长，凝胶体逐步硬化而结成一层薄膜，覆盖在涂料的表面。目前国内外广泛使用的是肟类防结皮剂，主要有甲乙酮肟(结构式如图 9-19 所示)、丁醛肟(结构式如图 9-20 所示)和环己酮肟(结构式如图 9-21 所示)等。

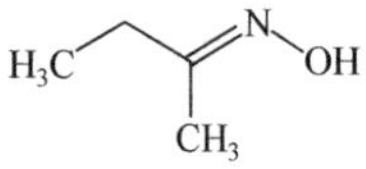

图 9-19　甲乙酮肟结构式

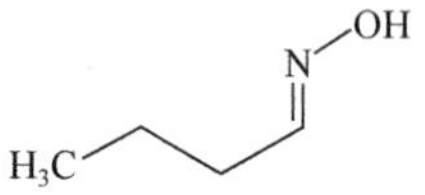

图 9-20　丁醛肟结构式

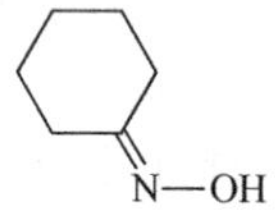

图 9-21　环己酮肟结构式

防沉淀剂也称悬浮剂，是一种能改善颜料在涂料中的悬浮性能，防止其沉降的助剂。防沉淀剂一般可分为：①触变型防沉淀剂，这种助剂可增加涂料的黏稠性，使颜料在储存时不易沉淀，如有机膨润土、二氧化硅气凝胶、氢化蓖麻油、聚乙烯蜡等；②絮凝型防沉淀剂，这是一类表面活性剂，能使颜料微粒与基料间产生可控制的絮凝，防止颜料沉淀，如大豆卵磷脂、烷基磷酸酯、多元醇脂肪酸酯等。

5. 涂料的成膜方式

涂料的干燥成膜是在施工后，涂料由液态或黏稠状漆膜转变成固态漆膜的化学和物理变化过程。涂料的成膜方式有溶剂挥发型成膜和反应型成膜，后者又可分为氧化聚合型、加热聚合型和双组分聚合型等。

1) 溶剂挥发型

溶剂挥发型成膜属于物理成膜方式，依靠溶剂挥发、温度变化等物理作用干燥成膜。成膜前后，物质分子的结构不发生变化。这类涂料的特点是干得快、易使用，如硝基涂料和热塑性丙烯酸涂料。

2) 加热聚合型

将这种涂料加热至一定温度时，树脂中的组分发生化学反应，使涂料固化。其广泛应用于汽车装配线，很少在修补涂装中使用。

3) 双组分聚合型

在这种涂料中，主要成分与固化剂混合，在树脂中发生化学反应，使涂料固化，一般在室温或 60～70℃的中温下进行干燥。在汽车修补涂装中大多使用这种涂料。

9.4.2　汽车漆面镀膜

汽车车漆经常暴露在紫外线、酸雨等复杂的空气环境中，一般两个月内就会形成肉眼可见的氧化层，氧化层可使汽车漆面褪色，从而出现表面粗糙等现象。虽然新车表面一般都有保护层，但经过一段时间(一般为三个月)，保护层上的亮油会变薄而脱落，无法继续对新车起到保护作用。因此，如果不对新车进行漆面保护，则车漆很容易被强烈的紫外线、酸雨和尘沙破坏。

1. 汽车漆面镀膜原理

汽车漆面镀膜是目前世界上最新一代的车漆保护技术。与汽车封釉不同，真正的镀膜应是无机镀膜，即永远不会氧化的水晶玻璃镀膜。其原理在于将某种特殊的药剂装在车漆表面，利用这种药剂在车漆表面发生的化学反应，形成一层薄、坚硬、透明的保护膜，阻隔车漆被氧气氧化和防止其他损坏物腐蚀氧化车漆，在一定时间内保护车漆不受外界环境影响，从而达到保护车漆的效果。

2. 汽车镀膜材料

1) 玻璃质镀膜

玻璃质镀膜的有效成分为二氧化硅。与传统的油膜系列镀膜产品相比，玻璃质镀膜的抗污、抗氧化能力更强。此外，该种镀膜还可以增加汽车车漆漆面的亮泽度，使车亮丽如新；增加漆面的坚硬度，不沾灰，便于清洁；镀膜层具有一定的防刮性，防止车漆表面产生轻微划痕。

2) 玻璃纤维素镀膜

玻璃纤维素是一种高分子材料，具有高密度等特性。其主要成分是聚硅氧烷($C_6H_{18}OSi_2$)，成膜后形成二氧化硅。玻璃纤维素镀膜具有光泽度高、抗氧化、耐酸碱、抗紫外线的特点，用来给漆面镀膜后，漆面光泽度很好，并把漆面与外界隔绝开，起到较好的保护作用。但是，玻璃纤维素镀膜不能提高油漆硬度，不能抵御物理性损伤，原材料成本高昂，施工工艺相对复杂。

3) 氟素镀膜

氟素(聚四氟乙烯)树脂是一种用氟取代乙烯氢原子的人工高分子材料，其特点是具有不黏、耐热、抗酸碱的特性。氟素具有极低的摩擦系数，不仅不易黏附灰尘，而且有拨水、拨油的功能，大幅提高了氟素涂层的不浸透性及高持续性，使用后在车漆表面形成一层强韧的拨水保护膜，将车漆和外界完全隔离，因此可以保持车漆的干净明亮。但其最大的缺点是附着力差，无法与漆面长期附和，因此氟素镀膜的保护时间非常短。

4) 无机纳米镀膜

无机纳米镀膜是近几年新研制的镀膜材料，由无机纳米材料配制而成，其主要成分是纳米氧化铝。纳米材料独有的性能为车漆提供了完美的保护。纳米粒子为球形，润滑性极高，因此施工后漆面手感极其润滑。氧化铝、氧化硅是天然宝石、水晶的主要成分，因此膜层的硬度、耐磨性极高，本身性质非常稳定，能保持长期不氧化。无机纳米镀膜最大的特点是能隔绝漆面与外界的直接接触，防氧化、防水、防高温、防紫外线等，大大提高漆面的硬度和光泽度，这是其他汽车漆面镀膜所欠缺的性能。

几种主要汽车美容护理方式的比较

打蜡：其优点在于省钱、操作简单。缺点是蜡的主要成分是石油，主要对车漆表面起增亮的作用，不提高车漆的硬度，并对漆面有腐蚀性；时效性差，一般一周就需要打蜡一次，且雨水冲刷会破坏蜡。

封釉：其优点是可提高漆面的硬度，耐高温、抗紫外线，有利于保护车漆。缺点在于有一定的腐蚀性，每隔半年需进行一次封釉。

镀膜：其优点是时效性高（一般为2～3年），光滑度提升，漆面硬度提高3倍左右，即使经历150次高压洗车依然能保持光亮。缺点在于施工时间较长，技术更为复杂，费用相对较高。

1. 安全气囊的材料包括哪几种？其演变过程如何？
2. 安全气囊的气体是如何产生的？
3. 安全气囊中产气药的发展经历了哪几个阶段？各类产气药有何特点？
4. 简述安全气囊的工作过程。
5. 如何区分车用汽油标号？
6. 如何辨别汽油是否变质？
7. 汽油燃烧产生哪些污染物？对环境和人体有何害处？
8. 新能源汽车有哪几种类型？各类新能源汽车是如何运行的？
9. 汽车车身材料可以分为哪几类？
10. 常用的汽车金属材料有哪些物质？
11. 常用的汽车非金属材料有哪些物质？
12. 汽车轮胎中使用了哪些材料？
13. 汽车玻璃可以分为几类？汽车玻璃是由何种物质制成的？
14. 汽车油漆是由什么物质组成的？
15. 汽车油漆中各组成成分有何作用？
16. 汽车镀膜的原理是什么？
17. 汽车镀膜材料分为哪几类？其化学组成如何？

参 考 文 献

艾迦. 2010. 味之奥秘(上)[J]. 食品与健康, (3): 18-19.

北京大陆桥文化传媒. 2008. 炼金术神话[M]. 重庆: 重庆出版社.

毕海峰, 张玉梅, 王华平. 2001. 汽车安全气囊的技术发展[J]. 现代纺织技术, (1): 53-56.

蔡苹. 2010. 化学与社会[M]. 北京: 科学出版社.

曹阳. 2018. 陶瓷茶具中内蕴的中国传统文化解读[J]. 福建茶叶, (7): 152.

陈传志, 周祚万. 2002. 我国纳米材料发展现状简介[J]. 学术动态, (1): 24.

陈国美, 杨雪艳, 奚倬勋, 等. 2007. 抗抑郁药盐酸氟西汀的合成[J]. 中国新药杂志, (11): 865-867.

陈虹锦. 2013. 化学与生活[M]. 北京: 高等教育出版社.

陈景文, 唐亚文. 2014. 化学与社会[M]. 南京: 南京大学出版社.

陈宗良, 王玉保, 陆妙琴, 等. 1991. 大气有机物在酸雨形成中的作用[J]. 环境化学, (1): 1-13.

崔济哲. 2017. 醉里挑灯谈酒[M]. 成都: 四川文艺出版社.

戴海燕. 1982. 钙离子的生理功能[J]. 赣南医专学报, (1): 121-126.

丁国安, 徐晓斌, 房秀梅, 等. 1997. 中国酸雨现状及发展趋势[J]. 科学通报, 42(2): 169-173.

丁世英. 2003. 神奇的超导材料[M]. 北京: 科学出版社.

董佳鑫, 杨梅. 2018. 转基因技术在生物制药上的应用与发展[J]. 中外医学研究, 16 (9): 178-180.

杜杨. 2013. 生活在分子的世界里[M]. 北京: 化学工业出版社.

樊陈莉, 洪娟. 2017. 浅谈食品中有毒有害物质的种类及危害[J]. 广东化工, 44(8): 144-146, 156.

冯瑞华, 姜山. 2007. 超导材料的发展与研究现状[J]. 低温与超导, 35(6): 520-522, 526.

高峰. 2015. 不妨适当吃点辣[J]. 中国食品, (24): 119.

高虹, 张爱黎. 2007. 新型能源技术与应用[M]. 北京: 国防工业出版社.

高锦章. 2002. 消费者化学[M]. 北京: 化学工业出版社.

高粱. 1992. 土壤污染及其防治措施[J]. 农业环境科学学报, (6): 272-273.

韩爽. 2015. 高分子材料发展现状和应用趋势[J]. 化工管理, (5): 215.

侯佳, 史庆丰, 程佳. 2018. 茶文化视域下借力"一带一路"推进民族陶瓷艺术传扬探索——以河北磁州窑陶瓷艺术为例[J]. 福建茶叶, 40(6): 280, 282.

黄小卫, 李红卫, 王彩凤, 等. 2007. 我国稀土工业发展现状及进展[J]. 稀有金属, 31(3): 279-288.

季兆洁, 王雷, 陈云娜, 等. 2019. 基于核酸适配体的生物分析新方法研究进展[J]. 现代生物医学进展, 19(7): 1387-1391.

江元汝. 2002. 生活中的化学[M]. 北京: 中国建材工业出版社.

江泽民. 2008. 对中国能源问题的思考[J]. 中国石油和化工经济分析, 30(6): 4-16.

姜恒. 2017. 臭氧及臭氧层破坏及其保护机制分析[J]. 低碳世界, (3): 27-28.

蒋雁峰. 2013. 中国酒文化[M]. 长沙: 中南大学出版社.

金建勋, 郑陆海. 2006. 高温超导材料与技术的发展及应用[J]. 电子科技大学学报, (S1): 612-627.

李国斌. 2011. 中华酒典[M]. 重庆: 重庆出版社.

李国胜. 1988. 大气组成变化与气候趋向研究的发展[J]. 海洋地质与第四纪地质, (2): 13-14.

李惠春, 谭庆荣, 司天梅, 等. 2017. 氟西汀治疗抑郁症的疗效综述[J]. 中国心理卫生杂志, 31(S2):7-15.

李婕, 储才元. 1998. 汽车用安全气囊及其织物(上)——发展历程、现状与前景[J]. 纺织科学研究, (4): 34-38, 43.

李蕾蕾. 2006. 苦味食品概述[J]. 中国食物与营养, (6): 50-51.
李青山, 祖立武. 1998. 面向21世纪的功能高分子材料[J]. 合成橡胶工业, (6): 49-51.
李文旭, 吴金珠, 宋英. 2017. 陶瓷添加剂: 配方·性能·应用. 2版[M]. 北京: 化学工业出版社.
李远蓉. 2016. 舌尖上的化学[M]. 北京: 化学工业出版社.
梁聪, 吴仕伟, 王立, 等. 2011. 铁元素的生理功能及缺铁性贫血对人体健康的影响[J]. 医学信息(上旬刊), 24(1): 158.
林河成. 2010. 稀土永磁材料的现状及发展[J]. 粉末冶金工业, 20(2): 47-52.
林丽君, 聂黎行, 戴忠, 等. 2015. 板蓝根的研究概况[J]. 中国药业, 24 (21): 1-4.
凌永乐. 1989. 世界化学史简编[M]. 沈阳: 辽宁教育出版社.
刘冰, 任兰亭. 2000. 21世纪材料发展的方向——纳米材料[J]. 青岛大学学报(自然科学版), (3): 91-95.
刘旦初. 2015. 化学就在你身旁[M]. 上海: 复旦大学出版社.
刘国信. 2007. 酸甜苦辣调美味[J]. 中国食品, (19): 50.
刘金香. 2001. 人体中镁离子的生理生化功能[J]. 江西教育学院学报(自然科学), (6): 44-46.
刘近祥. 2014. 趣说葡萄酒[M]. 天津: 天津科学技术出版社.
刘丽君. 2010. 汽车安全气囊有关的化学问题[J]. 化学教学, (5): 77-79
刘瑞聆. 2011. 从水污染的分类看水污染防治法的调整范围[D]. 青岛: 中国海洋大学.
刘伟. 2012. 帝王与宫廷瓷器. 2版[M]. 北京: 故宫出版社.
刘晓锋, 高婷婷. 2009. 汽车美容与装饰[M]. 北京: 科学出版社.
刘炫志. 2016. 新型功能陶瓷材料的分类与应用[J]. 技术与市场, 23(12): 232.
路芳, 巴晓雨, 何永志. 2012. 仙鹤草的化学成分研究[J]. 中草药, 43(5): 851-855.
罗军川. 2016. 能源那些事(上)[M]. 重庆: 重庆大学出版社.
罗军川. 2017. 能源那些事(下)[M]. 重庆: 重庆大学出版社.
骆文亮. 2012. 中国陶瓷文化史[M]. 北京: 中央编译出版社.
马春霓. 2017. 茶叶中的化学成分[J]. 农村经济与科技, 28(14): 43, 45.
孟凡德. 2013. 生活化学与健康[M]. 北京: 化学工业出版社.
孟繁浩, 余瑜. 2010. 药物化学[M]. 北京: 科学出版社.
聂昆, 崔彬, 李伟琦, 等. 2009. 从能源消费浅析我国能源发展战略[J]. 资源与产业, 11(2): 30-34.
牛旭浩. 2018. 论述环境保护中水污染治理的措施[J]. 建筑工程技术与设计, (6): 3730.
潘鸿章. 2011. 化学与健康[M]. 北京: 北京师范大学出版社.
潘鸿章. 2012. 化学与能源[M]. 北京: 北京师范大学出版社.
戚德华. 2015. 农村能源发展存在的问题与方法[J]. 农家顾问, (2): 52.
钱军. 2019. 新潮饮食多, 食用须谨慎[J]. 江苏卫生保健, (6): 47.
乔金樑. 2011. 高分子材料发展热点展望[J]. 新材料产业, (2): 34-36.
邱志成. 2010. 化学科学在现代社会中的地位和作用[J]. 河南化工, 27(4): 98, 100.
曲艳斌, 萧忠良. 2003. 汽车安全气囊用气体发生剂[J]. 华北工学院学报, (6): 428-431.
屈宝坤. 2010. 中国古代著名科学典籍[M]. 北京: 商务印书馆.
申雯, 黄建安, 李勤, 等. 2016. 茶叶主要活性成分的保健功能与作用机制研究进展[J]. 茶叶通讯, 43(1): 8-13, 65.
沈林. 1996. 人体生命元素[J]. 治淮, (8): 52-53.
舒盼盼, 邹立凡. 2018. 循循善诱促思考, 动手构建探新知——以“蛋白质-蛋白质的结构”教学片段设计为例[J]. 化学教与学, (10): 36-37, 39.
宋国君, 马中, 姜妮. 2003. 环境政策评估及对中国环境保护的意义[J]. 环境保护, (12): 34-37,57.
宋心琦. 2011. 看似平凡实神奇的分子氧——兼论大气组成之谜[J]. 化学教学, (3): 3-5.
苏铁能, 吕彩琴. 2011. 车辆工程材料[M]. 北京: 国防工业出版社.

宿颖峰. 2005. 汽车用安全气囊及其织物[J]. 中国个体防护装备, (4): 39-40.
孙玉凤, 张晶, 范蓓, 等. 2016. 食品有毒有害物质分析研究[J]. 食品安全质量检测学报, 7(3): 1220-1225.
孙毓, 吴佳煜, 张迪智, 等. 2014. 理性认识食品添加剂[J]. 北京农业, (3): 201.
唐登钢. 2008. 炼金术[M]. 西安: 陕西师范大学出版社.
唐耀龙. 2011. 超导材料发展概述——纪念超导现象发现100周年[J]. 中国高新技术企业, (21): 1-2.
唐有祺, 王夔. 1997. 化学与社会[M]. 北京: 高等教育出版社.
唐志华. 2001. 生命元素图谱与化学元素周期表[J]. 广东微量元素科学, (2): 1-5.
田丽娟, 黄泰康. 2007. 中药发展史研究[J]. 中华中医药学刊, 25 (4): 753-755.
涂长信. 2006. 现代生活与化学[M]. 济南: 山东大学出版社.
汪易坤. 2017. 环境保护中水污染的治理措施初探[J]. 低碳世界, (30): 8-9.
王冬, 顾晔. 2018. 人教版选修5: "氨基酸" 教学案例[J]. 化学教与学, (7): 66-68, 65.
王二坤. 1994. 人体与化学元素[J]. 职业与健康, (5): 53-54.
王刚. 2012. 酒都论酒[M]. 成都: 四川文艺出版社.
王国建, 刘琳. 2004. 特种与功能高分子材料[M]. 北京: 中国石化出版社.
王海峰, 罗小敏. 2015. 汽车材料[M]. 北京: 兵器工业出版社.
王希成. 2001. 生物化学[M]. 北京: 清华大学出版社.
王喜军. 2017. 生药学[M]. 北京: 中国中医药出版社.
王彦广, 吕萍. 2010. 化学与人类文明[M]. 杭州: 浙江大学出版社.
魏荣宝. 2011. 化学与生活[M]. 北京: 国防工业出版社.
吴兑. 2003. 温室气体与温室效应[M]. 北京: 气象出版社.
吴方建. 2009. 不合理用药现象及干预(上)[J]. 中国药师, 12(3): 314-317.
吴国英, 赵贤祥. 2017. "元素周期表和元素周期律" 复习课教学设计[J]. 中学化学教学参考, (23): 33-34, 2.
吴兴敏, 祖国海. 2015. 汽车整形与美容[M]. 北京: 北京理工大学出版社.
吴永杰. 2015. 食品安全危机感是媒体炒作造成的吗——评部分食品专家对媒体的批评[J]. 学术界, (6): 110-120, 325.
吴云. 2010. 浅谈土壤污染与防治[J]. 现代农业, (6): 31.
夏治强. 1993. 臭氧层破坏的起因危害及对策[J]. 城市环境与城市生态, (4): 37-42.
肖立业, 刘向宏, 王秋良. 2018. 超导材料及其应用现状与发展前景[J]. 中国工业和信息化, (8): 30-37.
熊苗. 2013. 食物中的甜从哪里来[J]. 健康博览, (9): 56.
徐德伟. 2006. 炼金术[M]. 哈尔滨: 哈尔滨出版社.
徐军. 2002. 新型功能高分子材料的研究与应用[J]. 纺织高校基础科学学报, 15(3): 258-263.
许晶, 李庶. 2016. 曲水流觞话经典——中国酒文化经典作品阐释[M]. 成都: 四川大学出版社.
杨北平, 陈利强, 朱明霞. 2011. 功能高分子材料发展现状及展望[J]. 广州化工, 39(6): 17-18, 59.
杨贤放. 2008. 我国传统生产工艺中的瑰宝——红曲色素[J]. 化学教育, (8): 1-3
姚嘉俊. 2017. 水是生命之源[J]. 环球市场, (4): 153-154.
于慧. 1991. 人体的化学组成[J]. 学科教育, (3): 51-53.
于文广, 李海荣. 2013. 化学与生命[M]. 北京: 高等教育出版社.
于岩. 2017. 陶瓷工艺学[M]. 北京: 高等教育出版社.
翟文明. 2009. 图说道教[M]. 北京: 华文出版社.
张崇峰, 范圣此, 罗毅, 等. 2018. 蟾酥化学成分及其人工合成的研究进展[J]. 中草药, (49)13: 3183-3192.
张方. 2001. 纳米材料发展之我见[J]. 精细与专用化学品, (1): 3-5.
张兰琴, 聂金繁. 2014. 化学与健康[M]. 北京: 中国社会科学出版社.

张宁, 张惟杰. 2013. 生物化学[M]. 北京: 科学出版社.
张平. 2017. 论吸毒对青少年的危害[J]. 教育现代化杂志, 4(44): 290-291.
张铁军, 王于方, 刘丹, 等. 2016. 天然药物化学史话: 青蒿素——中药研究的丰碑[J]. 中草药, 47(19): 3351-3361.
张喜梅, 陈玲, 李琳, 等. 2000. 纳米材料制备研究现状及其发展方向[J]. 现代化工, 20(7): 13-16, 26.
张雪静, 张海波. 2018. 多渠道治理抗生素滥用风险[N]. 中国社会科学报, 07-06(007).
张彦如. 2006. 汽车材料[M]. 合肥: 合肥工业大学出版社.
张莹, 刘树芳. 2019. 微量元素锌与人体健康[J]. 科技资讯, 17(5): 253-254.
赵匡华. 2010. 中国古代化学[M]. 北京: 中国国际广播出版社.
赵雪莲, 王黎黎. 2008. 浅论我国的土壤污染与防治[J]. 内蒙古民族大学学报, 14(4): 110-111.
钟史明. 2017. 能源与环境[M]. 南京: 东南大学出版社.
周大地. 2016. 十三五及中长期能源发展战略问题[J]. 开放导报, (3): 7-12.
周宏春, 季曦. 2009. 改革开放三十年中国环境保护政策演变[J]. 南京大学学报(哲学·人文科学·社会科学版), 45(1): 31-40, 143.
周廉. 1998. 超导材料发展[J]. 世界科技研究与发展, (5): 46-50.
周以富, 董亚英. 2003. 几种重金属土壤污染及其防治的研究进展[J]. 环境科学动态, (1): 15-17.
朱建平, 黄健. 2012. 医学史话[M]. 北京: 社会科学文献出版社.
朱跃. 2002. "氨基酸"教学教案设计[J]. 卫生职业教育, (7): 81-82.
Eubanks L P, Middlecamp C H. 2008. 化学与社会(原著第五版)[M]. 段连运等译. 林国强审校. 北京: 化学工业出版社.